农作物植保员
知识问答

◎ 任　洁　黄丙玲　李赛慧　主编

中国农业科学技术出版社

图书在版编目（CIP）数据

农作物植保员知识问答/任洁，黄丙玲，李赛慧主编. --北京：中国农业科学技术出版社，2024.9.
ISBN 978-7-5116-7053-3

Ⅰ. S4-44

中国国家版本馆CIP数据核字第20246DW122号

责任编辑 张国锋
责任校对 李向荣
责任印制 姜义伟 王思文

出 版 者 中国农业科学技术出版社
北京市中关村南大街12号 邮编：100081
电 话 （010） 82109705（编辑室） （010） 82106624（发行部）
（010） 82109709（读者服务部）
网 址 https://castp.caas.cn
经 销 者 各地新华书店
印 刷 者 北京科信印刷有限公司
开 本 170 mm × 240 mm 1/16
印 张 14
字 数 300千字
版 次 2024年9月第1版 2024年9月第1次印刷
定 价 58.00元

《农作物植保员知识问答》

编写名单

主　编　任　洁　黄丙玲　李赛慧

副主编　张东华　江文芳　段震宇　赵秀玲

王　刚　张宏昌

编　委　肖树涛　李弘方　王翠艳　曹长明

张丽微　庞明卉　柴庆伟　史凯亮

杨必洪　卫勇强

前　言

农作物主要是指在农业上栽培的各种植物，其中包括粮食农作物、经济农作物、饲料农作物等，本书所指的农作物主要是大田上种植的粮食农作物、油料农作物等。民以食为天，农作物是我们日常生活中最主要的食物来源，农作物富含碳水化合物、蛋白质、维生素和矿物质等，为人们的身体健康提供能量和营养。

近年来，国家提出了粮食安全战略，要保证农作物的产量和农产品的质量安全，这是政治安全的重要基础，也是经济安全的前提条件，更是关系到民生问题，因此做好粮食安全至关重要。农作物上的有害生物会造成农作物产量降低、质量下降，如果不及时采取措施，会造成重大的损失，严重的可能绝产。目前对农作物有害生物以化学防治为主，农药在粮食生产中起着重要的作用，但是农药是有毒的物质，需逐渐降低农药的使用量，采用多种不同的防治措施进行综合防治。以农业防治为基础，优先采用生物防治和物理防治等措施，在有害生物发生严重时，再采用化学防治，优先使用高效、低毒、低残留的农药，还要提高农药科学安全使用技术，配合高效植保施药机械，提高农药的利用率，减少农药的使用次数和使用量，减少农药对环境和生态的影响，推动农业绿色可持续发展。

各编委会成员在日常工作中积累了大量的素材，编写了《农作物植保员知识问答》，重点介绍了农作物植保员需要掌握的基础知识和主要农作物的病虫草害。本书共分为十二章，第一章为植保员相关职业道德和法律知识，第二章为农作物有害生物基础知识，第三章为农作物有害生物的预测预报，第四章为农药的使用，第五章和第六章分别介绍了绿色防控和综合防治技术、统防统治技术和植保施药器械，第七章至第十二章分别介绍了玉米、水稻、小麦、棉花、大豆和其他农作物的病虫草害。为使本书具有可读性和可操作性，全书通过问答的形式以简单易懂的语言回答农业生产中涉及植物保护工作的常见实际问题。

期待《农作物植保员知识问答》一书能够给农作物种植主体和广大的基层植保员带来一些启示，进而提高基层植保员对于农作物有害生物相关基础知识和实际操作水平，为植保工作的发展起到推动作用，提高广大农民的植保理念，为建立“公共植保，绿色植保”贡献力量。

感谢北京中惠农科文化发展有限公司为本书做的宣传推广工作！

由于时间仓促，以及编者水平有限，书中难免有不足之处，敬请广大读者批评指正。

编者

2024 年 6 月

目　录

第一章 植保员相关职业道德和法律知识

◎ **1. 农作物植保员是什么？**

农作物植保员是指从事预防和控制有害生物对农作物及其产品的危害，保护安全生产的人员。

◎ **2. 植保员的职业守则是什么？**

（1）敬业爱岗，忠于职守；

（2）认真负责，实事求是；

（3）勤奋好学，精益求精；

（4）热情服务，遵纪守法；

（5）规范操作，注意安全。

◎ **3. 植保员需要知道哪些法律知识？**

（1）《中华人民共和国农业法》；

（2）《中华人民共和国农业技术推广法》；

（3）《中华人民共和国种子法》；

（4）《检疫条例》；

（5）《农药管理条例》；

（6）《中华人民共和国植物新品种保护条例》；

（7）《中华人民共和国产品质量法》；

（8）《中华人民共和国民法典》等相关的法律法规。

◎ **4. 植保员需要具备哪些专业知识？**

植保员需要具备植物保护基础知识、农作物病虫草鼠害调查与测报基础知识、有害生物综合防治知识、农药及药械应用基础知识、植物检疫基础知识、农作物栽培基础知识、农业技术推广知识等专业知识。

◎ **5. 植保员岗位职责是什么？**

植保员必须认真学习国内外农药使用的相关法律法规和农作物植保专业知识，

及时掌握出口国对农作物残留限量的新动向，积累丰富的植物保护相关知识。

（1）农作物有害生物的监测　植保员要密切注意农田周围的环境条件，以及农作物的生长情况和病虫草害的发生情况。做好农作物有害生物的监测预报工作，及时发布病虫害的预测预报，发生突发性、暴发性病虫害时要立即发布预警并组织防治。

（2）进行有害生物的防治　植保员要在种植人员需要的时候帮助他们选择合适的防治方法，根据防治方案科学合理地使用农药，达到有效防治有害生物的目的，保证使用农药的及时性和有效性，并要对农作物有害生物防治和农药使用情况进行记录并建立完整的档案记录。

（3）为种植人员提供技术指导　对种植人员进行病虫草害的防治知识培训和农药的使用安全作业指导。帮助种植人员制订科学合理的种植计划，提高农作物的产量和品质，争取获得更高的收益。经常深入田间地头，对种植人员生产中遇到的实际问题要及时帮助解决。做好试验、示范、推广新农药、新技术等工作，负责基层植保队伍的技术培训、指导、服务工作。

（4）防治疫情　做好农作物的种子、相关种质资源、植物及植物产品的日常调运检疫工作。做好检疫性有害生物的阻截带建设工作，对于入侵本地可能性比较大的检疫性有害生物要进行密切的监测，一旦发生检疫性有害生物入侵本地要及时上报，并做好相关防治方案，决定好防治策略，尽量杀灭检疫性有害生物，防止其在本地定殖。

（5）机械维修　在进行有害生物防治时，尤其是药剂防治，往往要用到许多植保机械，植保机械的好坏很大程度上决定了施药效果的优劣，植保员应该掌握施用不同药剂使用不同喷头的原则。在植保机械出现“跑冒滴漏”等问题时，要找到问题的所在，并及时进行维修。

◎ 6. 植保员的工作基本原则是什么？

（1）提高农作物质量　要注意以质量为中心，提高农作物的种植质量，提高农作物的产量和品质感。

（2）科学性　在防治农作物有害生物时，要选择科学的防治方法，尽量将防治的科学性提到最高。

（3）便捷性　在防治有害生物的时候，采用的方法要简单、容易操作、省时省力，工具常见易得，使用环境良好。

（4）持久性　采取的防治措施要具有持久性，具有较长的防效，不仅节省人力和时间，还能减少施用农药的次数和数量，确保农作物生产的持续稳定。

◎ 7. 植保员需要掌握哪些技能？

植保员在工作中需要掌握基本技能、专业技能和综合技能。

（1）基本技能　植保员需要能够识别农作物上发生的病虫草鼠害等有害生物的形态特征和为害症状，了解关于有害生物的生物学知识，了解环境和气候的变化情况，掌握农作物生长和生殖的生物学原理。了解农作物的生产过程和管理规定，会使用农作物生产过程中用到的工具，熟悉农药安全防护知识和正确的使用方法。要能熟练使用计算机办公软件和植保信息化管理系统，能进行数据采集和数据分析等工作，确保调查的信息能及时通过系统上报。

（2）专业技能　植保员应该了解当地主要的农作物的生长繁殖特点，掌握农作物的各生育时期；熟悉各农作物上常见的病虫草等有害生物的为害特性和防治方法，能够根据有害生物发生的情况采用合适的防治方法；熟悉农药的有效成分、防治范围、防治对象和功效，掌握其正确的使用方法，不能超范围使用；掌握高效的植保机械，如植保无人机的技术参数、飞行高度、飞行速度和飞行条件，常规植保机械的维修和保养方法；掌握农用车辆的安全行驶和安全使用知识。

（3）综合技能　植保员应该能独立编制当地主要农作物的种植方案，对农作物的生长有足够的了解，能够判断适合的种植品种、最佳播种时间，以及科学合理使用肥料。了解当地农作物的常发性有害生物，并能够编制有害生物的防治方案并合理进行实施，在发生有害生物时能够及时处理，尤其是突发性和暴发性的病虫害，能够及时解决防治中出现的问题，保证农作物正常的生长发育。能够对种植人员进行技术服务，解决农业生产中的实际问题，指导种植人员合理选择种子、化肥、农药，同时进行技术服务。能够示范和推广新型植保机械和绿色防控技术，提高种植人员的思想意识，保证其对新技术有足够的了解。还需要对农作物种植后期进行监督和检查，保证农业生产安全。

◎ 8. 植保员应该具备哪些职业素养?

（1）职业操守　植保员应该遵守相关的法律法规和道德规范，保护土地、环境不被污染，保护农产品安全和食品安全。认真履行工作职责，严格遵守植保员的操作规程，爱岗敬业、认真工作，保证农作物的质量和安全。对于涉及保秘的工作，要严格遵守保密协议，保证业务工作相关内容不被他人窃取。

（2）综合素质　要善于与人沟通，锻炼自己的语言表达能力，能够有效地与种植人员进行沟通交流，协调好种植人员的需求。要锻炼自己的脑力，能够快速处理出现的问题，进行准确的分析，并提出易操作且有效解决问题的方法，提升自己处理问题的能力。善于与人合作，植保工作往往不是一个人能够完成的，要与其他植保员通力合作，植保员要锻炼自己的管理能力，有效协调和组织大家一起工作，合理分工，共同完成好一项工作。提高自己的学习和领悟能力，及时更新自己的知识储备，提升自己的业务能力，不断学习新知识、新技能、新本领。

（3）安全意识　在所有的工作中安全都是第一位的，要时刻把安全意识放在首位，在使用农药等化学品时要注意做好防护工作，保护好自身安全，熟练掌握农药的操作流程，按规定完成，不得疏忽大意。在确保自身安全的同时要严格遵守操作规定，不能违规操作，避免因放松警惕而造成安全事故，给他人生命和财产安全带来损失。

◎ 9. 为什么要设置乡村植保员？

（1）设置乡村植保员的意义　乡村植保员是乡村地区直接接触和指导农作物生产的人员，是植保系统最基础也是最重要的存在，他们不但为当地种植人员解决有害生物防治问题还能够保护当地的农业生态环境，是保护农作物种植最重要的力量，有乡村植保员才能更好地使农业产业绿色可持续发展，助力乡村振兴。

（2）乡村植保员的作用　乡村植保员作为最基层的植保人员，在农作物种植中主要有以下作用。

①防治有害生物　在农作物种植人员生产过程中出现有害生物为害农作物时，乡村植保员能够根据当地的环境特点，提出实际且有针对性的解决办法，帮助种植人员解决实际的传统农业问题，提高防治效率，使种植人员获得更多的经济效益，避免因植保知识不足而错过了最佳防治时期。

②收集基础信息　乡村植保员一直在农作物种植第一线工作，接触农业生产时间长、经验多，可以在工作中监测和收集当地的气候、土壤、有害生物、有益生物的相关数据，并利用专业知识和相关技术软件进行数据分析，为当地制订各项保护规划提供数据支撑，促进可持续发展。

③保护当地的生态环境　乡村植保员可根据情况进行综合防治，优先采用农业防治、生物防治、物理防治等环保无污染的防治措施，只有达到防治指标时才会选用高效低毒低残留、对环境友好的农药品种，从而减少了农药使用量，保护了生态环境。

④助力乡村振兴　乡村植保员主要为农民服务，农民群体当中还有一些生活上较为贫困的人群，乡村植保员能够进行技术扶贫，帮助他们解决种植问题，有效防治有害生物，提高他们的种植水平，降低种植成本，提高农业产业收入，改善当地农民的生活水平。

第二章
农作物有害生物基本知识

◎ **10. 为什么农作物害虫发生严重？**

害虫是为害农作物的一种主要有害生物，害虫除了能够直接为害农作物，还能作为传播介体传播病毒，给农作物生产造成更大的损失。害虫作为一种常发性的有害生物，可对农作物造成约 20% 的产量损失，发生严重时，甚至可使农作物颗粒无收，因此，我们要了解害虫发生严重的原因，从而找出有效的防治方法。

（1）害虫种类繁多　昆虫在地球出现已经有 4 亿年以上的时间了，历史非常久远，同时，昆虫是动物界当中种类最多的，其种类可以占到动物界一半左右。我国常见的农作物害虫就可以达到几百种。

（2）害虫的数量大　一些种类的害虫往往个体数量非常庞大，这与它们繁殖能力强有着重要的关系，许多害虫种类既能进行有性生殖，又能进行孤雌生殖，生殖方式多种多样。1 头雌成虫一生产卵几百粒甚至上千粒，更为惊人的是 1 头蚜虫进行孤雌生殖，在理想状态下，后代全部成活并正常繁殖，半年之后可以达到近 6 亿头。历史上也出现过东亚飞蝗迁飞的时候遮天蔽日的情景，所到之处成片的农作物都被取食殆尽，属于世界性的灾变。

（3）适应能力强　昆虫对于温度、干旱和寄主都表现出一定的适应性，害虫一个世代往往只需要很短的时间，通常会把优势基因保留下来。在遇到外界不良环境的时候还可以采用休眠和滞育的方式存活下来，待环境适宜之后再进行生长发育。自人类长期使用杀虫剂防治害虫以来，害虫也逐渐产生了抗药性，来抵御杀虫剂的伤害。

（4）种内竞争较小　昆虫属于变态发育，卵和蛹不需要取食，而幼虫和成虫的取食和生存环境都有很大的差别，成虫往往有翅能飞，因此成虫可以飞到更广阔的区域，有利于找到食物和交配产卵。农作物上的害虫一般都体型较小，只需很少的食物和较小的空间就能满足其生长需求，它们可以在农作物的各个部位进行为害，隐蔽性强，不容易被发现。不同的害虫种类还具有不同类型的口器，取食的部位也不相同，这很好地避免了对食物和空间的竞争。

◎ **11. 害虫有哪些主要外部特征?**

农作物上的害虫主要是指昆虫。昆虫的主要外部特征为具有头、胸、腹3个体段，头上有1对触角、1对复眼和1～3个单眼，胸部具有3对足，多数具有2对翅，个别具有1对翅，如蝇类的前翅膜质，用来飞翔，后翅退化为平衡棒，隐于前翅基部的翅瓣下。也有的昆虫无翅，如春尺蠖的雌成虫。这是昆虫区别于其他动物的主要外部特征（图2–1）。

图2–1　昆虫主要外部特征

◎ **12. 害虫的触角有哪些类型?**

昆虫的触角是由柄节、梗节和鞭节3部分组成，根据触角的形状、长度和结构可以将昆虫的触角分为不同的类型。在植保工作中可以先从害虫触角的类型来判断害虫大致的种类，需要注意的是许多种类的害虫雌性和雄性的触角不同，要注意区分。在农作物上的害虫主要有以下几种触角。

（1）栉齿状　这类触角形状像梳子一样，鞭节都向其中一侧突出出来，如豆象雄虫的触角（图2–2）。

（2）双栉齿状　这类触角形状像鸟的羽毛一样，鞭节各部向两侧突出出来，如许多蛾类雄虫的触角（图2–3）。

（3）刚毛状　这类触角形如其名，触角比较短，梗节形状像刚毛一样，如稻飞虱的触角（图2–4）。

（4）丝状　这类触角又细又长，越到尖端越细，为圆筒状，有时触角的长度要比体长长出许多，丝状触角也是最常见的触角类型，如东亚飞蝗的触角（图2–5）。

（5）棒状　棒状触角看起来与丝状触角相类似，不同的是棒状触角的端部呈棒状，如蝴蝶的触角（图2–6）。

（6）锤状　锤状触角与棒状触角相似，但是触角比较短，鞭节端部突然呈现出锤子状，如甲虫的触角（图2–7）。

（7）肘状　形状和手肘相似，柄节相对较长，梗节很短，从梗节处弯曲，鞭节较长且各部较为一致，如象甲类昆虫的触角（图2–8）。

（8）环毛状　这类触角的柄节和梗节较短，梗节各部都有一圈细毛，远远看去像松树的枝条，如稻摇蚊的触角（图 2–9）。

（9）具芒状　这类触角鞭节没有分节，较为粗大，上面生有一个刚毛状的触角芒，如水稻潜叶蝇的触角（图 2–10）。

（10）鳃状　这类触角的鞭节外端几个亚节为片状，聚在一起看起来像鱼鳃一样，如金龟子的触角（图 2–11）。

图 2–2　栉齿状触角

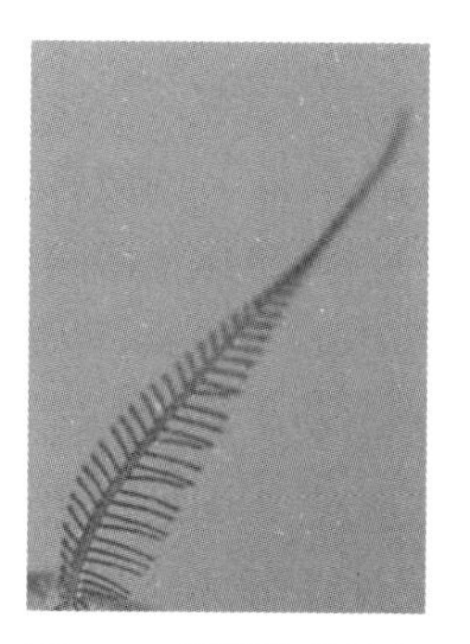

图 2–3　双栉齿状触角

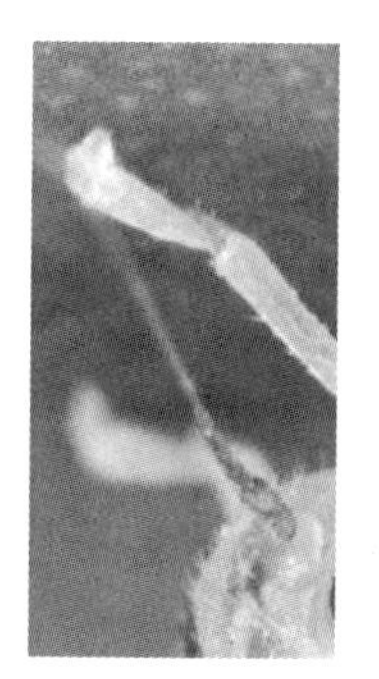

图 2–4　刚毛状触角

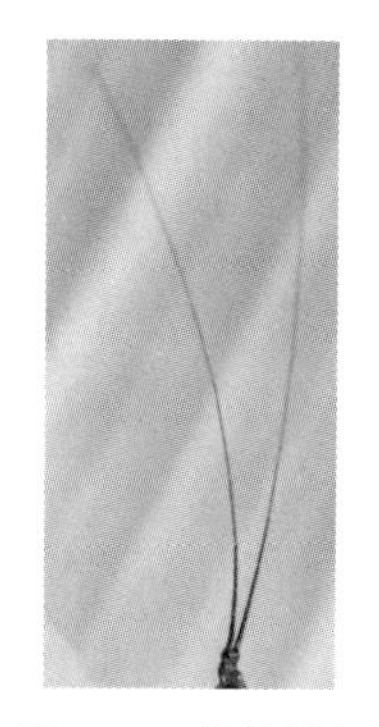

图 2–5　丝状触角

图 2–6　棒状触角

图 2–7　锤状触角

图 2–8　肘状触角

图 2–9　环毛状触角

图 2–10　具芒状触角

图 2–11　鳃状触角

◎ **13. 昆虫的触角具有哪些功能?**

昆虫的触角表面有许许多多的感觉器，这些感觉器具有各种各样的功能，包括嗅觉、听觉和触觉，是昆虫进行种间和种内交流的工具。例如，昆虫的交配，需要雌雄相遇，雌成虫会释放性信息素，雄成虫便通过触角来辨别雌成虫的方位，从而找到雌成虫。此外还有些昆虫依靠触角来捕获猎物、保持平衡，还能帮助呼吸等。

◎ **14. 农作物害虫的口器有哪些类型?**

害虫的口器就是害虫的取食器官，由于昆虫出现的历史久远、种类繁多，在漫长的进化过程中因为寄主和取食方式的不同而逐渐分化成为不同类型的口器。根据害虫取食固体、液体或是固体、液体均取食，将口器分为以下几类。

（1）咀嚼式口器　咀嚼式口器是最原始的口器类型，其他的口器都是从咀嚼式口器演变而来的。咀嚼式口器主要用于取食固体食物，因而具有坚硬而发达的上颚，从而能够嚼碎食物。具有咀嚼式口器的不同害虫由于进化而在形态结构上有稍许的不同，但它们的主要功能是相同的。很多害虫都属于咀嚼式口器，如直翅目是最典型的咀嚼式口器，另外还有部分鞘翅目幼虫、一些膜翅目成虫等。

（2）刺吸式口器　刺吸式口器主要取食寄主的汁液，在取食的时候，依靠口器中的肌肉控制口针进入农作物当中，先分泌消化液溶解物质，之后借助食窦唧筒来抽吸农作物组织中的汁液。这类口器较为常见，可出现在同翅目、半翅目、双翅目等昆虫中。但是不同种类害虫的刺吸式口器也有些许差异，例如口针的数量不同，长度也有长有短。如大豆蚜虫、玉米蚜虫等。

（3）刮吸式口器　刮吸式口器相对较为退化，只能观察到一对口钩，先用口钩刮取食物，然后吸取汁液和碎屑。这类口器比较少见，主要是双翅目蝇类幼虫所有，如水稻潜叶蝇的幼虫。

（4）虹吸式口器　虹吸式口器最典型的特征是由一条能够卷曲和伸展的喙，以此喙来吸取花管中的花蜜。这种口器主要为鳞翅目的成虫所有，这是昆虫在长期进化过程中得来的，鳞翅目的成虫主要靠取食花蜜来补充营养，因此逐渐形成了一条长长的喙。如玉米螟、二化螟的成虫。

（5）嚼吸式口器　上颚发达，用来营巢和咀嚼固体食物，下颚和下唇联合延伸特化形成能吮吸液体食物的吸管；下唇和中唇舌及下唇须也延长成吮吸机构，借以从花中吮吸花蜜。这种口器主要为蜂类昆虫所有，兼有咀嚼和吸收两种功能。例如蜜蜂、熊蜂等。

（6）舐吸式口器　上颚和下颚都退化，口器由下唇特化而来，特别发达，像是个蘑菇头，下唇端部左右有两片圆形唇瓣，唇瓣表面为膜质，横列有很多小骨环组成的细沟，称为环沟，由于外形似气管，故称伪气管。取食时，唇瓣平展呈盘状，贴于食物上，液体食物经伪气管过滤进入食物道，如遇颗粒食物，两片唇瓣可以上翻，露出前口齿，刺刮固体颗粒食物，碎粒和液体可直接吸入食物道内。这种口器主要为双翅目蝇类昆虫所特有，例如家蝇等。

◎ 15. 农作物害虫的翅有哪些类型？

昆虫的翅一般近似为三角形，分为前缘、后缘和外缘，还有肩角、顶角和臀角；还可将翅分为腋区、轭区、臀区和臀前区。根据翅的形状、质地和功能的不同，会将翅分为不同的类型，这也是昆虫适应环境能力强的表现，通过翅的变化适应不同的环境，保护躯体不受伤害。翅的不同类型常常也是昆虫识别和分类的一个重要因素，从昆虫以翅来命名不同的目也可以看出其重要性。农作物害虫的翅可以分为以下几个种类，植保员在工作中可以通过翅对害虫进行识别。

（1）鳞翅　鳞翅的质地为膜质，上面布满了鳞片，鳞片上面还布有不同颜色的鳞粉，在翅膀上形成不同的图案，这些图案也是鉴定害虫种类的重要特征，如果翅膀上的鳞粉掉了，会给鉴定害虫种类带来很大困难。蝶类和蛾类的翅都属于鳞翅，如稻纵卷叶螟、黏虫、草地贪夜蛾等。

（2）鞘翅　鞘翅是指昆虫的翅已经骨化，非常坚硬。鞘翅可以保护昆虫的背部和后翅，有利于抵御天敌的危害，这也是昆虫长期进化的结果。鞘翅目昆虫的前翅为鞘翅，如稻水象甲和负泥虫成虫的前翅等。

（3）膜翅　膜翅的质地为膜质，很薄且呈透明状态，可以清晰地看见翅脉，在昆虫中是最常见的一类翅。甲虫、蝽类、蝗虫等昆虫的后翅，蜻蜓、蜜蜂的前后翅都属于膜翅。

（4）覆翅　覆翅的质地为革质，一般为半透明或是不透明，能够保护后翅。蝗虫的前翅属于覆翅。

（5）半翅　半翅的基部位为革质，后面为膜质，大多数蝽类的前翅属于半翅，如绿盲蝽的前翅。

（6）棒翅　棒翅主要是原来的翅退化成为棒状，称为平衡棒，主要起到平衡的作用。双翅目昆虫的后翅属于棒翅，如水稻潜叶蝇的后翅。

◎ 16. 昆虫的体壁有什么作用，如何利用体壁为作用位点而杀死害虫？

昆虫的体壁由底膜、皮细胞层和表皮层 3 部分组成。

底膜是由含有糖蛋白的胶原纤维组成，具有选择通透性，能够通过底膜进行物质交换。皮细胞层是一层单层细胞，其中一项重要的功能与昆虫蜕皮相关，皮细胞层会随着蜕皮周期而变化。表皮层又可以分为内表皮、外表皮和上表皮，内表皮是表皮层中最厚的一层，主要由几丁质和蛋白质组成，其特殊的排列方式使其具有特殊的弯曲和伸展性。内皮层作为体壁中存储营养的部分，关键时刻可以分解而被昆虫利用。外皮层是表皮中最为坚硬的一层，几丁质呈丝状排列，昆虫在脱皮的时候，外表皮会全部蜕掉。上表皮是表皮最外面的一层，不含有几丁质，不同的昆虫上表皮的分层也不尽相同，一般为表皮脂层、蜡层和护蜡层。其中护蜡层为最外层，主要用于保护蜡层；蜡层为单分子层，主要成分为长链烃类、脂肪酸酯和醇，具有疏水功能，能够阻止体内水分的流失。表皮质层又分为内外两层，外层薄而密，性质十分稳定，对定向蜡层中的极性基团有特殊的亲和力；内层厚而疏松，又称为多元酚层，含有多元酚氧化酶，在昆虫受伤的时候具有修复表皮的作用。

昆虫的体壁是其最外层的组织，也是昆虫保护内部器官的一层屏障，能够保护体内的水分不被蒸发，还能阻止病原物的侵染，也能阻挡杀虫剂的进入。有些昆虫的体壁硬化，非常坚硬，能够保持昆虫的体形。体壁还能够储存营养物质，在昆虫缺乏食物或是不能取食时可以将体壁中的营养物质转化利用，使昆虫渡过环境不良时期。

昆虫上表皮中的蜡层能够阻止昆虫体内水分的流失，但当昆虫被加热时，蜡层中的长链分子被打破，失去了原来有结构，分子间出现了空隙，水分就可以通过。因此我们可以通过提高温度，或是用氯仿等有机溶剂去除害虫的蜡层，使外部水分渗透进来，以此来提高昆虫体内的水分蒸发率，或使外部水分向昆虫体内渗透引起昆虫死亡。利用这一机制，将大多数杀虫剂制成脂溶性，便于穿透蜡层，而内表皮和外表皮使极性物质（水分子）容易穿透，因此兼具脂溶性和水溶性的杀虫剂效果较好。杀虫剂本身的分子量和结构也影响其穿透能力。

几丁质是昆虫体壁中重要的组成成分，可以通过抑制几丁质合成酶的活性来抑制几丁质的合成，使昆虫蜕皮时不能合成足够的几丁质，不能形成新的表皮，昆虫就会畸形，甚至死亡，根据这一机制，研究出了灭幼脲这类杀虫剂。

◎ 17. 昆虫是如何进行择食的？

一些昆虫的成虫直接将卵产在寄主植物上，这些卵孵化成幼虫后直接可以进行取食，不需要再寻找食物，但是还有很多昆虫需要通过视觉、嗅觉和味觉来寻找食物。

（1）通过视觉　依靠视觉的昆虫在寻找食物的时候主要是通过观察寄主的颜色和形状。例如，蝶类和蚜虫都是通过观察寄主的颜色，从而找到寄主；捕食性天敌昆虫都是通过视觉来捕获猎物的，而且准确率相当高。

（2）通过嗅觉　昆虫能够通过触角等部位的化学感受器来感受寄主产生的气味和化学物质，从而锁定寄主的位置。

（3）通过味觉　味觉需要昆虫接触到寄主后，通过化学感受器接触或取食后感受到寄主的化学成分和次生代谢物质，如果是其需要取食的寄主，就会对其化学物质非常敏感。

◎ 18. 哪些因素会影响害虫择食？

对于害虫来说，寄主植物中的化学物质会影响害虫择食，产生的影响有引诱、助食和抑食作用。

（1）引诱作用　害虫会对具有引诱作用的物质产生正趋性，植物的一些次生代谢物质也会对害虫产生引诱。例如，烃类对很多害虫都具有引诱作用，通常来讲，多食性害虫对于大多数营养物质和次生代谢产物都会产生正趋性。

（2）助食作用　次生代谢产物和植物中含有的化学物质都具有引诱作用，但是次生代谢产物不像化学物质那样含有营养成分，只是具有助食作用。例如，右旋糖酐、蔗糖等都对害虫有助食作用，尤其是多食性害虫，糖的浓度还会影响助食的效果。次生代谢物质也会对单食性和寡食性害虫产生助食效果，并且可以帮助害虫通过次生代谢物质寻找到寄主。

（3）抑食作用　一些植物的次生代谢物质可以抑制害虫的取食，影响害虫对食物的消化吸收，产生抑食作用。例如，生物碱和萜类。烟碱和阿托品可以使害虫神经中毒而停止取食，属于神经毒剂；黄酮类属于代谢抑制剂，会使害虫的生长发育紊乱。一般情况下单食性害虫和寡食性害虫对非寄主植物的次生代谢物质比较敏感，而多食性害虫则较为钝感。

◎ 19. 昆虫的血液有哪些作用？

昆虫的血液相当于脊椎动物的血液、淋巴液和组织液 3 者的结合，也称为血淋巴，是昆虫体内进行合成和代谢的场所，它的主要功能有止血、免疫、解毒、阻止天敌捕食、贮藏和运输养分、机械作用等。

（1）止血作用　昆虫发生出血时，会在伤口的地方形成凝血块，防止流血过多和病原物侵入。也有部分昆虫的血液没有明显的止血功能，如大多数鞘翅目、鳞翅目等。

（2）免疫作用　血液产生免疫作用的机制主要是通过血细胞进行吞噬、成瘤、包被和产生抗菌肽来消灭病原物。

（3）解毒作用　当有毒物质，如杀虫剂进入昆虫的血液中时，血淋巴中的凝集素等物质或血细胞会产生各种酶与有毒物质结合，将有毒物质分解或贮藏起来，减少体内的有毒物质浓度，起到解毒作用。

（4）阻止天敌捕食　昆虫血淋巴中具有某些特殊物质，或是通过反射性出血来抵御天敌。尤其是带有警戒色的昆虫血淋巴中含有有毒物质，能使天敌厌食从而躲避被捉。反射性出血的昆虫，血液中往往含有使天敌厌食或呕吐的物质，当遭遇天敌的时候通过自动出血，避免被天敌取食。

（5）贮藏和运输养分　昆虫血淋巴中含有碳水化合物、氨基酸、水和无机盐，通过血液循环运输到各个部位。还可以运输内激素，从而调节昆虫的生长发育。

（6）机械作用　在昆虫进行某些活动的时候，需要身体特定部位充血而产生机械压力，从而达到目的。例如，昆虫在刚羽化的时候，翅膀是无法展开的，只有通过血液的机械作用，才能使翅膀展开，从而飞翔。除此之外，昆虫的蜕皮、呼吸作用等也与此相关。

◎ 20. 杀虫剂对害虫的神经系统有哪些影响？

我们生产中常用的一些高效杀虫剂都属于神经毒剂，这些神经毒剂可以作用于昆虫不同的神经靶标，主要有对轴突传导的影响、对乙酰胆碱受体的影响和对乙酰胆碱酯酶的影响。

（1）对轴突传导的影响　拟除虫菊酯类杀虫剂会抑制轴突膜上的钠离子通道，使轴突膜的渗透性发生改变，从而阻断传导。还可以影响突触传递，从而产生神经毒素使害虫中毒死亡，或者抑制 ATP 酶的活性，使害虫缺少能量而瘫痪。

（2）对乙酰胆碱受体的影响　一些杀虫剂能够抑制突触后膜上的乙酰胆碱受体的作用，使受体不能接受乙酰胆碱，阻断冲动的传导，使害虫死亡，如烟碱类和沙蚕毒素类杀虫剂。

（3）对乙酰胆碱酯酶的影响　有的杀虫剂能够与乙酰胆碱酯酶进行结合，结合后形成稳定的结构，不容易水解，使乙酰胆碱酯酶不能和乙酰胆碱结合，进而不能参与乙酰胆碱的分解，因此会在突触部位形成大量的乙酰胆碱，使这一机制失调，害虫因乙酰胆碱过多而表现为过度兴奋，行动失调而死。例如，有机磷和氨基甲酸酯类杀虫剂的作用机制就是如此。

◎ 21. 昆虫的生殖方式有哪些？

昆虫的生殖方式多种多样，根据不同的情况可以进行不同的分类，如表 2–1 所示。

表 2–1　生殖方式按不同角度分类表

分类角度	生殖方式	备注
生殖个体	单体生殖	雌雄同体的自体受精
		孤雌生殖
	双体生殖	两性生殖
		雌雄同体的异体生殖
受精机制	两性生殖	
	孤雌生殖	
产生后代个数	单胚生殖	1 个卵产生 1 个个体
	多胚生殖	1 个卵可产生 2 个以上个体
生殖虫态	成体生殖	
	幼体生殖	
产生后代的虫态	卵生	离开母体的虫态为卵
	胎生	离开母体的虫态为若虫或幼虫

在大多数的情况下昆虫是进行双体、两性、单胚、成体、卵生的生殖方式，这种方式称为两性生殖，其他方式均为特殊的生殖方式。

（1）昆虫的两性生殖　两性生殖需要雌雄进行交配，通过精子和卵子的结合形成新的个体。

（2）昆虫的特殊生殖方式

①孤雌生殖　昆虫的卵不经过受精，也能发育成幼虫。有些昆虫为兼性孤雌生殖，大部分情况下进行两性生殖，个别情况会出现孤雌生殖；而有些昆虫几乎所有的卵都不经过受精就能发育成为一个新的个体，具体详见表 2–2。

表 2–2　从不同的角度将孤雌生殖分为不同的类型

分类角度	生殖方式	下一级生殖方式	备注
按产生的后代分	产雄孤雌生殖		
	产雌孤雌生殖		
	产雌雄孤雌生殖		
按细胞学基础分	无性孤雌生殖		
	自发孤雌生殖		
	有性孤雌生殖		
按引起的原因分	自然孤雌生殖		
	人工孤雌生殖		
按出现的频率分	兼性孤雌生殖		多数情况为两性生殖，偶尔发生孤雌生殖，见于膜翅目、鳞翅目和双翅目
	专性孤雌生殖	经常性孤雌生殖	几乎完全进行孤雌生殖，见于膜翅目、鳞翅目、鞘翅目、同翅目等
		周期性孤雌生殖	两性生殖和孤雌生殖随季节交替进行，主要见于蚜虫等
		幼体生殖	见于双翅目、鞘翅目和同翅目
		地理性孤雌生殖	一种昆虫的 2 个变型，一种进行两性生殖，另一种进行孤雌生殖，如一种蓑蛾

②多胚生殖　一般寄生性的膜翅目昆虫会进行多胚生殖，其与胎生和孤雌生殖相关，有的寄生蜂的卵可以发育为 2 个胚胎，有的卵甚至能发育成为 2 000 个胚胎，数量惊人。

③胎生　胎生是一种常见的生殖方式，在双翅目或进化程度较高的昆虫中较为普遍，根据幼虫离开母体前的营养方式，胎生又可分为 4 种，详见表 2–3。

表 2–3　胎生的 4 种分类及特点

胎生方式	特点	举例
卵胎生	营养由卵供给，卵在母体内孵化，孵化后不久出生	介壳虫、蓟马、寄蝇等
腺养胎生	幼虫孵化后在母体中寄居，吸取养分，快化蛹时离开母体	部分家蝇科、虱蝇科、蛛蝇科和蜂蝇科等
伪胎盘胎生	主要靠一种伪胎盘的构造在母体中吸取营养	孤雌生殖的蚜虫、半翅目的寄蝽等
血腔胎生	从母体的血腔中吸收母体的营养，化蛹前从离开母体	幼体生殖的瘿蚊科及捻翅目

④幼体生殖　幼体生殖与胎生及孤雌生殖有关，鳞翅目、双翅目等昆虫会有这种生殖方式，最常见的是摇蚊科，如稻摇蚊，可以在雌虫母体中就进行发育。

◎ 22. 昆虫的多种生殖方式有什么意义？

最原始、最基本的生殖方式为两性生殖，其他生殖方式都是从两性生殖进化而来的。人们固有的认知认为孤雌生殖没有改变基因组成，不利于种群的发展，甚至会不适应环境的变化而灭绝，但研究逐渐发现，孤雌生殖的昆虫基因分化水平特别高，为了适应环境条件而进化出来的，有利于昆虫种群的繁盛。这是因为孤雌生殖的昆虫分布更为广泛，能更加充分地利用自然资源，减轻种内竞争的压力，周期性孤雌生殖的昆虫生活史特别复杂，能更好地发挥每种生殖方式的优势。

胎生能够更好地保护昆虫的卵，使其离开母体后就能自由的活动，比卵的成活率更高，有助于种群的发展。

幼体生殖既有孤雌生殖的优点，又有胎生的优点，尤其是蛹生昆虫优势更加明显。

多胚生殖是寄生性昆虫进化的产物，寄生性昆虫找到合适的寄主并不容易，这种生殖方式能使它们找到寄主之后产生更多的新个体。

◎ 23. 如何利用昆虫的趋性来防治害虫？

昆虫对自然界中的刺激物产生的反应，趋向刺激物的活动叫正趋性，避开刺激物的活动叫负趋性，这是一种比较高级的神经反应活动，主要包括趋光性、趋化性和其他趋性。

（1）趋光性　趋光性是指昆虫对特定的光波刺激引起的趋避反应，这一特性与昆虫的许多行为有着密切的关系。例如，蝼蛄、玉米螟、二化螟、金龟子等成虫具有趋光性，以此人们利用黑光灯来诱杀此类昆虫，用于害虫的监测和防治。还有一些昆虫具有趋绿性或趋黄性，这也是昆虫趋光性的表现，例如，蚜虫具有趋黄性，因此人们利用黄色粘虫板来引诱和防治蚜虫；二化螟具有趋绿性，喜欢在叶色浓绿的稻田中产卵，利用这一特性可以监测二化螟的卵块，从而指导对二化螟的防治。

（2）趋化性　趋化性是指昆虫对一些化学物质气味刺激引起的趋避反应，通过这一特性可以进行害虫的监测和防治。例如，水稻潜叶蝇等害虫对发酵的糖醋酒液具有强烈的正趋性，可以通过配制糖醋酒液来引诱和防治此类害虫。雌成虫会挥发性信息素来引诱雄成虫，性信息素一般是一种芳香化合物，根据这一特点，实验分析性信息素中包含的具体物质和配比，化学合成这一物质，利用橡胶等载体制成诱芯，通过配套诱捕器将引诱过来的害虫进行捕获。

（3）其他趋性　其他趋性包括趋温性、趋湿性和趋声性，与趋光性和趋化性相比其应用较少，但也有部分昆虫有此趋性，也可用来指导害虫的测报和防治。例如，蝼蛄具有趋声性，可以根据这一特性对蝼蛄进行捕捉。玉米螟越冬幼虫在春季化蛹前必须饮水后才能化蛹，在冬季湿度大的情况下，抗寒力差、死亡率高，在湿度较小的情况下，耐寒性强，有利于越冬，可以根据此特性来监测越冬幼虫化蛹羽化进度。

◎ **24. 如何对昆虫进行鉴定？**

当我们发现一种昆虫时，如何确定它是哪种昆虫呢？其方法有很多，主要包括以下几种。

（1）形态学特征　形态学特征是最常用，也是最早使用的鉴定方法，形态学特征包括昆虫的体长、颜色、触角、典型花色等外部特征，还包括一些特殊特征，如外生殖器、前胸背板、小盾片等。

（2）生理学特征　包括蛋白质、代谢因子，采用哪种呼吸方式，如何消化食物等。

（3）生态学特征　包括生活的环境、寄主、对寄主的反应、摄食机制、求偶机制等。

（4）地理特征　主要包括地理分布区域，是否有地理生殖隔离。

（5）遗传学特征　基因的表达和调控，氨基酸序列等。

虽然现在昆虫鉴定可依据多方面特征，也逐渐向其他方式发展，但目前根据形态学特征鉴定还是主要方法，鉴定昆虫种类时仍然以其为中心，其他方法作为辅助，或通过形态学特征鉴定起来较困难时，可利用其他特征进行鉴定。

◎ **25. 昆虫的学名是如何命名的？**

在我国，不同昆虫在不同地区有多种叫法，有的昆虫有很多俗名，如蚜虫又叫蜜虫、腻虫等，这样就会出现相同俗名可能指的是不同的昆虫。在世界范围，由于语言和文化的较大差异，对于一种昆虫的叫法更是五花八门，因此，国际上规范使用拉丁语统一命名，便于学术上的沟通交流。昆虫的学名都是由拉丁语的单词或是拉丁化的单词组成的。

最常用的命名方法为双名法，就是昆虫的学名是由 2 个单词组成的，第一个词是属名，第二个词是种名，还可以在种名之后，加上定名人的姓，但不属于双名法中，也可以不加。另外，还有三名法，就是在种名之后再加上亚种名。

昆虫的学名在印刷时需要使用斜体，属名的第一个字母大写，其他字母、种名、亚种名都要小写。在一篇文章中学名第二次及之后出现，属名可以进行缩写，一种昆虫只鉴定到属而没有鉴定到种的时候可以用 sp. 来表示，两个种及以上可以用 spp. 来表示。

定名人印刷时用正体，第一个字母大写，其他字母小写。如果定名人加上括号，表示该昆虫的属发生了变化，否则不得加上括号。命名人的姓氏不能随意缩写，例如，L. 只表示命名人为林奈，其他人不得再使用 L. 作为姓氏的缩写。

昆虫学名的命名还具有优先律。如果不同的学者发现了同一种昆虫，并用拉丁语给它定了不同的学名作为新种进行了发表，那么优先发表的学名为这种昆虫的学名，后发表的就不是有效的学名，而且一经发表，不得随意进行修改。如果不同的作者用同一个学名命名了不同的昆虫，那么哪种昆虫的命名被先发表了，则哪个命名有效，另一个命名则无效，需要重新进行命名。通过以上这些措施能够保证一种昆虫和一个学名相对应。

◎ 26. 影响昆虫的生态因子作用特点有哪些？

生态因子是指环境中对昆虫的生长、发育、生殖和分布有直接或间接影响的环境要素。主要的生态因子有气候、生物和土壤等，它们的主要特点有以下几点。

（1）综合性　这些生态因子之间相互联系、相互制约，每个因子都不能离开其他因子而独立起作用，一个生态因子的改变会引起其他因子的改变，它们是综合起作用的。

（2）不等性　不同的生态因子起的作用是不同的，其中起决定作用的为主导因子，主导因子的变化会引起其他因子的变化，它们的影响程度是不同的。

（3）不可替代性　不同的生态因子，无论影响作用的大小，都具有自己独特的作用，都是不可缺少的，也是不能被其他因子所替代的。当长期缺少某一生态因子，会严重的影响昆虫的生存。

（4）补偿性　虽然每种生态因子都是不可替代的，但是可以进行一定的补偿，这种补偿只能在一定范围内，而且不一定会发生。

（5）限制性　每种生态因子都不能过多或过少，否则都会影响昆虫的生长，如果超出一定的范围时，就会对昆虫的生长产生限制。

（6）阶段性　昆虫的发育阶段不同，所需要的生态因子也不相同，所以不同生态因子对昆虫的影响也不同，具有阶段性。

◎ 27. 温度对昆虫的生长发育有什么影响？

昆虫是变温动物，对体温的调节能力不强，它的体温会随着气温的变化而改变，体内的生理生化代谢也会改变，因此，温度对于昆虫的生长发育有很大的影响。一般情况下在一定的温度范围内，气温升高昆虫的体温随之升高；气温下降昆虫的体温也随之降低。但是昆虫的调节能力有限，在气温高到一定程度后，昆虫的体温没有办法达到，会比气温低一些；气温低到一定程度后，昆虫的体温也没有办法达到，会比气温高一些。

昆虫的热量主要是通过体内代谢活动取得，还能够通过热辐射取得热量，其中热辐射对于昆虫的体温影响较大。在太阳照射下，昆虫的体温会迅速上升，当回到荫蔽状态下，又会快速下降。

根据气温对昆虫生长发育的影响，人为的将温度范围分为 5 个温区，来研究温度对昆虫的影响，如表 2–4 所示。

表 2–4　温区的划分以及昆虫在不同温区的反应

温区		温度（℃）	昆虫的反应
致死高温区		45 ~ 60	高温破坏昆虫体内的酶和蛋白，这种破坏是不可逆的，昆虫短期即可死亡
亚致死高温区		40 ~ 45	此温区下，昆虫的代谢会发生紊乱，出现热昏迷，持续时间长，昆虫就会死亡
适温区	高适温区	30 ~ 40	此温区下，温度越高，越不利于昆虫生长发育，死亡率高
	最适温区	20 ~ 30	最适合昆虫生长发育，死亡率低，生殖能力强，但寿命不一定最长
	低适温区	8 ~ 20	此温区下，温度越低，发育越慢，死亡率越高，其最低温为昆虫的发育起点温度
亚致死低温区		–10 ~ 8	昆虫代谢会减慢，出现冷昏迷，持续时间长，昆虫会死亡，持续时间短，昆虫还可以恢复正常生长
致死低温区		–40 ~ –10	昆虫体液析出结冰，冰晶会破坏细胞和组织结构，这种破坏是不可逆的，会引起昆虫死亡

需要注意的是，有些昆虫在冬季到来之前提高自己的抗寒性，体液结冰点下降，有些昆虫甚至能在体液结冰状态下度过整个冬季，不但没有死亡，而且因为低温能量消耗少而保持着旺盛的生命力。

以上的温区只是一个总体划分，不同种类的昆虫由于具有不同生理代谢特点，对于温区的适应是不同的，具体昆虫对不同温度的反应还与昆虫种群的生理状态相关。

◎ 28. 湿度和降水对昆虫有哪些影响?

任何生命体都离不开水，昆虫也一样。昆虫体内的各项生理代谢活动都离不开水，昆虫能从外界环境中吸取水分，并避免体内的水分流失。外界的湿度对于昆虫影响较大，尤其是昆虫在孵化、蜕皮、化蛹、羽化等情况下，新形成的表皮保水性能差，此时如果湿度低，昆虫容易失水畸形，严重时死亡。

（1）昆虫对外界湿度的要求　不同种类的昆虫对湿度的要求不同，要具体情况具体分析。

①水生性昆虫　通过体壁吸收水分，离开水会失水死亡，如稻摇蚊幼虫。

②土栖性昆虫　在土壤中生活或是部分生活史在土中的昆虫，如果离开土壤或是到相对湿度低于 100% 的环境中，昆虫会由于失水而体重降低，甚至死亡，

如金龟子幼虫、叩头虫幼虫等；有些卵在湿度低的环境下不能孵化，需要吸水后才能孵化，如蝗虫的卵。

③钻蛀性害虫　这类昆虫也需要生活在湿度100%的环境下，例如，三化螟生活在湿度大的环境要比生活在湿度小的环境下发育时间短。

④裸露生活的昆虫　不同类型的昆虫的最适湿度不同，亚洲飞蝗湿度大时发育快，但死亡率高，湿度低时发育慢，但死亡率低，因此，要寻找最适的生活湿度。

（2）湿度对昆虫的影响　湿度对昆虫的代谢、生殖及生长发育都有影响，这种影响也是非常明显的。许多昆虫产卵的时候都要求有较高的湿度，湿度高时的产卵量明显高于湿度低时，或在湿度低时产的卵不能孵化，如黏虫、稻纵卷叶螟等。湿度比较低会造成昆虫失水，昆虫自身的生长代谢也需要水分，因此，湿度低时昆虫体内不能形成足够的液压，会影响昆虫的孵化、蜕皮、展翅等。湿度对于刺吸式口器的昆虫影响相对较小，因为它们可以通过取食农作物的汁液而补充水分。

（3）降水对昆虫的影响　降水对昆虫的影响是多方面的，降水和环境湿度密切相关，还能直接影响昆虫的发育，具体有以下几个方面。

①降水可以增加空气湿度，进而影响昆虫的生长发育。

②降水可以增加土壤含水量，可以影响土中生活的昆虫，而且土壤含水量与农作物的生长相关，农作物的含水量对于刺吸式口器昆虫的影响更大。

③降水可以直接影响昆虫的生存。许多昆虫的卵想要孵化需要水滴，一些初孵幼虫需要借助水滴的张力才能移动。一些越冬幼虫打破滞育后，需要饮水才能够化蛹，如亚洲玉米螟。

④北方的冬季，降水为雪的形式，覆盖到土壤表面能够起到保温的作用，有利于土壤中的昆虫越冬。

⑤如果降水比较大成为暴雨，尤其是暴风雨，可以直接杀死昆虫，使昆虫的种群数量明显减少。

⑥大雨会影响昆虫的活动，尤其是一些迁飞性害虫会被迫降落，使降落地害虫数量明显增加，降雨也会影响一些寄生性天敌的活动，降低这些寄生性天敌的寄生率。

◎ 29. 昆虫的天敌有哪些？

在自然界当中有许多昆虫的天敌，天敌是控制害虫的重要因子，每种害虫都会遭受天敌的侵袭而大量死亡。可以将昆虫的天敌分为病原微生物、天敌昆虫和其他捕食性天敌。

（1）病原微生物　昆虫的病原微生物又可以分为病毒、立克次体、细菌、真菌、原生动物、线虫等，这些病原微生物会大量感染昆虫而使昆虫死亡。

①病毒 病毒是没有细胞的生命体，通过寄主进行复制，当病毒不断复制充满整个细胞时，细胞会破裂，病毒会继续侵染临近的细胞，直至整个组织崩解而使寄主死亡。昆虫感染病毒后会产生一种抗病毒的物质，抵御病毒的侵染，但是当环境条件不利于昆虫的生长时，这种抗病毒物质产生缓慢，所以环境条件不利时容易发病。

感染昆虫的病毒和我们熟知的感染植物和其他动物的病毒结构相同，只是有一些病毒含有包涵体，这是昆虫病毒所特有的。昆虫病毒根据寄生部位和是否具有包涵体及包涵体的形状来分类和命名，常见的昆虫病毒有核多角体病毒、颗粒体病毒、质多角体病毒、多形体病毒和无包涵体病毒，具体情况详见表 2–5。

表 2–5 昆虫常见病毒的分类和特征

名称	包涵体形状	大小	核心构成	寄主昆虫	感病症状
核多角体病毒	多角形	直径 3 ~ 7μm	DNA 和 RNA	鳞翅目幼虫	病死幼虫体内液化
颗粒体病毒	卵圆形、立方形或其他形状	大小（0.3 ~ 0.5）μm × 0.1μm ×(0.1 ~ 0.2)μm，立方形直径 5μm	DNA	鳞翅目幼虫	病死幼虫呈乳白色，体内液化呈乳状
质多角体病毒	多角形、卵形或近球形	直径 0.5 ~ 2.5μm	RNA	鳞翅目、双翅目、膜翅目幼虫	感染后 10 ~ 20d 后死亡，侵染部位为中肠细胞及其他组织，没有固定病症，鳞翅目昆虫感染后体躯变小而头大畸形，食欲不振，后期粪便中含有大量病毒包涵体，甚至在死亡前后肠也全部外翻
多形体病毒	不规则的次立方形晶体或其他形状	最大直径 2 ~ 3μm	DNA	直翅目昆虫	若虫脂肪组织肥大，腹部膨胀，血淋巴混浊而死亡
无包涵体病毒	无包涵体	粒子甚小，不易观察	DNA	双翅目、鞘翅目、鳞翅目幼虫	幼虫呈蓝紫色或褐色，受害部位不肿大；伊蚊幼虫感染后呈彩虹色，化蛹前或羽化前死亡

昆虫病毒的专一性强，在自然界中一种昆虫病毒只能感染一种昆虫，病死的虫体中充满了病毒粒子，可以感染种内其他害虫，尤其是昆虫种群较大时发展较快。但是病毒在紫外线的照射下容易失活，会限制病毒在昆虫中的传播。

病毒在害虫防治方面具有很好的应用前景，这种方法专一性强，不伤害天敌，没有污染，但在生产中还有许多限制因素。例如，需要进行活体培养，在紫外线下容易失活，因此，病毒应用到实际害虫防治中还有一段距离。

②立克次体　这是一种介于病毒和细菌之间的病原物，具有 DNA 和 RNA，其细胞壁含有胞壁酸。立克次体的寄主比较广泛，但可能会寄生脊椎动物，对人和牲畜的风险较大，因此，一直没有应用到害虫的防治当中。

③细菌　不同种类细菌侵染昆虫的机制是不同的，细菌的种类可以分为不形成芽孢和形成芽孢两大类，形成芽孢的又可分为形成伴孢晶体和不形成伴孢晶体两类，芽孢能够以休眠状态度过不良环境，伴孢晶体可以生成毒素，使昆虫死亡，生产当中最常用的苏云金杆菌就属于产生伴孢晶体的芽孢杆菌，对昆虫的毒性高，对其他生物无毒无害，可以用培养基大量繁殖，其制剂能长期保存，防治鳞翅目幼虫效果显著。各类细菌具体的情况，详见表 2–6。

表 2–6　昆虫不同种类病原细菌寄主和感病症状

细菌种类	寄主种类	感病症状
无芽孢杆菌	鳞翅目、鞘翅目、双翅目、膜翅目和直翅目	一般情况存在于昆虫的消化道中，难以突破中肠肠壁而造成昆虫发病，但当其中肠受损时，会进入体腔而形成败血病
不形成伴孢晶体的芽孢杆菌	鞘翅目、鳞翅目、膜翅目	这类细菌从口腔进入肠道，进入体腔分裂繁殖，破坏组织造成败血症，体内形成大量芽孢，使体壁呈乳白色，又叫做乳白病；另一类细菌在肠道繁殖而不进入体腔，也能引起害虫死亡，死后虫体收缩，干燥僵硬。有专性细菌和兼性细菌
形成伴孢晶体的芽孢杆菌	鳞翅目幼虫	细菌分裂增殖期间产生孢子，还会产生伴孢晶体，可以在碱性条件下被蛋白酶分解为有毒物质，α－外毒素、β－外毒素、γ－外毒素，因此这类细菌不但可以破坏昆虫组织而使其死亡，还能通过毒素快速杀灭害虫

④真菌　真菌通过昆虫的体壁或是气门进入虫体，之后在昆虫体内繁殖生成大量菌丝，贯穿昆虫各个组织而使昆虫死亡。担子菌纲的真菌在虫体内繁殖大量菌丝，使虫体僵硬，称为僵菌。菌丝是白色的称为白僵菌，菌丝是绿色的称为绿僵菌，菌丝体能形成大量孢子，可以随风雨传播而继续进行侵染。白僵菌能产生毒素白僵菌素，绿僵菌能产生毒素绿僵菌素。大多数真菌可以通过人工培养基大量繁殖，制成制剂。将白僵菌和绿僵菌制成干粉来防治玉米螟有较好的效果。

⑤线虫　线虫可以寄生昆虫而使其死亡，但是线虫的侵袭受环境的影响比较大。索线虫的传染性幼虫能够直接穿过昆虫的体壁进入体腔，昆虫可以继续取食，当线虫成熟时会穿过体壁而离开寄主体内，此时昆虫死亡。如果研究出人工培养基可以大量繁殖索线虫，并充分了解其生活习性，那么应用到生物防治中会有很好的效果。新线虫可以进入昆虫的肠道和体腔中，不一定会引起昆虫的死亡，但可以携带其他病毒或是细菌。

（2）天敌昆虫　天敌昆虫在控制害虫数量上起着重要的作用，可以分为捕食性天敌和寄生性天敌。

①捕食性天敌　捕食性天敌是指一些以害虫为食物的昆虫，这些昆虫的幼虫和成虫一般都可以取食害虫，害虫当时就会死亡，一个捕食性天敌可以杀死多个害虫，其体型往往比害虫要大。捕食性天敌种类比较多，其中蜻蜓目（图2–12）、螳螂目（图2–13）、长翅目和脉翅目（图2–14）都是捕食性天敌，其他目的害虫也有捕食者，例如，半翅目的猎蝽科、鞘翅目的瓢虫科（图2–15）、膜翅目的泥蜂科，甚至鳞翅目也有捕食性天敌。同时，许多害虫都有多种捕食性天敌，例如，蚜虫的天敌有瓢虫、草蛉、小花蝽等，对控制蚜虫数量起着重要的作用。

图2–12　蜻蜓

图2–13　螳螂

图2–14　草蛉

图2–15　瓢虫

②寄生性天敌　寄生性天敌是指寄生者将卵产在害虫的某一虫态当中，取食寄主的营养而生存，发育成成虫后离开寄主体内，同时造成寄主死亡，成虫可以继续寄生其他寄主，寄生性天敌往往比害虫要小。寄生性昆虫可以在害虫体内或是体外进行寄生，并且形成一些特有的形态特征。寄生者按照其寄生的虫态不同可以分为卵寄生、幼虫寄生、蛹寄生和成虫寄生，具体情况见表2–7。

表 2–7　寄生性天敌根据寄生的虫态分类情况表

分类		寄生情况	举例
卵寄生		成虫将卵产在害虫的卵内寄生生活，直到发育成成虫离开寄主，使寄主死亡	赤眼蜂科等
幼虫寄生		成虫将卵产在害虫的幼虫体内或体外寄生生活，直到发育成成虫离开寄主，使寄主死亡	小蜂总科部分种类等
蛹寄生		成虫将卵产在害虫的蛹内或蛹外寄生生活，直到发育成成虫离开寄主，使寄主死亡	马蝇的许多种类等
成虫寄生		成虫将卵产在害虫的成虫体内或寄生生活，直到发育成成虫离开寄主，使寄主死亡	姬蜂总科一些种类等
跨期寄生	幼虫 – 蛹寄生	成虫将卵产在害虫的幼虫中，当寄主化蛹后再大量取食，直到发育成成虫离开寄主，使寄主死亡	广黑点瘤姬蜂
	卵 – 幼虫寄生	成虫将卵产在害虫的卵中，当寄主孵化后再大量取食，直到发育成成虫离开寄主，使寄主死亡	一些甲腹茧蜂
	卵 – 蛹寄生	成虫将卵产在害虫的卵中，当寄主化蛹后再大量取食，直到发育成成虫离开寄主，使寄主死亡	
	若虫 – 成虫寄生	成虫将卵产在害虫的若虫中，当寄主羽化后再大量取食，直到发育成成虫离开寄主，使寄主死亡	

寄生性天敌根据寄生形式还可以分为单寄生、多寄生、共寄生和重寄生，具体情况详见表 2–8。

表 2–8　寄生性天敌根据寄生形式分类情况

分类	寄生情况	举例
单寄生	1 个害虫体内只寄生 1 个天敌	平腹小蜂等
多寄生	1 个害虫体内寄生 2 个或 2 个以上同种天敌	赤眼蜂、绒茧蜂等
共寄生	1 个害虫体内可以寄生 2 种或 2 种以上天敌	寄蝇、姬蜂等
重寄生	1 个害虫体内寄生 2 种或 2 种以上寄生者，不过第 2 寄生者以第 1 寄生者为寄生	次生大腿小蜂可以寄生寄蝇

（3）其他捕食性天敌　捕食昆虫的天敌有很多，除了昆虫还有其他节肢动物、两栖类、爬行类、鱼类、鸟类和兽类。

①蜘蛛　蜘蛛（图 2–16）属于节肢动物门蛛形纲，有很多种类的蜘蛛都是昆虫的天敌，这些蜘蛛以昆虫为食，但是食性不单一，可以取食多种害虫，具体取食的种类和蜘蛛的食性和栖息环境有关。例如，管巢蛛，在水稻田中白天栖息，夜晚出来活动，可以钻入稻纵卷叶螟幼虫的叶苞和稻苞虫幼虫的叶苞中捕食幼虫，可抑制稻纵卷叶螟和稻苞虫的数量。由于蜘蛛可以取食多种害虫，其对单一害虫的控制能力不如专一性害虫，但是不会因为单一害虫的数量降低而影响蜘

蛛的数量。因此，当害虫密度较小时，蜘蛛的控制能力比较好，当害虫密度较大时，需要和专一性天敌共同控制其为害。

②蛙类和蟾蜍　昆虫为蛙类主要的食物，占蟾蜍（图 2–17）食物总量的 90% 以上，占姬蛙食物总量的 97% 以上。

③蜥蜴　蜥蜴（图 2–18）也是主要以昆虫为食的一种捕食性天敌，能够对害虫起到一定的控制作用。

④鱼类　很多鱼类可以取食孑孓，可以利用鱼类来防治蚊类。

⑤鸟类　鸟类（图 2–19）对害虫的取食能力比较强，绣眼鸟和白脸山雀 1d 取食的昆虫重量超过自身，燕子和绯椋鸟也可以取食大量的害虫。水稻田中可以养鸭除虫（图 2–20），还可以用雏鸡防治害虫。

⑥兽类　蝙蝠（图 2–21）可以捕食空中飞行的害虫，有些鼠类可以捕食金龟子的幼虫。

图 2–16　蜘蛛

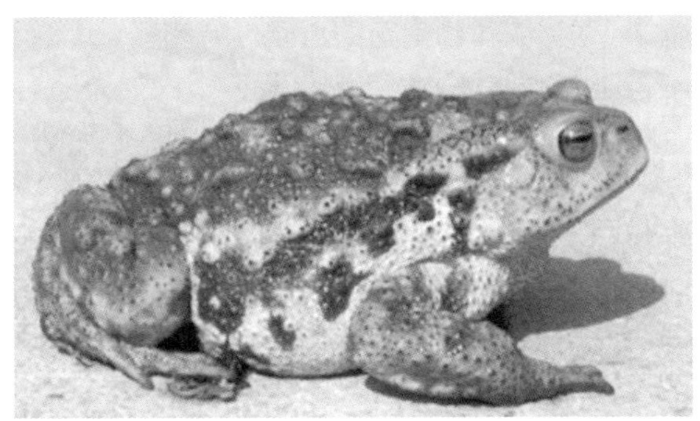

图 2–17　蟾蜍

图 2–18　蜥蜴

图 2–19　鸟类

图 2-20　鸭子

图 2-21　蝙蝠

◎ **30. 什么是农作物病害?**

农作物病害是指农作物在生物或非生物因子的影响下，发生一系列形态、生理和生化上的病理变化，阻碍了其正常生长、发育的进程，从而影响人类经济效益的现象。

◎ **31. 防治农作物病害的重要性有哪些?**

一直以来农作物病害对农业生产都会带来严重的损失，农作物明显减产，品质降低，给我国的农业经济发展带来严重的影响。农作物的一些检疫性病害会影响我国农作物及其产品的出口，造成严重的经济损失。个别带病的农产品，人畜食用后会引起中毒或是对身体产生影响。因此，有效地防治农作物病害对我国农业产业的发展、国家的经济发展等都具有重要意义。

◎ **32. 农作物病害有哪些症状?**

农作物发病后所表现出来的状态称为症状。不同原因和不同的病原物侵染后，农作物所表现的状态也不相同，主要有以下几种。

（1）变色　农作物发病后部分或整体不再是绿色，变为其他颜色称为变色。农作物发病后叶绿素的合成等受到抑制或破坏，使植株发黄，若是花青素形成过多，就会变红色，还有一些是黄、绿色相间的为花叶。

（2）斑点　农作物发病后细胞或组织受到破坏而死亡就会形成多种多样的斑点。斑点的颜色不同，可以有灰斑、褐斑、黄斑等。斑点的形状不同，可以有圆斑、梭形斑、不规则斑等。有些病斑会受叶脉的限制，有的病斑不受叶脉的限制，有些病斑还能连在一起形成更大的病斑。有的病斑内外颜色不同，有的会有明显的边界。农作物的各个部位，叶、茎、根和果实等都会形成病斑，从而枯死。

（3）腐烂　农作物发病后，病原物会导致其组织和细胞被破坏和分解，农作物的根、茎、穗、块根和块茎都会发生腐烂。其中含水量较多的组织发生腐烂，会造成细胞分离，形成湿腐；腐烂之后水分蒸发变成干腐；农作物幼苗期根茎发生腐烂致使幼苗直立死亡的为立枯，倒伏死亡的为猝倒。

（4）萎蔫　如果病原物侵染了农作物的根、茎等输导组织，菌体数量过多或病原物产生过多的毒素而将维管束的导管堵塞，使其无法正常运输水分，就会引起叶片枯萎发黄，使农作物黄萎或枯萎而死。如果农作物发病较重，没有枯黄就死亡，植株绿色的为青枯。在气候或土壤条件中较干旱时，农作物也会因为缺水而萎蔫，这种属于生理性病害。

（5）畸形　农作物发病后会导致有的植株发育不良或是过度发育的现象。发育不良会使植株矮缩、发皱；过度发育会使组织细胞增生、组织增大，出现肿瘤；茎或根过度分生，形成丛枝或根系过多；还有一种情况是有些组织发育不良，有些发育过度，从而形成畸形和卷叶等现象。

◎ 33. 病害对农作物有哪些影响？

农作物的各个器官都有自己的作用，有的可以传导水分和养分，有的进行光合作用合成有机物，还有的起到储存营养的作用，虽然各个器官负责不同的功能，但是农作物是一个有机整体，某一部分发病都会影响整个植株，致使部分或整体死亡。不同病害对农作物的影响也是不同的，有的病害会影响整个植株的生长发育，造成植株死亡，而大多数病害只是对农作物的部分器官有影响，发病严重的时候也会造成农作物大量减产。

（1）病害对农作物根部的影响　根部的主要作用是从土壤中吸收水分和养分，也有一些农作物能够在块根中储藏营养或是用于繁殖。农作物幼苗期根部受害导致烂根，会使幼苗发育不良或死亡，如小麦根腐病。有的病害会使根部肿大而无法正常吸收水分，导致植株发育不良而枯萎，如大豆根结线虫病。有的病害在农作物储藏期会使块根腐烂，影响其价值，如果作为繁殖材料会影响下一代，如甘薯软腐病。

（2）病害对农作物茎部的影响　茎部主要是起运输水分和养分的作用，有些块茎还能进行繁殖。农作物的维管束受害，会影响茎部对水分和养分的正常运输，使植物缺水而萎蔫，严重会导致整株死亡，如棉花黄萎病和棉花枯萎病。农作物的茎基部受害，会使农作物倒伏，如玉米茎基腐病。茎部受害而产生病斑，会使部分枝叶枯死，影响农作物品质，如红麻炭疽病。块茎受害时会腐烂，作为繁殖材料时，下一代也会发病，如马铃薯干腐病和马铃薯环腐病。

（3）病害对农作物叶部的影响　叶部是农作物进行光合作用和呼吸作用的场所。叶部发病会发生病斑、变色失绿、畸形、蔫枯等，这些情况都会降低叶部的光合作用，使光合作用减弱，影响有机物的合成，使农作物产量和品质下降。叶鞘和叶柄发病也会造成叶片枯萎或死亡。

◎ 34. 农作物的传染性病害和非传染性病害有哪些区别和联系？

（1）区别　传染性病害和非传染性病害在很多方面都不同，具体表现在以下几个方面。

①发生的原因不同　传染性病害是由植物病原物引起的，包括真菌、细菌、病毒、线虫等，这类病害能够传染其他植株，也是农作物上发生的最主要的病害，传染性病害当中以真菌性病害数量最多。在条件适宜的情况下，会大发生，造成严重的损失。非传染性病害是由不良环境引起的，又叫做生理性病害。主要包括养分不足、土壤酸碱度高、水分异常等。

②发生发展不同　传染性病害一般会有一个逐渐发展的过程，不会突然发病，发病各项条件都达到，才会慢慢从轻到重逐渐发展。病斑发生也是从初期、中期到后期的一个发展过程，在田间调查的时候会观察到各种时期的病斑。非侵染性病害往往是突然发生的，发生的时间也都比较集中，发生的病斑也比较固定，没有病程逐渐进展的过程，也没有初期、中期和后期的变化，病斑颜色、大小和形状从一开始就比较固定。

③田间分布不同　传染性病害一般在田间先是零星发生，出现发病中心，逐渐向外部扩散，先重后轻，在发病的各个时期，相邻的植株的发病现象也并不相同，发病很重的区域，也会观察到健壮的植株。非传染性病害一般是大面积发生的，一片或一块的，主要和气候环境、土壤养分、地形、水分条件及污染相关，没有明显的发病中心，相邻的农作物发病情况相近，有时临近的农作物和杂草也会出现相似的症状。

④症状表现　传染性病害发生为点发性，大部分的真菌和细菌产生的斑点为局部发生，在分布上没有规律可寻；病毒引起的病害会在整个植株中表现症状，但是会明显观察到有一个病情的进展，而且新叶比老叶的症状要明显；线虫引起的病害会导致整个植株发育不良。非传染性病害一般是全株表现出症状，如果出现了局部性的病斑，也是具有规律性的。

⑤病症特点　真菌感染的病害会在植株上观察到霉状物、粉状物或锈状物等，细菌感染会出现菌脓等，病毒和线虫感染没有病症。非传染性病害只有症状，是不会有病症的。

（2）联系　农作物、病原物和外界环境条件都是相互联系的，有些农作物在传染性病害发生之前，都经历了不良的环境条件，生长发育和对有害生物的抵抗能力受到了影响。例如，水稻的生长季节需要适宜的高温，如果连续降雨、气温较低，会降低水稻的抵抗力，使水稻容易发生稻瘟病；甘薯在储藏阶段如果发生冻害，则容易发生软腐病。

◎ 35. 植物病原真菌的生长阶段是怎样的？

植物病原真菌在农作物的病害的地位比较重要，农作物的病害中绝大部分都是真菌性病害，每种农作物上面至少都会有几种真菌性病害，多的会有几十种。

（1）营养生长阶段　真菌的营养生长阶段主要是营养体的生长，营养体除了极少数为单细胞外，其他均为丝状，营养体有菌丝、菌丝体、菌核、厚壁孢子等。

①菌丝　单条的营养体称为菌丝，菌丝为圆筒状，无色透明，低等菌丝一般没有隔膜，高等菌丝有隔膜。菌丝的繁殖能力很强，每一节都可以发育成为新的个体。

②菌丝体　菌丝交错成团称为菌丝体。

③菌核　菌丝交织在一起用以休眠的变态结构为菌核。菌核的颜色、大小和形状都不相同，其内部贮存很多营养，外部坚硬，用以度过不良的环境条件，在条件适宜时再萌发为菌丝体或是子实体。

④厚壁孢子　是由菌丝体或孢子变态形成的，也是用来度过不良环境条件，等条件适宜时能够萌发为菌丝体。

（2）生殖生长阶段　营养生长一段时间之后，真菌就会进入生殖生长阶段，一般先进行无性生殖，产生无性孢子，后期还会进行有性生殖，产生有性孢子。

①无性生殖　无性孢子是由菌丝直接形成的孢子。常见的有以下几种，详见表 2–9。

表 2–9　无性孢子的种类及特征

孢子种类	形成位置	是否有细胞壁	是否有鞭毛
游动孢子	游动孢子囊	否	1 ~ 2 根鞭毛
孢囊孢子	孢子囊	是	否
分生孢子	分生孢子梗 分生孢子器 分生孢子盘	是	否

②有性生殖　有性孢子是由 2 个性细胞结合，再经过质配、核配和减数分裂而形成。低等真菌营养体可以进行结合，高等真菌在菌丝体上形成配子囊，通过里面的配子进行交配。有性孢子可以分为卵孢子、接合孢子、子囊孢子和担孢子，具体形成方式和所属菌类见表 2–10。

表 2–10　真菌有性孢子的分类和产生方式

孢子分类	由哪类真菌产生	由何种器官产生	如何产生
卵孢子	鞭毛菌类	2 个异型配子囊结合	经过质配和核配
接合孢子	接合菌类	2 个同型不同性的配子囊结合	经过质配和核配
子囊孢子	子囊菌类	2 个异型配子囊结合	经过质配、核配减数分裂
担孢子	担子菌类	2 个性别不同的菌丝结合	经过核配减数分裂

◎ **36. 真菌的生活史是怎么样的?**

真菌的生活史包括个体发育和系统发育。真菌先进行营养生长和生殖生长。真菌是靠侵染农作物而生存，因此，一般无性生殖发生在农作物的生长季节，无性孢子繁殖快，扩大侵染面积，快速产生数量较多的后代；有性生殖主要发生在农作物生长后期至收获期，除了产生后代，还能通过有性孢子渡过不良环境。有一些真菌只产生无性孢子，整个生活史中不产生有性孢子。

◎ **37. 真菌可以分为哪些种类?**

在真菌界中，营养体为丝状体的都属于真菌门，真菌门又可以分为鞭毛菌亚门、接合菌亚门、子囊菌亚门、担子菌亚门和半知菌亚门。具体特征如表 2–11 所示。

表 2–11　真菌的分类和特征表

分类	特征	生活环境	农作物病害主要类别	特点
鞭毛菌亚门	营养体为单细胞或是没有隔膜的菌丝体，孢子和配子或其中一种可以游动	生活在水中或土壤中	绵霉菌、腐霉菌、疫霉菌	这 3 类真菌都属于比较低级的，无性孢子为游动孢子，有性孢子为卵孢子，都生活在水中，都是非专性寄生菌
			霜霉菌	为高等菌类，无性孢子为游动孢子，有性孢子为卵孢子，陆生性的专性寄生菌
接合菌亚门	菌丝体没有隔膜，无性孢子为孢囊孢子，有性孢子为接合孢子	全部陆生		
子囊菌亚门	菌丝体有隔膜，比较发达，有的产生菌核；有性生殖产生子囊果、子囊和子囊孢子；无性生殖发达，可以产生各类分生孢子	都是陆生的，多数为非专性寄生菌，有的菌长期在土壤中进行腐生	闭壳菌类	主要为白粉菌，专性寄生，无性生殖产生分生孢子，外生菌丝和分生孢子为白粉状；有性生殖产生闭囊壳
			囊壳菌类	包括多种病原菌，有性生殖都产生有孔口的子囊壳；无性生殖发达，可以进行多次侵染
			盘菌类	有性生殖产生子囊盘，多数不产生分生孢子，少数为寄生菌，会产生菌核越冬

续表

分类	特征	生活环境	农作物病害主要类别	特点
担子菌亚门	菌丝体有隔膜，菌丝发达，有性生殖产生担子和担孢子，有的黑粉菌和锈菌中会产生无性孢子，其他大多数不产生无性孢子	都是陆生的，基本都是专性寄生菌	黑粉菌	植物寄生菌，未见腐生，为害部位变为黑粉，根据冬孢子的形态特征和萌发方式进行分类
			锈菌	专性寄生菌，有的锈菌能够产生有性孢子、锈孢子、夏孢子、冬孢子和担孢子
半知菌亚门	只有无性生殖，没有或没发现有性生殖的为半知菌，菌丝体有隔膜，无性孢子为分生孢子，分生孢子的形状和颜色多种多样	都是非专性寄生菌	丛梗孢菌	寄生后表现为各种颜色的霉状物
			黑盘孢菌	分生孢子梗单细胞，上面着生分生孢子
			球壳孢菌	分生孢子在球形的分生孢子器中
			无孢菌	不产生孢子

◎ 38. 真菌病害的特点和识别方法是什么?

真菌造成的病害和细菌、病毒导致的病害症状都是不同的，不同种类的真菌为害农作物的部位不同，产生的症状也就不同，真菌病害的主要特点是会产生霉状物和粉状物等。

（1）鞭毛菌亚门　其中比较低等的腐霉菌、疫霉菌等是水生的，会导致农作物的根和茎基部腐烂，还会产生白色的毛状物。比较高等的霜霉菌，可以陆生，为害农作物的叶片和花穗等，造成病斑或变形，会生成霜霉状物。

（2）子囊菌亚门和半知菌亚门　大多数都会形成枯死状病斑，边缘颜色加深，发病部位会产生各种各样的霉状物或小黑点。

（3）担子菌亚门　锈菌和黑粉菌会形成锈状或是黑色的粉状物，其发生的症状比较明显。

◎ 39. 植物病原细菌的性状有哪些?

植物病原细菌为单细胞生物，杆状，个体较小，一般会长鞭毛，鞭毛可以使细菌在水里游动，没有鞭毛而不能运动的细菌种类较少。有没有鞭毛，鞭毛长在哪里，有几根鞭毛是细菌分类的主要标准。这些细菌是以分裂的方式进行繁殖的，细菌成熟的时候会在中间长出隔膜，然后分裂开来，一般 1h 可以分裂 1 次或几次。植物病原细菌为非专性寄生，在人工固体培养基上形成的菌落颜色都比较暗，液体培养基中可以形成菌膜。除棒杆状菌属，其他病原细菌革兰氏染色均为阴性，而且多数为好氧细菌，喜欢碱性，适宜在 26 ～ 30℃下生长，在 33 ～ 40℃停止生长，50℃下，10min 细菌就会死亡。

◎ 40. 植物病原细菌主要类群有哪些？

细菌的个体很小，不能通过形态来进行分类，需要根据病原细菌的生理生化特性来分类，主要将植物病原细菌分为 5 类，即棒杆菌属、假单胞杆菌属、黄单胞杆菌属、野杆菌属和欧文杆菌属，具体分类特点见图 2–22。

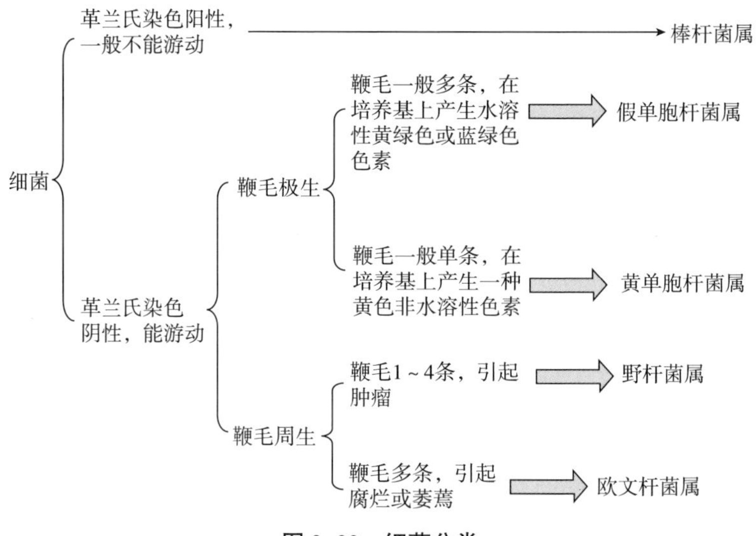

图 2–22　细菌分类

◎ 41. 植物病原细菌导致农作物病害的特点和识别方法是什么？

植物病原细菌都是非专性寄生，侵染农作物后，会将细胞或组织杀死，然后在这些细胞中吸取营养，所以被细菌侵染后农作物会坏死和萎蔫。一些细菌能分泌刺激性物质，使农作物产生肿瘤。可以在细菌侵染造成的病斑周围观察到水渍状或油渍状，还有一种类似胶水的黏状物，就是菌脓，这个细菌性病害的典型特征，是区别细菌性病害和其他病害的标志。

想要鉴定是否为细菌性病害，一种方法是进行分类鉴定，另一种是取一块病斑边缘组织，在载玻片上滴一滴水，将采集的组织放上去，盖上盖玻片，过一阵将载玻片对着光观察看是否有菌脓溢出，如果有则为细菌性病害。

◎ 42. 植物病原病毒的生物学特性有哪些？

据统计，植物病毒病有 600 多种，每种农作物上都会有 1 种或几种病毒病，病毒病的数量和危害性都是超过细菌性病害的。病毒病的生物学特性主要有 4 个方面。

（1）传染性　人们通过将受害植株的汁液接种到健康的植株上，健康的植株也会发生和受害植株一样的症状，这表明病毒是具有传染性的。

（2）增殖性　将很少的病毒接种到健康的植株上面，几天后就会发现整个植株都会发病，再过一段时间，可以从植株的汁液中提取病毒，会发现病毒的数量会比接种进去的数量增加好多倍，这表明病毒是具有增殖性的。

（3）形态　通过电子显微镜来观察病毒的形态，可以看到有圆形的和杆状的，杆状的又有直线的、曲线的和子弹状的。病毒粒子的体积很小，大概有几十到几百个纳米，而且比较稳定，形状也不会发生改变。

（4）稳定性　病毒对外界条件的影响会保持一定的稳定性，不同的病毒，其稳定性也不相同。

①致死温度　将含有病毒的汁液分离出来，在不同的温度下处理 10min，某一温度能让病毒在 10min 中内失去活性，那么这一温度就是这个病毒的致死温度。例如，烟草花叶病毒的致死温度为 90 ～ 93℃，黄瓜花叶病毒的致死温度为 55 ～ 65℃。

②稀释终点　将受害组织的汁液用水稀释，当稀释到一定倍数后，病毒将不能进行传染，这个稀释倍数就是这种病毒的稀释终点。例如，烟草花叶病毒的稀释终点是 100 万倍，黄瓜花叶病毒的稀释终点是 1 000 ～ 10 000 倍。

③体外保毒期　将病毒汁液提取出来，放在室温下保持活力的最长时间为这种病毒的体外保毒期。例如，烟草花叶病毒体外保毒期可以超过 1 年，黄瓜花叶病毒的体外保毒期大约在 7d。

◎ 43. 病毒的本质是什么？

病毒是由核蛋白组成的，内部是核酸，外部是蛋白质。病毒的核酸大多数为 RNA，少部分为 DNA，核酸大多数为单链的，个别也有双链的。核酸是病毒的遗传物质，具有传染性。外部蛋白质一般是由 19 种氨基酸组成的，不包含遗传物质，也不具有传染性，主要是起到保护内部核酸的作用。

◎ 44. 植物病原病毒如何在农作物体内扩展？

植物病原病毒在农作物体内的扩展是系统性的，少数情况为局部扩展，也会受农作物的生理状况和外界环境条件的影响。

（1）侵入　病毒侵入农作物需要与寄主原生质相结合，然后才能完成增殖，因此，病毒侵入的位置一般为比较微小的伤口，伤口过大容易直接导致植株细胞死亡。有些病毒能够通过机械伤口造成的微小伤口侵入，有的病毒只能靠传毒昆虫，如蚜虫、粉虱等，将病毒通过刺吸式口器带入到农作物的细胞内。

（2）增殖　植物病原病毒进入农作物细胞内后，不像真菌和细菌直接从细胞中吸取养分进而增殖，而是改变农作物的代谢途径，使农作物不能正常生长发育，病毒的核酸和蛋白质会分开，核酸复制和翻译产生新的病菌核酸与蛋白质，之后再重新进行组合，形成新的病毒，这样就完成了病毒的增殖。

（3）运转　病毒在农作物体内运转的方式有两种，一种是通过胞间连丝在细胞间运转，这种运转方式速度非常慢；另一种是病毒进入韧皮部，通过农作物营养和水分的传导而运转，这种运转方式速度较快。

◎ 45. 花叶类型病毒病和黄化类型病毒病的特点是什么？

这两类的农作物病毒病产生的症状、传播途径、传毒昆虫、传毒方式都是不同的，具体特点详见表 2-12。

表 2-12　花叶类型病毒病和黄化类型病毒病的特点

	花叶类型病毒病	黄化类型病毒病
产生的症状	主要为深绿色和浅绿色交错的花叶症状	叶片黄化、丛枝、畸形和叶变形等
病毒分布	植株全身的薄壁细胞中	韧皮部的筛管和薄壁细胞中
能否通过机械摩擦传播	能通过机械摩擦传播	不能通过机械摩擦传播
传毒昆虫	蚜虫	叶蝉、飞虱、木虱、蚜虫
传毒方式	非持久型，昆虫在有毒的农作物上取食之后，口针中会带有病毒，再取食健康植株时就会传播到健康植株上，当口针里的病毒传完后，就不再传毒了	持久型，这种类型和半持久型相似，昆虫取食有毒植株后，需进行体内循环，不同的是该类型病毒能够在体内增殖，这些昆虫能够终身传毒，还能够将病毒传给下一代
	半持久型，昆虫取食有毒植株后，不能立即进行传毒，需要在体内进行循环，过一段时间后才能传毒，但病毒在昆虫体内不会增殖，所以等携带的病毒传完后，就不再传毒了	半持久型，同花叶类型病毒病

◎ 46. 类菌原体、类螺旋质体和类立克次氏体有哪些特点？

（1）类菌原体　其大小在 80 ～ 800nm，个体较小；形状为圆形、椭圆形和不规则形；没有细胞壁，表面覆盖一种 3 层的膜，细胞内有脱氧核糖核酸、核糖、可溶性核糖核酸。可以在人工培养基培养，形状为包蛋状，革兰氏染色为阴性；目前还不清楚其繁殖方式；农作物受其侵染会显现出黄化；叶蝉和飞虱可作为传毒昆虫进行传毒，传播特性和黄化类型病毒相同；主要在韧皮部的组织中，四环素、土霉素对其防效较好，青霉素防效较差。

（2）类螺旋质体　形态和类菌原体相似，和类菌原体是远亲，在生长速度快时呈螺旋形，会收缩摇动。革兰氏染色为阳性，没有发现有传毒昆虫，可引起玉米矮缩病。

（3）类立克次氏体　和细菌相似，有细胞壁，目前还不能在培养基上培养，存在于农作物的木质部和韧皮部。传毒昆虫以浮尘子为主，还有木虱，农作物发病症状和黄化类型病毒病相似，青霉素和四环素对其防治效果较好。

◎ **47. 植物病原线虫的形态和发生规律是怎样的?**

我国农作物发生的线虫病有小麦线虫病、大豆根结线虫病、水稻干尖线虫病等。

线虫是一种低等动物，为圆筒形，两端尖，一般雌雄同形，也有雌雄异形情况，长度为 1 ～ 3mm，以口针刺伤农作物吸取其汁液。

病原线虫在土壤或农作物中产卵，卵孵化为幼虫进行为害，雌雄交配后，雄虫即死，雌虫产卵。一般线虫完成一个生育期需要 1 年，也有一些线虫只需要几个月，甚至几个星期；病原线虫主要在农作物体内生长和繁殖。

病原线虫适合生长温度为 20 ～ 30℃，温度过高，线虫生长发育不良，甚至死亡。病原线虫喜潮湿的土壤，当土壤含水量过多时，土壤中的含氧量下降，使线虫缺氧，因此，用大水灌田可有效防治病原线虫，与此相关的是沙质土壤病原线虫发生比黏土严重，沙质土壤中氧气和空隙较多，有利于病原线虫的发生和活动。

植物病原线虫会随着种子和种苗进行远距离传播；另外，线虫的某一生育期会在土壤中度过，很多线虫，尤其是一些根线虫，可以通过土壤进行传播。

◎ **48. 植物病原线虫侵害农作物会产生哪些症状?**

不同的病原线虫为害农作物的部位也不同，有的线虫寄生在农作物体内；有的先在体外寄生，再进入农作物体内；有的一直在农作物体外，以口针吸取农作物汁液。

病原线虫除了以口针刺伤农作物，在农作物内部活动造成机械损伤，还可以通过分泌毒素和酶类来毒害农作物。导致农作物生长发育缓慢、个头矮小、发黄、叶片垂萎、营养状况不良；农作物可能在局部发生肿瘤变大，叶片干枯畸形甚至坏死；根部变大，腐烂，产生的须根增多，呈丛生状。

◎ **49. 我国农作物上主要的寄生性种子植物有哪些？分别有什么特点?**

我国农作物上主要的寄生性种子植物有菟丝子和列当，它们没有根，叶退化，不能自主制造养分，需要从其他植物上吸收养分和水分，是全寄生种子植物。

（1）菟丝子　在我国东北地区主要为大豆菟丝子，西北地区为胡麻菟丝子。

①形态特征　菟丝子没有根，叶片呈鳞片状，没有叶绿素，茎为黄色细丝状，可以弯曲缠绕寄主农作物，和寄主植物接触的地方会产生吸盘，侵入寄主植物中吸收水分和养分。秋季开淡黄色小花，种子很小，扁圆形，褐色，表面不光滑。

②发生特点　菟丝子的寄主还有马铃薯、花生和亚麻等。菟丝子的种子和大豆的种子成熟时间差不多，在收获大豆时，菟丝子的种子会混在大豆种子中，成

为第二年的侵染来源。菟丝子的活力很强，被牲畜取食后，通过粪便排泄出来，依然能够发芽，因此，如果施用未充分腐熟的粪肥也会传播菟丝子。第二年春季，农作物播种后，菟丝子开始发芽，如果遇到寄主就可以用细丝状的茎缠绕寄主，在接触部位产生吸盘吸取寄主的营养，这种寄生关系建立起来后，菟丝子的根和下部组织会慢慢枯萎，菟丝子通过茎部不断扩散侵染。

（2）列当　列当中最重要的是列当属，我国主要发生的为埃及列当，主要分布在新疆，可以寄生豆类、马铃薯、花生和向日葵等。

①形态特征　列当没有真正的根，高 30 ～ 40cm，上部黄色，下部褐色；茎为肉质，分枝较多，上面着生细毛；叶片为鳞片状，互生，没有叶绿素；花蓝紫色，有两性，对称生长，长 16 ～ 37cm；种子从黄色慢慢变为深褐色，个体很小，后熟力很强。

②发生特点　列当种子可以随着风雨、人畜、农具和寄主进行传播。列当种子在土壤中，经过后熟作用，当气候条件适宜时，如果遇到寄主的根部，会因根部分泌物刺激而萌发，萌发后产生吸盘，侵入寄主的根部，吸收寄主的养分，向上生长为茎，吸根越多，花茎越多，大量吸收寄主养分，导致寄主农作物生长发育不良而大量减产。

◎ 50. 什么是生理小种？

植物病原物的种由一类具有相同特性的个体组成，但这些个体可能在某一些特性上有所不同，尤其是病原物的致病性。病原物根据不同的致病力可分为不同的变种和专化型，对不同农作物造成侵染的病原物可能为不同的变种，除了致病力不同，产生的孢子也会有差异。在同种病原物的变种或是专化型中，形态相似，但是其生理生化等特性不同，尤其是其致病力不同的类型被称为生理小种。不同的生理小种对不同品种的致病力存在很大差异，这种现象在真菌、细菌、病毒和线虫等病原物中都存在，在细菌当中，生理小种被叫做菌系，病毒中被叫做毒系。

◎ 51. 病原物的致病性变异途径有哪些？

病原物的致病性不是一成不变的，可以通过以下几种途径发生改变。

（1）有性杂交　农作物病原真菌的生活史中会进行有性生殖，在这个过程中，不同的性器官相结合，有些进行质配和核配，有的还要进行减数分裂，发生基因重组，这样子代的基因就会发生改变，生物学特性也会发生改变。真菌的不同属、种、变种、小种之间都可以进行有性生殖，这样产生的后代会进行基因分离。例如，对玉米和高粱都能产生病害的玉米圆斑病菌的一个生理小种与一个对燕麦和大麦都能产生病害的燕麦叶枯病的生理小种进行有性生殖，其产生的后代会出现基因分离，有的子代能够侵染玉米，而不能侵染高粱；有的子代能够侵染燕麦，而不能侵染大麦；有的能侵染玉米和燕麦；有的能侵染大麦和高粱，其后代的致病性可能是多种多样的。

（2）体细胞重组　有很多真菌在无性生殖阶段，会通过细胞核中的基因重组发生改变，细菌和病毒也会出现此种现象。例如，小麦锈病的夏孢子中含有 2 个细胞核，不同的菌丝萌发可以进行联结，这其中的 4 个细胞核就会进行重组，产生的子代大多数是双核的，也有产生 3 核或是 4 核的，其致病性和亲本不同。

（3）突变　有的病原物基因会发生突变，导致遗传物质发生改变，其生理生化性能与亲本不同。有一些病菌发生突变后其致病力明显增强，有的病菌发生突变可能会使其失去原有的致病力；有的病菌发生突变后会保持其遗传特性，有的突变还会继续进行变异。其他病原物也会发生突变的情况。

（4）适应　在实际生产中发现一些病原物会因为外界环境条件的影响或是病原物为了适应环境条件的变化而产生变异。但病原物的一些变异是否是由于环境条件影响的还存在一些争议，在农作物生产中，不是一种病原物单独存在的，而是多种病原物共同寄生在农作物上，有的病原物在农作物上表现的病情严重，有的表现的弱一些，但是不能确定其致病力增强还是减弱。有一些病原物可能是因为发生了突变，所以要进行实验室检测才能确定。有的致病性的变化是暂时的，不具有遗传性。

◎ 52. 了解农作物的抗病性，需要了解哪些基本概念？

病原物侵染农作物的同时，农作物也会产生相应的反应来抵御病原物的侵染，会出现不同的表现，有的发病严重，有的发病较轻，有的不发病。

（1）免疫　农作物对病原物的侵染表现为不发病或是没有病状，叫做免疫。

（2）过敏性反应　一些农作物品种对病原物的侵染非常敏感，从而导致被侵染部位细胞迅速死亡，如果病原物是专性寄生菌，则不能从死亡的细胞中获取养分，会引起病原物死亡。有时病原物并没有死亡，而是处于休眠状态，如果外界环境条件适宜，还能恢复活性。

（3）抗病　农作物被病原物侵染后发病程度减轻的为抗病，根据抗病的程度，还能分为高抗和中抗等。

（4）感病　农作物被病原物侵染后发病程度较重的为感病，根据感病的程度，还可以分为高感和中感等。

（5）耐病　农作物被病原物侵染后发病程度比较重，但是对农作物的产量影响较小，称为耐病。

（6）避病　避病和抗病不同，避病是通过某些方式避免发病，或是发病不严重。

◎ 53. 农作物避病和哪些因素有关？

农作物避病与农作物本身、病原物、环境条件和人为活动有关。

有的小麦品种在开花期颖壳关闭，从而避免散黑穗病菌对小麦的侵染。有的农作物品种对传毒昆虫具有趋避性，使得传毒昆虫不能传播相应的病害，从而避免发病。有的农作物品种形态较特殊，例如，有的棉花叶片很窄，并向外弯曲下垂，从而降低棉铃的湿度，能够减轻烂铃的发生。西北地区种植春麦时小麦黄矮病发生减轻，种植冬麦小麦黄矮病发生较重，这是由于传播小麦黄矮病的蚜虫有越冬寄主；冬麦播种早，土壤温度高，腥黑穗病就发生较轻；种植早熟品种，锈病、白粉病等病害发生减轻。

◎ 54. 什么是垂直抗性和水平抗性？

（1）垂直抗性　农作物的品种对病原物的某种生理小种显现出抗病，而对另外的生理小种表现为感病，这种相互对应的抗性称为垂直抗性。垂直抗性表现为免疫或是高度抗病，这种抗病性表现的不稳定并且不能持久，往往一段时间之后病原物中出现其他生理小种，这时候农作物品种就会对这种病原物表现为高度感病。垂直抗性一般是由单基因或寡基因所控制，使主效基因起作用，表现为质量遗传。

（2）水平抗性　农作物的品种对病原物的各个生理小种的抗性表现较为一致，并没有表现出农作物和生理小种的抗性对应关系。这种抗性比较稳定和持久，不会在短时间表现为感病。水平抗性大部分是由多基因控制，这些基因为微效基因，综合到一起起作用，表现为数量遗传。农作物的水平抗性能阻止病原物进一步侵染和扩展，使病原物的循环时间变长、数量减少，病情发展的很慢，形成的病斑又小又少，最后对农作物的为害较轻。垂直抗性和水平抗性的区别如表2–13所示。

表 2–13　垂直抗性和水平抗性的区别

区别	垂直抗性	水平抗性
特点	农作物品种对病原物产生的抗性具有一一对应的关系	农作物品种对病原物各个生理小种抗性表现相同
抗性是否稳定和持久	不稳定、不持久	较为稳定和持久
由什么基因控制	单基因或寡基因	大多数为多基因
起主要作用的基因为	主效基因	微效基因
遗传表现	质量遗传	数量遗传

◎ 55. 什么是病害循环？

病害循环是指病原物开始侵染农作物到农作物发病的过程，一般需要经过以下阶段。

（1）侵入期　病原物从开始侵入到建立寄生关系为侵入期，这一过程有长有短，寄主也会发生相应的反应来抵御病原物的侵入，有的病原物需要等到条件适宜时才能萌发和侵入，有的病原物虽然和寄主接触了，但是没有适宜的条件，又死亡了。

①病原物的侵入　外界条件会影响病原物的侵入，其中最重要的条件为湿度，有的病原物需要水滴才能萌发，有的需要高湿才能萌发，还有一些病原物湿度大时萌发率高，湿度小时萌发率低。除了湿度外，温度、土壤含氧量、营养物质等都会直接或间接影响病原物的侵入。

病原物侵入农作物的途径也不一样，细菌是通过伤口或由自然孔口侵入，不侵入活细胞，而是在细胞间定殖。病毒需要寄生在细胞的原生质中，需要通过微伤口才能侵入，大多数病毒病都依靠蚜虫等传播介体进行传毒。真菌也主要通过伤口或自然孔口侵入，一些弱寄生菌只能通过伤口侵入，也有部分真菌能直接侵入。

②寄主的抗侵入　农作物为了抵御病原物的侵入，会利用原有的或是应激产生组织或生理生态的障碍来阻止病原物的侵入和建立寄生关系。

（2）潜入期　从病原物和农作物建立寄生关系到农作物显现出症状这个阶段为潜入期。

①病原物的扩展　真菌和农作物建立寄生关系后，以菌丝体在农作物体内扩展，真菌的寄生能力不同，寄生方式也不同。一种是从活的细胞中获得营养；另一种是侵入活的细胞，细胞死后，真菌仍然可以在其中生长发育；还有一种是侵入后先杀死细胞，在其中腐生。

细菌侵入后，先在细胞间繁殖，并分泌酶类，溶解细胞间的中间层，导致细胞内的营养物外渗，细菌可以从中吸取营养，之后再进入细胞中。如果细菌进入维管束就可以在其中繁殖。

病毒进入细胞中后在细胞中增殖，如果病毒进入筛管中，则可以引起系统性的病害。

②农作物的抗扩展　农作物会利用叶片的厚壁细胞组织、木栓化组织等抑制病原物的扩展。农作物还会产生单宁、酚类、阿魏酸、叶绿原酸等抑制和毒害病原物，从而达到阻止病原物扩展的目的。还有农作物的过敏性反应，农作物对病原物的入侵特别敏感，造成其周围的细胞或组织死亡，使病原物不能进一步扩展。

③影响病原物扩展的因素　到扩展期后，湿度不再是主要的影响因素，因为细胞中有充足的水分，这时温度成为主要的影响因素，如果温度条件不适宜，病原物可以潜伏在农作物体内，待温度条件适宜时再开始发病。其他条件（如光照、营养、农作物的抗病性）也会对扩展有影响。

（3）发病期　从农作物显现症状到病害发展一段时间称为发病期。农作物发病后一般会产生小的病斑，逐渐扩大，到发病后期，真菌往往会产生无性孢子或子实体；细菌会产生菌脓；病毒只在细胞中增殖。

环境条件对发病期也有很大的影响，湿度会影响病斑的扩大和孢子的形成，气候干旱时会使病斑停止发展；气候潮湿时会产生大量的孢子，气候干旱时不产生或产生较少的孢子。其他条件（如温度、光照和栽培条件）也会有影响。

◎ 56. 病原物的传播方式有哪些?

病原物的传播方式有主动传播和被动传播，主动传播的包括有鞭毛的细菌、真菌的游动孢子、子囊孢子、线虫等，它们可以进行近距离的游动或移动。但是更主要的传播方式还是被动传播，病原物可以依靠外力进行远距离传播，主要有以下几种方式。

（1）气流传播　真菌产生的孢子又小又轻，可以随着气流传播到很远的地方。

（2）雨水传播　在农作物表面产生菌脓的细菌和产生孢子堆的真菌能够通过雨水传播，雨水拍打，会使病原物扩散，尤其是暴风雨，会使病原物大范围的扩散。雨水还可以将土中的病原物溅到叶片背面，灌溉水也能带动病原物到更远的地方。

（3）昆虫和其他生物传播　多数病毒都是通过昆虫传播的，通过伤口侵入的细菌和真菌也可以由昆虫传播，有些昆虫造成的伤口也成为了病原物侵入的途径。线虫和菟丝子也可以传播病毒病。

（4）人为传播　人为传播病害可能传播得更远，许多检疫性病害都是通过人为调运种子、苗木等进行传播的。另外农事操作，如耕地、施肥、灌溉和使用带菌的工具机械都可以传播病原物。

◎ 57. 病原物通过哪些方式进行越冬越夏?

病原物越冬越夏的方式主要有寄生、腐生和休眠 3 种。专性寄生菌不能腐生，只能寄生和休眠；非专性寄生菌可以寄生、腐生和休眠。病毒、细菌和线虫的越冬方式简单，真菌的则相对复杂，它可以以菌丝体、菌核、各种孢子越冬，也可以以子实体、分生孢子器进行越冬。

◎ 58. 病原物越冬越夏的场所有哪些?

（1）种子和无性繁殖器官　病原物可以以多种方式在种子、块根和块茎中进行越冬，少数病毒可以由种子传播携带，线虫的虫瘿会和种子混在一起，有的真菌以孢子的形式附在种子表面，有的种子内外都有菌，有的病原物可以在块根和块茎中越冬，这些病原物都会成为下一年的初侵染来源。

（2）田间寄主植物　很多病原物为专性寄生菌，只有在活体上越冬越夏，小麦叶锈病是在田间自生苗上进行越夏，在麦叶中越冬；春麦区小麦秆锈病菌夏孢子不能越冬，等温暖的南方夏孢子传播到春麦区再引起发病。当寄主农作物收获后，病毒会转移到田间野生寄主上进行越冬越夏，或是寄主农作物地上部分死亡后，转移到地下部分。

（3）病株残体　许多非专性寄生菌可以在农作物上寄生，当没有寄主的时候，可以在田间病株残体中进行腐生。当病残体被土壤中的微生物分解后，上面的病原物就会死亡，土壤的温度、湿度、空气和微生物的活动都会影响病残体的分解，也会影响病原物的存活时间。

（4）土壤　在土壤中越冬的病原菌有两种，一种是寄居菌，另一种是习居菌。寄居菌在土壤中的病残体上进行越冬，当病残体被分解后，病原物就会死亡。习居菌能在土壤中存活，其存活时间长短受土壤各项指标和微生物的影响。

（5）粪肥　粪肥中的病原菌主要是带有病原物的植株残体用于堆肥而带入的，还有一些病原物经过牲畜的消化道不死而随粪便排泄出来使粪肥中带菌。

（6）昆虫　有一些病毒可以在昆虫体内越冬，这类病毒在昆虫体内增殖，使昆虫能持久性传毒。

◎ 59. 什么是病害的流行？

病害的流行就是指病害大发生，流行和病原物的数量相关，病害循环得越快，病原物增长得越快，病害发生得越严重。病害有单循环、少循环和多循环，单循环和少循环需要经过几个季节或是几年才能积累大量的病原物而造成病害的大发生，也叫作积年流行病害。多循环病害在一个生长周期中就可以进行多次循环，环境条件适宜的时候，当年就可以大发生，也称为单年流行病害。

◎ 60. 影响病害流行的因素有哪些？

各方面的条件是否适宜决定着病害发生的程度，主要影响因素有以下几个方面。

（1）寄主农作物　寄主农作物的感病性及感病品种的种植面积和分布都会影响病害流行。

①农作物的感病性　病害要流行需要有感病品种，感病品种容易被病原物侵染，使病原物繁殖和周转都较快，有利于病害大发生。农作物在不同的生育阶段感病性不同，有些病害会在农作物某一生育期发生严重。

②感病品种的种植面积和分布　病害的流行程度和范围还与感病品种的种植面积和分布相关。如果大面积种植感病品种，就会为病原物的积累创造有利条件，可使病害在短时间内迅速积累和发生。

（2）病原物　病害流行的基本条件就是需要大量的病原物。

①病原物的致病力　病原物的致病力不是一成不变的，有的致病力能够不断地发生变化，不同的抗性品种对生理小种抗性不同，有的抗性品种会因为生理小种的变异而失去抗病性，变为感病品种，从而导致病害大发生。也有的病原物经过变异使致病力减弱，在与其他生理小种的竞争中不占有优势而逐渐被淘汰。

②病原物的数量　病原物的数量和其繁殖能力相关，有的病原物繁殖能力

强，短时间内可以繁殖大量的后代，使病原物数量急剧增加；有的病原物繁殖能力差，如小麦全蚀病只能形成有性孢子，不形成无性孢子，因此病原物增长缓慢，需要积累几年才可能大发生。

病原物循环的时间也影响病原物的数量，多循环病害在适宜条件下，几天就能完成一个循环，单循环的病害可能需要一年才能完成一个循环，因此病原菌的数量增长速率有所不同。

初侵染源的病原数量比较多，病害发生的较早，遇到合适的环境条件，就会发生比较严重。

③病原物的传播　病原物的数量繁殖到一定程度，还需要有传播介体将它们传播到寄主农作物上，引起病害的流行，一般气流、暴风雨和昆虫这些传播介体都与病害流行有着很大的关系，当病原物传播到更广的范围、更多的寄主上，病害发生会更加严重。

（3）环境条件　影响病害流行的环境条件主要有温度和湿度，会影响到病原物或是寄主。病害发生侵入期主要受湿度的影响，高湿有利于细菌和真菌的流行。干旱少雨时有利于传毒昆虫的活动，这时就容易造成病毒病的流行。不同病原物适宜发育的温度不同，有些病害高温下容易流行，有的病害低温下容易流行。有时环境条件不适宜时会影响农作物抗病性，抵抗力下降，从而容易诱发病害的发生。

（4）耕作制度和栽培条件　耕作制度改变会改变生态系统中的关系，从而使病害大发生。例如，将春麦改为冬麦，就使蚜虫有了越冬场所，能够传播病毒病，使小麦黄矮病发生严重。小麦密植时，可以抑制杂草的发生；当小麦间作套种时，杂草发生加重，继而灰飞虱发生严重，小麦丛矮病就容易发生。除此之外，播种的时间、施肥的比例和数量、水分的管理都可能使病害发生严重。

影响病害的流行因素并不是孤立存在的，而是在一起综合作用而发生的。这些因素也分主次，每一个时期的主次并不是相同的，要具体情况具体分析。

◎ 61. 病害流行有哪些变化？

病害受多种因素影响，会随着影响因素的变化而发生改变。

（1）季节变化　在一个生长季节中，有的病害变化不大，有的病害则会有很大的变化。单循环病害的发病情况主要和初侵染源有关，初侵染源有多少，病株就有多少，全部发病后不再有变化，不会进行再侵染。少循环病害虽然可以再侵染，但是增幅不大，一个季节中变化不大。多循环病害在一个季节变化较大，如果条件适宜则发生流行得很快，如果条件变为不适宜时，则病害发生受到抑制，不再继续发展，有些病害还会在一个季节中产生多个发生高峰。

（2）年份变化　年份变化是指不同年份的病害变化。单循环病害和少循环病害需要一定年份的积累，病原物才能达到大发生的程度，当发生到高峰期后又会因为某些因素的影响而下降。多循环病害单年就可以流行，不同年份的变化主要和环境条件有关，除了耕作制度、种植品种和病原物的致病力外，主要发生变化的就是气候条件，尤其是温度和湿度与病害的流行有着密切的关系。

◎ **62. 什么是病害三角?**

需要有寄主植物、病原物和一定的环境条件，三者互相配合才能引起侵染性病害的关系，称为病害三角，又称为病害三要素。寄主植物或农作物品种对该病原物为抗或感病，农作物太嫩、太老、非该病原物喜侵入的时期，该种植面积的农作物为单一品种，可降低或增加某一病原菌的为害；病原物可能为高或低致病力的菌系，病原种群小，病原量少，病原物处于休眠状态与否，是否存在媒介物，都会影响病害的发生；环境因子影响植物生长及其抗病性，也影响病原物的生长，人类的生产和社会活动也对植物病害的发生有重要的影响，生物在长期的进化过程中经过自然选择呈现一种平衡、共存的状态，寄主植物和病原物也是这样，如图 2–23 所示。不少病害的发生是由于人类活动打破了这种自然生态平衡，如耕作制度改变、农作物品种更换、栽培措施变化、没有严格检疫情况下境内外大量调种而造成人为引进危险性病原物等。在植物病害发生发展过程中人的因素是重要的，因而有人提出原有的病害三角，应加上人类活动，成为病害四角（图 2–24）。

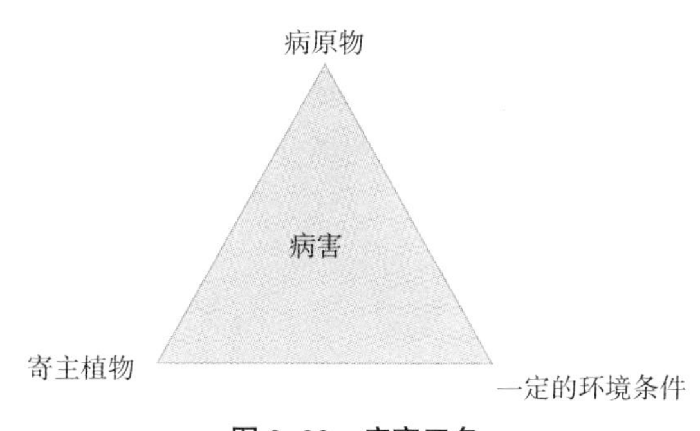

图 2–23　病害三角

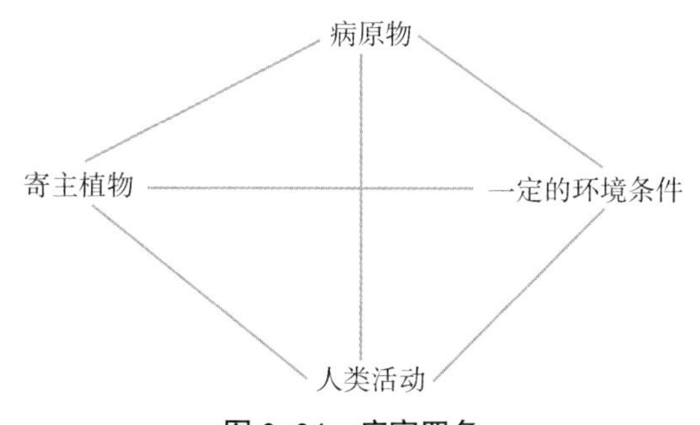

图 2–24　病害四角

◎ **63. 农作物田中的杂草如何分类?**

农作物田中的杂草根据子叶数可分为单子叶杂草和双子叶杂草。根据生命长短、繁殖方式等分为一年生杂草和多年生杂草。

（1）一年生杂草　一年生杂草一年可以繁殖一代或几代，一般春季发芽出土，当年开花结实，到秋冬季死亡，以种子进行繁殖。

（2）多年生杂草　多年生杂草秋冬季结实后地上部死亡，地下部的块根、块茎等可繁殖部位继续生存，翌年春季，可通过地下营养器官进行无性生殖，如野蒜、蒲公英和刺儿菜等。

◎ **64. 杂草繁殖的分类和特性是什么?**

杂草有多种繁殖方式，主要有有性繁殖和无性繁殖，也就是种子繁殖和营养繁殖。

（1）有性繁殖　有性繁殖主要靠种子进行繁殖，具有繁殖量大、生命力强和生长进度不同等特点。

①繁殖量大　杂草可以产生数量惊人的种子，一株杂草少的可产生几百粒到数千粒种子，多则可达数十万粒。杂草产生的种子不仅数量多，而且成熟后即脱落，因此防治较困难。

②生命力强　大多数杂草的生命力都非常旺盛，杂草的种子在土壤中可以存活几年、十几年甚至几十年，环境不适宜生长时就保持休眠状态，环境条件适宜时就萌发出土。有些杂草的种子表皮比较厚，还覆有一层蜡质，可以保护种子使其不易被破坏。例如，稗草的种子，被牲畜取食后再排泄出来仍然保持着活力，在 40 ℃的厩肥里待上几个月依然可以发芽。

③生长进度不同　杂草的成熟时间不一致，成熟的种子即刻脱落，落入土壤中的时间不同，翌年春季出苗时间也就不同；每年农作物播种前随着机械耕作，杂草种子会分布在不同的土层里，上层的种子优先发芽，下层的后发芽或不发芽；不同的杂草种子适宜发芽的温度也不同，有的初春就能发芽，有的需要达到一定温度才能发芽，因此，杂草的出土可以持续 2 ～ 3 个月之久。杂草的生长期比较短，一般农作物没有成熟之前，杂草就成熟了，落到土壤中，给防治杂草带来了很大困难。

（2）无性繁殖　大多数的多年生杂草进行无性繁殖，以地下的块根、块茎、鳞茎等进行无性繁殖，这种繁殖方式的生殖能力和再生能力都很强。例如，眼子菜的每一节都能生根发芽长出新的个体，向周围扩散。当地下部的营养器官被切断时，一些休眠的营养器官依然可以长出新的植株。

◎ **65. 杂草的传播途径有哪些?**

杂草可以通过有性繁殖的种子进行传播，还能通过无性繁殖的营养器官进行传播，但是无性繁殖的块茎、块根等传播能力有限，主要还是以种子传播为主。

杂草种子可随农作物的收获，混入农作物种子中，再随种子调运而传播扩散；有些杂草种子还能随雨水进行扩散，有的可漂浮在水面上，随河流扩散；一些杂草种子又小又轻或是具有特殊结构，能随着风力传播；土壤中的种子会随着机械耕作而进行传播；牲畜取食杂草种子又通过粪便排泄出来，也能进行近距离的传播。

◎ 66. 什么是农作物鼠害？其种类有哪些？

鼠类是我们平常对于鼠形动物的统称，其实鼠类是哺乳动物中的一大类，约占哺乳动物的 40%，其中很多野生鼠类栖息于农田周围，取食农作物的根、茎、叶、花、果实和种子，对农作物造成危害，这些鼠类就被称为农作物鼠害。我国农作物害鼠有 87 种之多，具有明显危害的有 60 种，最为常见的有 30 多种。鼠类繁殖能力强、分布广、数量大，会给农作物造成严重的损失，给农业生产带来重大的危害。

◎ 67. 害鼠一般在什么时候进行繁殖？了解它有什么意义？

鼠类的繁殖能力强，一般情况下全年都可以进行繁殖。不同的鼠类的繁殖期和长短都不同，同一种的鼠类在不同地区、不同环境条件下繁殖期也并不相同，多数鼠类的繁殖高峰期主要在春季和秋季两个时期。例如，黑线姬鼠在每年的 4—5 月和 8—9 月，会出现 2 次繁殖高峰，其中北方地区的繁殖期为 4—10 月，繁殖期相对较短，而在长江流域及以南的地区繁殖期相对较长，可以从 2 月开始，一直到 11 月。不同鼠类的怀孕时间也不相同，有长有短，同种的鼠类也会因不同的种群密度、食物的充足与否、环境条件等而使成熟期和怀孕期不同。

了解鼠害的繁殖期，可在鼠害的繁殖高峰期进行灭鼠，这个时期进行鼠害防治工作可以有效降低鼠害的密度，减轻其危害，同时还可以降低鼠害的种群基数，使今年甚至翌年的鼠害都得到有效的控制，这样防治鼠害不仅可以取得较好的效果，而且省时省力、节省成本。

◎ 68. 害鼠的主要天敌有哪些？

在自然界中，以鼠类为食的天敌有多种，主要有猫、蛇、猫头鹰、黄鼠狼、秃鹫和雕等。不同类型的天敌对鼠类的取食能力也不同，例如，单只猫头鹰一个夏季可以捕食 1 000 只鼠类，单只银鼬一年可吃掉 3 500 只鼠类，蛇的取食能力超过猫，黄鼠狼的取食能力也较强，有黄鼠狼的地方，鼠类的密度就比较小。可见，天敌对于鼠类的控制能力还是较强的，因此，应该注意对天敌的保护和利用，通过天敌的作用来控制鼠类是较为理想的方式。需要注意的是，要做好鼠类的密度监测工作，如果鼠害密度较大时，要及时采用药剂进行防治，通过多种防控措施的运用，达到理想的控制效果。

◎ 69. 害鼠主要在什么时期为害农作物？

害鼠一年四季都可以对农作物造成危害，害鼠可以取食农作物的各个部位，对农作物的危害损失可达到40%，在部分地区，鼠害造成的损失甚至超过病虫害的为害，给农业产业带来严重的影响。

总体来说，害鼠一年当中有3个为害高峰。第一个是春季3—4月播种时期，这时的害鼠经过冬季粮食紧缺，再加上春季为害鼠的繁殖高峰期，正是需要大量取食的时候，因此，害鼠会大量取食田间的种子，还会咬食幼苗，造成农作物缺苗断垄，使亩产量明显降低。第二个是6—7月，此时春季种植的农作物生长旺盛，害鼠会取食茎、叶、块根、未成熟的果实等。还会将农作物咬成段，然后拖回洞里。第三个是8—9月，此时是害鼠繁殖的另一个高峰期，也是农作物成熟的季节，因此害鼠为害严重，取食农作物的果实和穗部，尤其是晚稻和甘蔗受害较为严重。

◎ 70. 农田灭鼠主要有哪些措施？

农田中害鼠种类较多，它们的生活习性、栖息地点等都不相同，如果采用单一的防治方法，灭鼠的效果不会很好。我们在实际生产中要根据农田中发生的害鼠种类和其生活习性，结合环境条件选择合适的防治方法进行综合防治。主要有以下几种防治方法。

（1）农业灭鼠　可以破坏害鼠的生存环境，降低害鼠的密度，使害鼠缺少食物来源或是破坏鼠洞等隐蔽环境，这种方法比较环保，不会造成任何污染，不伤害天敌和有益生物。

（2）生物灭鼠　保护和利用自然界中害鼠的天敌，包括蛇、猫头鹰、黄鼠狼等，通过自然天敌来控制鼠类危害，可以起到很好的防治作用。

（3）机械灭鼠　可以利用各种灭鼠装置来捕获害鼠，如各种鼠夹、鼠笼等。

（4）化学灭鼠　化学灭鼠目前是防治害鼠的方法中最常用，也是最有效的一种方法，因为该方法防治效果好，能迅速将害鼠密度控制到较低的程度。

第三章 农作物有害生物的预测预报

◎ 71. 进行农作物有害生物预测预报的重要性是什么?

农作物有害生物预测预报对防治具有指导性意义，是植保员最基础的工作，能为政府部门预防和控制农作物病、虫、草、鼠等有害生物的宏观决策提供依据，也能为广大农作物种植人员提供有害生物发生的预测信息，从而指导种植人员正确选择防治方法和科学安全用药，为农作物的生产安全提供技术保障，从而达到预防灾害、保证产量、提高质量、增加收入的目的。

◎ 72. 农作物有害生物预测预报的工作程序是什么?

植保员要根据国家或各省、自治区或直辖市颁布的农作物病、虫、草、鼠害测报调查技术标准，或行业认可的测报方法对当地发生的主要有害生物进行系统调查和大面积普查，从而准确掌握有害生物发生信息，结合当地的气象信息、种植品种、农作物布局等数据，结合往年的发生情况，组织专家进行会商，对短期、中期农作物有害生物的发生时期、发生程度和发生区域等做出科学的预测，然后将预测结果通过简单易懂的形式制作成预测信息，传递给广大农作物种植人员。

◎ 73. 农作物有害生物预测预报的目的是什么?

进行有害生物预测预报是为了对有害生物的发生情况和对农作物造成的损失给予科学的预测，并将预测信息及时报告给上级植保部门和广大种植人员，从而为上级植保部门制定防治方案提供依据，也为广大种植人员有效防治有害生物给出指导信息。需要注意的是预测预报时要结合农作物种植结构、调查取样点的合理性和代表性，以及防治体制的问题，从而提高预测预报在挽回农作物损失当中的作用。

◎ 74. 农作物有害生物预测预报是根据哪些原理进行的?

农作物有害生物预测预报工作是一项复杂的工作，需要预测的对象十分多样，经过多年的经验和总结，将农作物有害生物预测预报工作进行分类和总结，主要有以下几种原理。

（1）惯性原理　所有事情的发展都是连续性的，任何事情都不是孤立的存在，从人类与农作物有害生物竞争食物开始，人们就无意或有意地研究它们的发生发展规律，经过多年的发展，已经形成了对有害生物预测预报的思维，这种思维会继续下去，形成惯性，以前人们总结出的规律能为未来的有害生物预测预报起到一定的指导作用。

（2）类推原理　世界上很多事物的发展都具有相似之处，因此可以找出具有和农作物有害生物发生发展相似的事物，根据类似的发展规律，类推有害生物的发展规律，可以根据历史上发生过的事情来推测现在，也可以根据其他地区有害生物的发生规律推测当地的发生情况，这也是迁飞性害虫从迁出地到迁入地的预测预报基础，在应用此种方法时要注意仔细辨别和分析，确保两种事物确实存在类似关系，再进行使用。

（3）相关原理　如惯性原理所知，世界上所有的事情都不是孤立存在的，而是相互联系的，很多事物之间是存在显著相关关系的，可以利用这种相关性，通过一个事物的发生联系到有害生物发生发展预测。例如，有害生物的发生往往与农作物的生长期和气候条件相关，相关原理在指导有害生物预测预报中是一种非常重要的科学原理，占有重要地位。

◎ 75. 农作物有害生物预测预报有哪些项目?

农作物有害生物预测预报可以根据不同项目进行分类，主要有根据预测内容分类、根据预测时间长短分类、根据预测空间范围分类。

（1）根据预测内容分类　可以分为发生期预测、发生量预测、迁飞害虫预测、为害程度和产量损失预测、风险评估。

①发生期预测　发生期是指有害生物发生时的状态，也就是害虫发生时是哪种虫态或是幼虫的哪一虫龄，迁飞性害虫迁出或迁入本地的时间；病害是处于哪一个侵染过程或是哪个流行阶段，通过发生期的预测可以预判防治时期，从而有效指导防治，确定最佳防治时间。

②发生量预测　发生量是指有害生物发生的数量多少，也就是田间的虫口密度，病害发生的严重程度，主要是预测发生的有害生物是否有大发生的可能，需要使用哪种防治方法，是否已达到使用化学防治的指标，再根据气候条件及农作物情况进行中长期预测。

③为害程度和产量损失预测　通过对有害生物发生期和发生量的预测，根据目前的发生情况，结合环境条件和种植农作物品种的抗性，预测有害生物对农作物会造成哪些危害，危害程度如何，对农作物的产量和品质造成多大的影响，并以此作为指导防治的基础，使用何种防治方法，防治几次才能将有害生物对农作物的危害损失降低到经济阈值以下。

④风险评估　有害生物的风险评估可分为外来有害生物和本地有害生物的风

险评估，如果是入侵性有害生物，一旦进入本地后定殖和危害程度如何，是否有有效的防治方法，如果是本地已经发生的有害生物，那么它们发生区域如何，会传播和扩散到何地，危害如何。

（2）根据预测时间长短分类　根据预测时间的长短可以把有害生物预测分为短期预测、中期预测和长期预测。

①短期预测　短期预测是指有害生物当前发生的情况，及预测病害发生 7d 内、害虫 20d 内的发生情况。在未来这段时间发生期和发生量需要哪种防治方法，需要防治几次。一般短期预测准确率较高，也是我们经常预测和使用范围最广的预测项目。

②中期预测　中期预测的时间跨度较大，一般可在 20 ～ 90d，大部分在 30d 以上，需根据有害生物种类来确定，主要预测下一个世代的发生情况，一个世代发生的时间不同所以预测时间也不同，但主要是为确定下一世代的发生期和发生量，从而提前设置防治对策和防治工作的部署。

③长期预测　长期预测的时间也是会因有害生物发生世代时间的长短而不同，通常在 90d 以上或是达到 1 年以上，具体预测要根据实际情况分析。

（3）根据预测空间范围分类　根据预测空间范围分主要是针对迁飞性害虫的扩散到不同地区而言。

①本地虫源情况预测　要根据本地当年农作物种植情况和气候条件分析，迁飞性害虫何时从本地迁出，迁出量有多少，迁出时的发育进度如何，是迁出型还是本地虫源，从而指导防治工作。

②迁入虫源预测　根据以往经验，哪些害虫会迁飞到本地，再结合迁入地区的气候、农作物长势及发育进度，尤其要关注气流的方向和风力，预测害虫迁入到本地后发生的趋势，提前进行应急防治的准备。

◎ 76. 有害生物预测预报的方法有哪些？

植保员日常工作中有害生物预测预报主要应用的方法有以下几类。

（1）根据有害生物的生物学来预测　这种方法是根据有害生物的生物学特性来进行预测的，其中包括害虫的生长发育、生殖、变态；病原物的侵染循环；生活史、越冬越夏等方面，该方法又可分为经验预测法和实验预测法。

①经验预测法　这是植保员最常用的一种测报方法，根据有害生物的发生情况，加上农作物的生长状况以及气候条件间的相互关系，结合植保员长期的工作经验来预测有害生物的发生期、发生量和发生范围。

②实验预测法　这种方法是依据实验生物学求出一些生物学参数，利用这些生物学数据建立相应的模拟模型，再通过这些模型对有害生物进行预测。随着计算机技术的飞速发展，越来越有利于预测模型的建立，但是研究和组建有害生物的生命

表需要花费大量的时间和精力，所以操作起来较为困难，目前应用还比较少。

（2）数理统计预测法　这种方法主要是通过数学的方法来进行预测，是利用不同事物之间的相互关系。例如，害虫的发育速率和温度之间的关系，确定了有效积温的作用，以及这两者之间存在确定性关系，不过其中还涉及其他很多条件的影响，预测方法就变得比较复杂，同时，还有一些没有研究清楚的机制，及一些随机性关系。但数理统计关系一旦建立，这种方法便简单易行，这也是未来研究的发展方向。

（3）信息预测法　这种方法是要寻找各种信息之间的内在关系，包括病虫害资料、农业措施、外界环境等，将这些信息进行综合归类，利用计算机组建大型数据库，之后制作成各种系统，如信息传递和管理系统、专家系统、地理信息系统，通过不同系统信息预测有害生物的发生发展。

◎ 77. 什么是害虫种群密度调查？

害虫种群密度是指害虫种群在一定的时间和空间当中分布的数量，可以分为绝对密度和相对密度。绝对密度是指一定范围内的害虫总数量，绝对密度往往在实际调查中是不能直接得到的数值；所以一般在预测预报工作中调查的是相对密度，通过在总体中进行抽样，取一定数量的样本，从而推算绝对密度。

◎ 78. 常用的害虫相对密度调查方法有哪些？

常用的相对密度调查方法有直接观察法、拍打法、诱捕法、扫网法和标记回捕法。

（1）直接观察法　直接观察法抽取的样方为单株、一定面积、长度等，将所抽取的样方中调查到的害虫数量、为害情况等记录下来。使用直接观察法时要注意害虫发生的部位，提高效率和准确率，在调查的时候还要记录农作物的生育时期。

（2）拍打法　拍打法是拍打一定范围内农作物的方法，将害虫拍打到铺设的接虫器皿上，再通过观察的方式记录害虫的数量。铺设的器皿最好选择白色的瓷盆。这种方法不适合善飞和善跳跃的害虫，在农作物的幼苗期较为准确，成长期用此方法误差较大。

（3）诱捕法　诱捕法是指利用害虫的趋性，通过一定的引诱物质将害虫引诱过来，通过一定的手段将害虫捕获，然后观察诱捕的害虫数量，通常用于比较不同地点或是不同时间的种群密度。根据害虫的趋性，常用的有灯诱法和性诱法。灯诱法是根据害虫的趋光性，利用一定波长的光源来引诱昆虫。性诱法是根据害虫的趋化性，自然界中雌成虫会分泌性信息素引诱雄虫，研究雌成虫分泌物的成分和配比，在实验室中合成，并通过橡胶载体制成诱芯，使用配套的诱捕器捕获害虫，这种方法专一性强，对其他生物安全，操作简单，成本低，省时省力，但是如果虫口密度过大时，这种方法的诱捕效率比较低。

（4）扫网法　扫网法是手持捕虫网按照一定的农作物面积进行扫网，注意要将网从农作物中下层开始，作“S”形前进。这种方法效率高、省工省时。

（5）标记回捕法　标记回捕法是在一个害虫种群中捕获一定数量的活虫，通过人工对这些活虫进行标记，然后放回，使这些活虫均匀的分布在种群中，经过一定时间后，再采用效率较高的方法捕获害虫，对捕获的害虫进行分析，查看标记过的害虫数量和未标记过的害虫数量，进而分析害虫的种群数量。具体方法和使用范围如表 3–1 所示。

表 3–1　相对密度调查方法及使用范围

调查方法	适用范围	举例
直接观察法	单株调查适合植株高大的成熟期或排列整齐的农作物	玉米结实期
	一定范围适合农作物苗期或密植农作物	直播水稻
拍打法	有假死性的害虫	黏虫幼虫
诱捕法	具有趋光性的害虫	稻飞虱
	具有趋化性的害虫，并且虫口密度相对较低的时候	二化螟
扫网法	适合体型小、活动性大的害虫	潜蝇类
标记回捕法	适合活动性大的害虫或是迁飞性害虫	黏虫、稻纵卷叶螟等

◎ 79. 害虫监测的抽样调查方法有哪些？

害虫的调查方法确定后，还要科学的选择样本，确保抽取的样本具有代表性，害虫监测的抽样调查方法根据抽样布局可分为随机抽样和顺序抽样。根据调查步骤可分为分层抽样、两级或多级抽样、双重抽样和几种抽样方法的配合。

◎ 80. 害虫的种群空间分布有哪些类型？

害虫种群在空间进行分布时主要有以下几类：

（1）随机分布　指种群的每个个体出现的地方完全随机，不受其他个体的影响，可以用泊松分布公式表示。

（2）均匀分布　指种群中的每个个体独立，相互距离相等，可以用正二项分布公式表示。

（3）聚集分布　指种群中的个体分布不均匀，有的地方多，有的地方少，多个个体聚集在一起很可能会吸引其他个体前来，可以用奈曼分布和负二项分布公式表示。

（4）嵌纹分布　指害虫在田间分布疏密相间、密集程度极不均匀，呈嵌纹状。又称负二项分布型。

（5）聚集分布　指害虫在田间呈多个集团或中心，并向四周做放射状扩散蔓延。核心间是随机的，为一种不均匀的分布。又称奈曼分布型。

具体的分布形式如图 3–1 至图 3–5 所示。

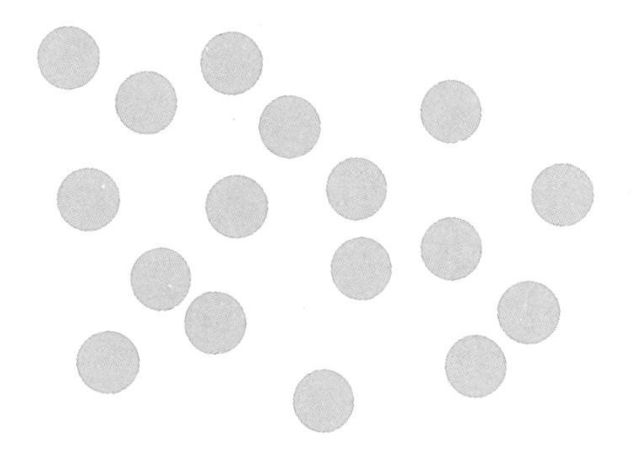

图 3-1　随机分布

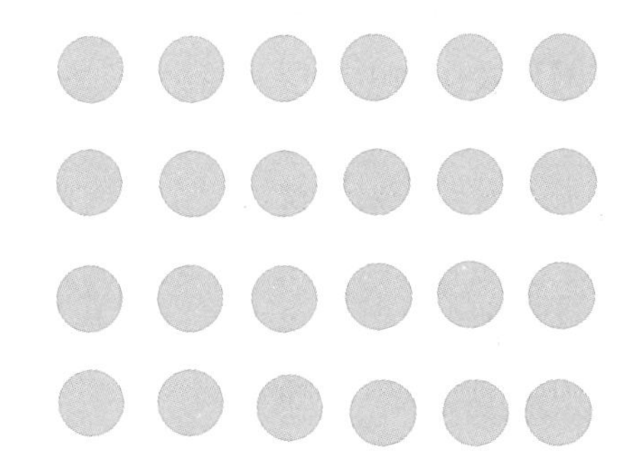

图 3-2　均匀分布

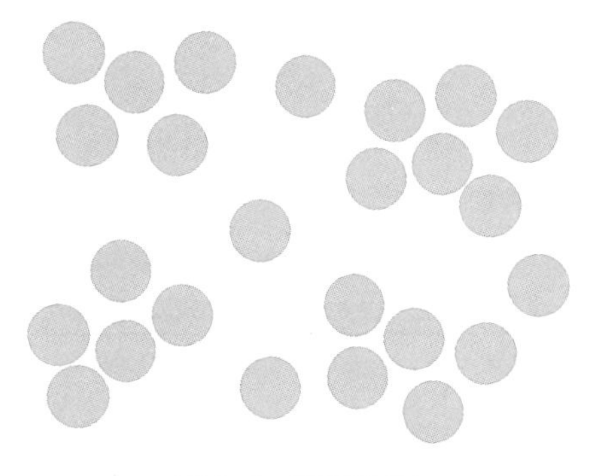

图 3-3　聚集分布

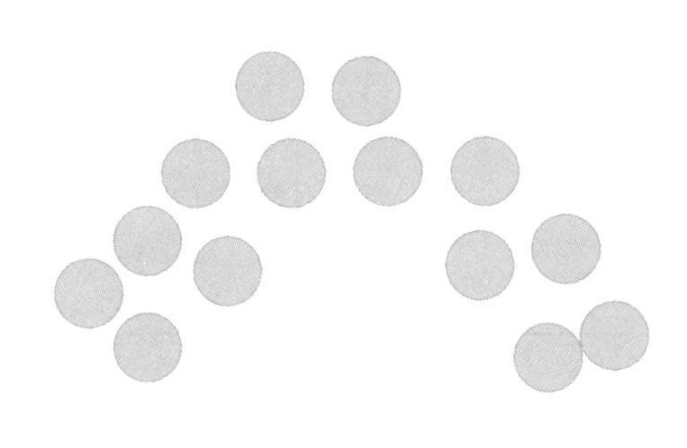

图 3-4　嵌纹分布

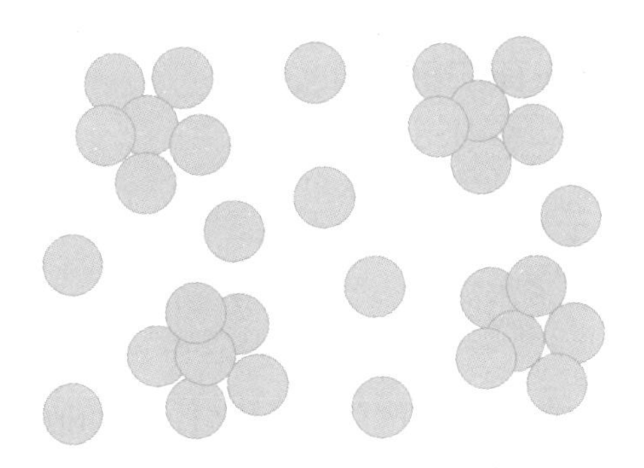

图 3-5　核心分布

◎ 81. 什么是随机抽样？

随机抽样是指在总体中直接抽出样本，需要注意的是随机抽样并不是随便抽样或随意抽样，也不是按规定抽样，而是不受任何因素的影响，又叫概率抽样。随机抽样的步骤为：将要抽样的田块编号，然后进行随机抽取，随机抽取的时候可用抽签方式、计算器自动抽取、查找随机数字表等方法。

◎ 82. 调查害虫时如何选择顺序抽样方法？

顺序抽样方法主要有五点取样法、对角线取样法、棋盘式取样法、平行跳跃式取样法、“Z”形取样法。顺序抽样的好处是简单方便、省时省力，但是没有办法分析其变异程度，也没有办法计算误差。在调查时，如何根据调查对象选择顺序抽样方法，详见表 3–2。

表 3–2 顺序抽样方法及适用范围

抽样方法	适用条件	举例
五点取样法	密集或成行的农作物，害虫为随机分布	稻纵卷叶螟卵量调查
对角线取样法	密集或成行的农作物，害虫为随机分布	三化螟卵调查
棋盘式取样法	密集或成行的农作物，害虫为随机或核心分布	玉米螟卵调查
平行跳跃式取样法	成行栽培的农作物，害虫为核心分布	稻螟幼虫调查
“Z”形取样法	害虫为嵌纹分布	大螟幼虫调查

◎ 83. 害虫发生期预测有哪些方法？

害虫的发生期预测是农作物有害生物预测的主要内容，也是目前基层植保员对主要病虫害预测的重要工作，尤其是害虫发生期的短期预测，根据目前掌握的情况估计下一世代或所要防治的虫态发生时间，对于指导防治起着重要的作用。想要预测害虫发生期需要了解害虫的发育进度，一般害虫种群的发育进度不会完全一致，因此在某一虫态时有发生的始见期、始盛期、高峰期、盛末期和终见期，始见期和终见期界定的标准比较明确，其他时期常用的界定标准为，始盛期为发育进度达到16%，高峰期为发育进度累计到 50%，盛末期为发育进度累计到 84%。在田间调查害虫的发育进度工作是一项较烦琐的工作，工作量大，而且要求调查的植保员具有较好的专业知识和技术水平，才能很好地掌握发育进度。另外，还要掌握害虫的发育历期，就是不同虫态之间发育需要的时间，在实际生产中，害虫取食不同的农作物或是在不同的区域、气候条件下，发育历期都是不同的，因此植保员为了获得准确的期距，要查阅大量的文献资料，最好能室内饲养，有利于观察到各虫龄之间发生的时间，形成公式，将温度等条件代入，得到想要的历期。在植保员的日常工作中要注意观察和积累数据，将这些积累的数据进行统计分析，得到相应的期距。在实际预测预报中要根据实际情况进行分析，要加上使用农药或异常气候的影响，确保采用的数据科学有效。可以采用历期预测法、分龄分级预测法、卵巢发育分级预测法、期距预测法、有效积温预测法、物候预测法和统计分析法。

◎ 84. 害虫发生量如何预测？

害虫发生量是植保员日常工作中的一项非常重要的测报工作，害虫的发生量直接影响着农作物的产量损失。要想科学预测害虫的发生量，需要调查害虫的种群基数、发育速率、存活率、死亡率，以及外界条件对于发生量的影响。植保员日常工作主要是利用生物学相关的一些预测方法，包括有效虫口基数和增殖率预测法、气候图预测法、聚点图预测法、经验指数预测法、形态指标预测法和生理生态指标预测法。

（1）有效虫口基数和增殖率预测法　这种方法需要进行多年、大量的田间调查，从而确定害虫的增殖率；还要了解害虫的基数，工作量较多，调查数据工作完成后，此种方法计算起来比较简单。

（2）气候图预测法　每种害虫的生长发育都和气候息息相关，气候直接影响害虫发育和繁殖的快慢，如果气候条件适宜，害虫的发生量会迅速增长，如果气候条件不适宜，则会抑制害虫的发生数量。因此，在掌握某种害虫的发生规律之后，可以根据气候图来预测某种害虫的发生量。

（3）聚点图预测法　这种方法与气候图预测法相似，一般是选择一定的气候因素制成坐标图，可以预测出害虫发生的平均情况，还能发现一些数值异常的情况。

（4）经验指数预测法　这种方法是经过多年的数据得出一个和害虫发生量相关的指数，通过这些指数推算出害虫的发生量。这些指数包括温湿度系数、综合猖獗指数和天敌指数等。

（5）形态指标预测法　这种方法是根据害虫的一些形态变化来预测害虫的发生数量，形态变化包括性别比例、卵巢含卵数量、翅型的变化等，这些变化能反映害虫对外界环境的适应情况，能判断出环境条件是否有利于害虫的发生，种群数量会扩增还是受到抑制。该方法可分为体重体长指标法和多态性指标法。

（6）生理生态指标预测法　这种方法主要是根据害虫发生休眠和滞育的情况来判断害虫的发生数量。休眠和滞育是害虫度过不良环境条件的一种方式，当不良环境条件发生时，害虫可通过休眠和滞育的方式保护自己而存活下来，翌年害虫发生数量增多，相反，发生数量则减少。

◎ 85. 迁飞性害虫如何进行异地预测？

迁飞性害虫的发生与害虫的种群基数、虫源地的气候条件、迁入地的气候条件、迁入地的种植农作物相关外，还与害虫迁飞的气流有关，因此，在预测迁飞性害虫时需要多个单位共同协作，做好预测工作。

（1）迁出区预测　迁出地区应该对虫源基数及其发育情况进行调查，同时要做好预测预报工作，为迁入区做参考。

①虫源基数及发育进度调查　在采用防治措施后一周左右，在田间调查残虫量，测算出虫源基数；再采集活虫进行虫龄分析，根据各虫龄比例，预测出平均发育进度，为预测预报作参考。

②迁出期预测　根据田间调查的发育进度，结合发育到成虫的历期，推算出害虫迁出时期。

③迁出量预测　根据田间调查的残虫量，结合气象数据，预测出迁出量。

（2）迁入区虫情预测　迁入区要根据迁出区发出的预测预报，结合往年的迁入情况，以及天气、气流、农作物生长情况，建立数据模型，预测出害虫迁入时期和迁入量。害虫迁入后采用常规方法进行短、中、长期预测。

◎ 86. 病害监测的类型有哪些？

要想准确地预测病害，就要进行监测，从而在病害发生和流行期能确定农作物是否发生了病害，发生的程度和趋势如何？是否需要进行防治，采用哪些防治方法等。

（1）系统调查　系统调查可以监测病害的数量和密度，通过选择一个固定的调查地点，按照时间顺序进行调查，将调查结果做成一条曲线，通过曲线的走势来判定病害的发生趋势。系统调查可以不具有全田代表性，只是观察病害的发生情况，至少要调查 5 次以上才具有说服力，每次调查的方法和标准也应该保持一致。

（2）大田普查　对于当地的常发性病害，在病害的发生时期和高峰期，在感病品种和主要栽培品种上调查 1 ～ 2 次，就能够了解病害的发生情况。大田普查还要调查病情的发生率和严重度，以此来预测病害的发生程度，会带来多大的损失，是否需要进行防治，采用哪些防治手段。

◎ 87. 如何进行菌量调查？

在农作物的病原中，无论是真菌、细菌、病毒、线虫和寄生性种子植物，很多病害的流行都和初侵染源数量密切相关，在适宜的环境条件下，病原物数量增长速度快，造成病害流行，因此调查菌量至关重要。

（1）土壤中菌量的调查方法　土壤是病原物越冬和休眠的主要场所，调查病原物的数量首先要调查土壤中的菌量。采用的方法主要有淘洗过筛法和诱集法。

①淘洗过筛法　淘洗过筛法适合土壤中的真菌菌核，线虫的孢囊、虫卵，寄生性种子植物的种子。

②诱集法　诱集法主要利用趋化性，通过引诱剂诱集线虫；还可以通过培养基来诱集土壤中的真菌。

（2）介体数量的调查　许多病害需要介体进行传播，尤其是农作物上的病毒病，大多数是通过蚜虫和飞虱进行传播的。可以通过黑光灯、黄色粘虫板、性诱剂等来诱集介体昆虫，通过对诱集的昆虫进行分析，检查带毒和不带毒的比例，以此来判断翌年这种病害的发生程度。

（3）病斑产孢量的测定　病原物的发育进度可以作为某些病害短期预测的依据，也可以通过测定病斑的产孢量来进行预测。

①空中孢子量的测定　空中孢子的捕捉方法主要有有动力和无动力的 2 种方法。最基本的方法就是在玻片上涂凡士林，放在农作物的不同冠层中，定期更换玻片并检查玻片上孢子的数量。后发展出孢子捕捉仪，可以在无风的条件下捕捉

孢子，通过镜检得出捕捉到的孢子数量。

②发病中心调查法　这种方法适合于矮秆农作物，当观察到发病中心时，需要进行标记，之后定期进行调查，根据发病中心的扩散情况预测病害的发生趋势。

（4）种子检验　有一些病害为种传病害，可以通过观察种子上的菌核或变色来进行检验，后来发展出了分子生物学检测方法，可以将病原物分离检测，提高了检验的准确率，也提高了预测的准确性。

（5）病菌小种的监测　不同地区发生的病害存在不同的生理小种，当地的农作物对于特定小种的抗病性存在明显的差异，因此，需要采集病原菌进行分离和鉴定，了解生理小种的变化，从而预测病害是否会流行。

◎ 88. 病害的预测方法有哪些?

农作物病害预测是对病害的发生时间、发生趋势、发生程度等作出预测，也是指导防治的基础。要研究病害循环的规律和特点，把病害流行和客观环境联系在一起，进行综合信息的研究。在综合病理学、生态学、历史气象资料、种植技术、当前病原菌数量、和未来天气情况，进行分析研究，根据植保员的经验进行预测。病害预测的准确与否，取决于选择的预测方法，根据实际情况和各种预测方法的适用特点选择相应的预测方法，具体有以下几种。

（1）综合分析预测法　综合分析预测法也叫经验预测法，是指有经验的植保专家在长期的病害预测中积累了大量的经验，对于有效积温，降水量等信息进行综合分析，了解这些因素对病害发生的影响，凭借长期的经验进行逻辑推理而预测病害的发生，这种预测是定性的预测。可以是单个专家预测，也可以由多名专家共同商讨进行预测，这种预测结果是值得信赖的，有科学依据的，其准确性取决于专家的经验和预测水平等，这种预测方法具有一定的局限性。

（2）物候预测法　物候是指自然界中反映气候变化的综合现象，采用物候预测法就是找到病害和气候变化或其他生物的内在联系，或是某种同步关系，根据类推原理，通过观察变化明显的事物来推测病害的发生。例如，小麦蚜虫和赤霉病适宜的环境条件相反，所以小麦蚜虫发生重的时候，赤霉病发生就轻。关键是要在植保工作中认真观察和总结，找到真正具有内在联系的事物或现象。

（3）指标预测法　可以作为预测的指标有气候、菌量和农作物抗病性等，这种预测方法预测马铃薯晚疫病有典型事例，简单、直观，但是具有一定的局限性，只能在特定地区使用。

（4）发育进度预测法　这种预测法只适用于特定地区的特定病害，方法简单直观。例如，小麦赤霉病可以根据此种方法进行预测。

（5）预测圃法　预测圃法是指划定一块区域，该区域的气候条件最好适合病害的发生，种植当地的感病品种，田间管理方面可以创造发病条件，诱导农作物发病，根据预测圃中的发病情况来预测大田中病害的发生时期和发生程度，这种方法也简单直观，适合用于特定的地区。

（6）数理统计预测法　数理统计预测法是根据历史资料进行综合分析，找到内在关系，建立统计模型，通过回归分析等方法进行病害的预测。可以根据菌量、气候条件、菌量和气候条件、栽培条件、农作物生长状况等建立预测模型。

◎ 89. 农田鼠害如何进行系统调查？

农田鼠害的系统调查是按照统一的标准进行调查，调查时间和调查方法如下。

（1）调查时间　南方地区全年都要进行调查，北方地区由于气候寒冷，冬季没有农作物，可以从每年的 3 月调查到 10 月，每个月调查 1 次，每月 5—10 日进行调查。

（2）调查方法　在调查农田鼠害的时候，为了方便操作和统计，一般采用的是鼠夹法，对于鼢鼠等在地下活动的害鼠，不适宜采用鼠夹法，可采用有效洞调查法来进行调查。

①鼠夹法　根据当地发生鼠害的种类、害鼠的体型大小，选择对应的铁板夹尺寸。选取一个 100m 见方的地方作为调查样方，一个样方中放置 50 个鼠夹，根据地形调整鼠夹的位置。样方最好选择在沟边、荒地、田埂、农田电线杆等鼠害活动频繁的地方。在晴朗的傍晚放置鼠夹，清晨进行调查。

农作物布局比较简单的地方可以调查 3 个样方，在农作物布局比较复杂的地方可以调查 4 ～ 6 个样方，调查过的样方不再重复调查。鼠夹中的诱饵可以用新鲜的花生或水果，用过的捕鼠夹要彻底清洗擦拭干净，去除异味后再使用。

②有效洞调查法　可以采用堵洞法或是挖洞法。

堵洞法适合洞居鼠类，能够观察到明显的洞口，选择鼠类经常出没的地方，用土块将鼠洞堵住，经过 24h 观察被推开的洞口为有效洞，每个月调查 1 次，每次 3 个样方。

挖洞法适合具有堵洞习性的鼠类，在其主洞道中挖 1 个口，观察 24h 被堵上的洞为有效洞，每个月调查 1 次，每次调查 3 个样方。

◎ 90. 如何进行大田鼠害调查？

在防治之前调查鼠害可以为防治提供参考，在防治之后调查鼠害可以评价防治的效果。调查方法包括抽样方法和不同生育期的调查。

（1）抽样方法和样本数的确定　大田害鼠具有重复取食同一地点的习性，导致农作物的受害呈聚集分布，随着鼠密度的增加，鼠害发生严重，会由聚集分布慢慢变为随机分布或是均匀分布。

根据鼠害的分布特点，调查方法可以采用“Z”形或棋盘式抽样方法，代表性比较强，一般需要调查 5 个田块，每个田块调查 500 ～ 1 000 株。

（2）不同生育期的鼠害调查　农作物不同生育期，鼠害的发生特点也不同，根据不同生育期的受害特点决定抽样调查方法。

①播种至幼苗期　此时鼠害造成的危害为缺苗断垄，可以采用目测法来预估鼠害造成的面积和比例；面积较小时可以采用棋盘式抽样，抽取 10 个点，每点 50 株，从而计算出农作物受害率和受害面积。

②成株期至孕穗期　采用平行线法进行抽样调查，从而计算出受害率、受害面积和产量损失等。

③成熟期至收获期　调查方法还是平行线法计算出株害率、穗害率和产量损失等。

◎ 91. 农田鼠害的预测方法有哪些？

对农田鼠害进行准确的预测预报，可以为防治田间害鼠提供依据。鼠害的预测预报主要是根据调查得到的鼠害的发生数量及所处的环境条件，预测其未来一段时间发生的趋势以及会对农作物造成的损失，从而确定相应的防治对策。其预测预报内容主要有发生期预测、发生量预测和发生程度预测。

（1）发生期预测　明确当地发生的优势鼠种，并重点监测其发生和危害情况。主要预测依据为早春是害鼠繁殖的时间、种群年龄结构及性别比、种植的农作物种类及分布结合当年的气候情况和历史资料来分析，预测鼠害高峰期发生的时间，如果没有其他条件抑制害鼠的繁殖危害，则应及时进行化学防治。

（2）发生量预测　发生量预测的依据是害鼠越冬后的基数、种群年龄结构和性别比、繁殖能力、食物来源是否充足，气候条件是否适合等因素进行综合考量。如果冬后鼠密度高、成年鼠所占比例大、雌鼠多、健康状况好、食物来源充足、气候条件有利于害鼠的生长发育，那么鼠害的发生量就会多，发生严重。

（3）发生程度预测　发生程度是鼠害发生数量、发生范围和造成的损失进行综合评估，根据害鼠捕获率、损失率和占播种面积比例 3 个指标来划分鼠害发生程度，并做出相应的预报和防治。如果鼠害发生程度为 1 级，可以不进行灭鼠；发生程度为 2 级，要进行重点区域灭鼠；达到 3 级和 4 级的时候就会造成粮食损失，要大范围灭鼠；当达到 5 级时，需要立即采取措施，紧急灭鼠。

◎ 92. 如何调查农田杂草？

随着耕作制度的改变、化学除草剂的大量使用，农田杂草的群落不断地在变化，要更好地进行杂草综合治理，解决杂草对农作物的危害，掌握杂草的发生情况和更替能够为防治杂草提供依据。一直以来，杂草调查采用的是目测法，对植保员业务能力要求比较高，这种方法工作量比较小，适合于大面积的调查。小面积调查时，可以采用双对角线法，取 50cm 见方的样方，调查其中杂草的类型、数量及生长情况。

还有一种经过改进的倒置“W”形多点抽样法，抽样方法如图 3-6 所示，样方面积也是 50cm×50cm，记录样方中杂草的种类，各自的数量、高度及生长情况。

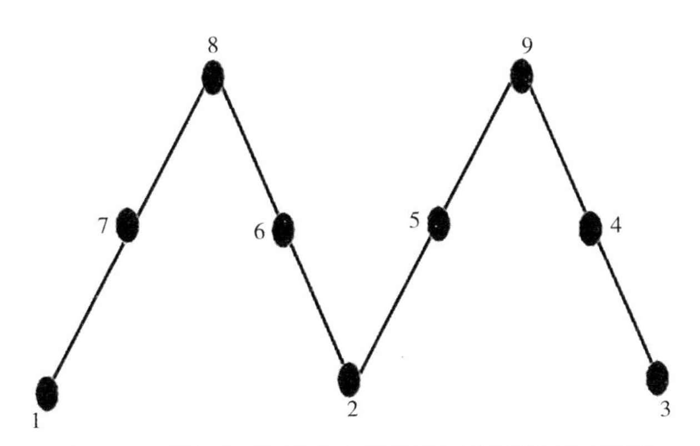

图 3-6 倒置“W”形多点抽样法田间取样点示意图

◎ 93. 农田杂草的预测方法有哪些？

杂草的整个生育期会受到各种因素的影响，使其每年发生的时间、种类、生长速度和危害程度都并不相同。近些年来，农业生产中主要依靠化学除草剂进行除草，为了减少化学农药的使用，减轻环境压力等多方面原因，倡导根据田间杂草发生的种类、发生的时期，选用适合的药剂，在最佳防治时期用药，提高用药防治效果，减少农药使用量，准确的预测预报就是科学用药的前提。

（1）杂草发生量预测　杂草发生量预测主要是根据土壤中的杂草种子库来判定的，根据杂草种子库中的种类和数量、在土壤中的分布、当年的气候条件预测发生的杂草种类、数量和群落结构。杂草发生量的预测一般都是靠植保员的经验，操作简单，但是需要进行大量的调查，没有普遍性，也忽略了很多因素。杂草能够出土要根据土壤温度、湿度，在土壤中的深浅和气候条件，也是判断发生量的基础。

（2）杂草萌发期预测　杂草萌发期预测主要是根据土壤中杂草种子库的杂草种类和当年的气候条件，根据杂草的生物学特性，来初步判断其萌发时间。根据土壤的温度和湿度来计算杂草在土壤中生长的天数，可以预测出杂草的出土时间。

（3）杂草生长高度预测　杂草的生长高度和杂草本身的生长特性、土壤含水量、光照、温度、土壤肥力等息息相关，除此之外，还与其他杂草的竞争及生长的天数有关，可以综合这些因素，根据经验预测生长高度。

（4）农田杂草密度和农作物产量损失预测　杂草密度和农作物产量损失的预测需要找到其内在关系，之后建立模型进行预测，确定杂草危害的经济阈值，进一步制定杂草综合治理的方案和措施。

第四章
农药的使用

◎ 94. 什么是农药，其定义是什么？

农药广义的定义是指用于预防、消灭或者控制为害农业、林业的病、虫、草害和其他有害生物，以及有目的地调节、控制、影响植物和有害生物代谢、生长、发育、繁殖过程的化学合成，或者来源于生物、其他天然产物，及应用生物技术产生的一种物质或者几种物质的混合物及其制剂。狭义的定义是指在农业生产中，为保障、促进农作物的成长，所施用的杀虫、杀菌、杀灭有害动物（或杂草）的一类药物统称。特指在农业上用于防治病虫草害及调节植物生长等药剂。

◎ 95. 农药的危害有哪些？

（1）对人的危害　根据农业生产上常用农药的毒性分类，农药可以分为剧毒、高毒、中等毒、低毒、微毒等。农药中毒轻者表现为头痛、头昏、恶心、倦怠、腹痛等，重者出现痉挛、呼吸困难、昏迷、大小便失禁，甚至死亡。有机氯农药在人体脂肪中蓄积，诱导肝脏的酶类失调，是肝硬化肿大的原因之一；习惯性头痛、头晕、乏力、多汗、抑郁、记忆力减退、脱发、体弱等都与人类长期食用有毒农产品有关，还容易引发各类癌症等重大疾病，此外动脉硬化、心血管病、胎儿畸形、死胎、早夭、早衰等疾病也与人类食用有毒农产品有关，很多时候毒素在人体中慢慢富集，长期下来会造成严重后果。

（2）对动植物的危害　农药可以阻碍植物根系的深入和对土壤的水分吸收。造成弱苗、死苗、倒伏和减产。残留碎片还会随着农作物的秸秆和饲料进入牛、羊等家畜的食物之中，家畜误服残留碎片后，可导致肠胃功能失调、膘情下跌，甚至死亡。绝大多数农药会无选择地杀伤各种生物，其中包括对人们有益的生物，如青蛙、蜜蜂、鸟类和蚯蚓等。这些益虫、益鸟的减少或灭绝，实际上减少了害虫的天敌。野生生物吃了含有农药的食物，也会急性或慢性中毒。最主要的是农药影响生物的生殖能力，如很多鸟类和家禽由于受到农药的影响，产的蛋重量减轻、蛋壳变薄，容易破碎。许多野生生物的灭绝与农药的污染也有直接关系。

（3）对环境的危害　农药流失到环境中，将造成严重的环境污染，有时甚至造成极其危险的后果。流失到环境中的农药通过蒸发、蒸腾，飘到大气中，飘动的农药又被空气中的尘埃吸附住，并随风扩散。造成大气环境的污染。大气中的农药，又通过降水流入水里，从而造成水环境的污染，同时，流失到土壤中的农药，也会造成土壤板结。

◎ 96. 农药可以分为哪些种类？

农药可以根据原料来源、用途、作用方式和性能特点等进行分类，具体的分类情况详见表 4–1。

表 4–1　农药分类情况表

分类依据	类别		特点	举例
原料来源	无机农药	矿物性农药	有效成分都是无机的化学物质	石灰、硫磺、硫酸铜等
	有机农药	植物性农药	从植物中提取的物质	烟碱、除虫菊素、鱼藤酮
		矿物油农药	矿物油类加入乳化剂而成	矿物油乳剂等
		微生物农药	用微生物或其代谢物制成	苏云金杆菌、白僵菌等
		人工合成的有机农药	狭义的化学农药	氯虫苯甲酰胺、高效氯氟氰菊酯等
用途		杀虫剂	对害虫具有毒杀作用的物质	氯虫苯甲酰胺、辛硫磷等
		杀螨剂	对害螨具有毒杀作用的物质	乙螨唑等
		杀菌剂	对病原物有杀灭或抑制作用的物质	戊唑醇、咪鲜胺等
		杀线虫剂	对线虫具有杀灭作用的物质	阿维菌素等
		除草剂	防除杂草的药剂	草甘膦、吡嘧磺隆等
		杀鼠剂	对害鼠具有毒杀作用的物质	溴敌隆等
		植物生长调节剂	人工合成的可以影响和有效调控农作物生长发育的物质	乙烯利、芸苔素内酯等
作用方式	杀虫剂	胃毒剂	通过害虫口器进入体内使害虫死亡	敌百虫、氟啶脲等
		触杀剂	通过害虫体壁进入体内使害虫死亡	辛硫磷、毒死蜱等
		熏蒸剂	通过呼吸系统进入害虫体内使害虫死亡	敌敌畏等
		内吸剂	药剂可以被农作物吸收，在体内进行传导	乐果、乙酰甲胺磷等
		拒食剂	使害虫厌食，因饥饿或营养不足而死亡	吡蚜酮、印楝素等
		趋避剂	使害虫趋避，从而保护农作物	避蚊胺等
		引诱剂	通过气味、光、信息素等引诱害虫	糖醋酒液、性诱剂等
		不育剂	使害虫不能繁殖后代	除虫脲等

续表

分类依据	类别		特点	举例
作用方式	杀菌剂	保护剂	预防农作物被病原物侵染，在农作物发病前使用	三唑酮、波尔多液等
		治疗剂	能够杀死病原物，在农作物发病后使用	硫磺、多菌灵等
		铲除剂	对病原具有强烈杀灭作用，容易引起药害，休眠期使用	高浓度石硫合剂、甲醛等
		免疫剂	施用免疫剂后，使农作物具有抗病性	甲基硫菌灵+水杨酸
	除草剂	选择性除草剂	不伤害农作物而防除杂草	苄嘧磺隆、莎稗磷等
		灭生性除草剂	杂草和农作物都能防除	草甘磷等
使用方法		土壤处理剂	处理土壤的药剂	莠去津、莎稗磷等
		种子处理剂	处理种子的药剂	丁硫克百威、甲霜灵等
		茎叶处理剂	喷施在植株上的药剂	噻虫嗪、稻瘟灵等
传导性分类		传导型药剂	农作物可以吸收并进行传导的药剂	杀虫双、杀螟丹等
		触杀型药剂	不能在农作物体内吸收传导，只能在施药处起作用	辛硫磷、毒死蜱等
性能特点		广谱性农药	一种药剂可以防治多种有害生物	异稻瘟净、多菌灵等
		兼性农药	药剂有两种或两种以上的作用方式或机理	敌百虫等
		专一性农药	药剂只能防治一种或一类有害生物	抗蚜威等
		无公害农药	药剂比较友好，对环境、大气等不会产生污染	除虫菊素、井冈霉素等

◎ 97. 杀虫剂有哪些作用方式？

杀虫剂的作用方式有很多种，主要有触杀作用、胃毒作用、熏蒸作用、内吸作用等。

（1）触杀作用　这类杀虫剂通过害虫的体壁进入虫体，达到靶标位置，杀死害虫。触杀性杀虫剂要具有水溶性和脂溶性，在加工农药的时候要加入乳化剂、湿展剂和溶剂。低龄幼虫和刚蜕皮的幼虫，药剂容易穿透其体壁，防治效果比较好。

（2）胃毒作用　这类杀虫剂通过害虫取食随着口器进入害虫的中肠，通过循环作用达到靶标，杀死害虫。一些昆虫体内具有分解杀虫剂的消化酶，尤其是一些鳞翅目幼虫，有机磷农药可以抑制消化酶的活性而增加胃毒效果。有些昆虫会通过呕吐或腹泻，来降低胃毒剂的毒性，菊酯类药剂会使大多数昆虫产生呕吐；

有机合成的脲类杀虫剂会使鳞翅目幼虫产生拒食作用，而且昆虫的味觉很强，如果杀虫剂浓度较大，也会马上产生拒食反应。

（3）熏蒸作用 将杀虫剂气化变成有毒气体，随着害虫的呼吸而进入体内，杀死害虫。药剂的熏蒸以气体的形式杀灭害虫，最好是在密闭的环境下，能够在短时间达到有效浓度，如果在露地使用，要选择晴天气温较高的时候使用，提高防治效果。有些药剂会使害虫产生拒避反应，例如，氢氰酸会使蝗虫发生自卫反应而关闭气门。

（4）内吸作用 这类杀虫剂会被农作物吸收到体内，或是在体内能产生毒性更强的物质，害虫取食有毒的农作物而被毒死。内吸性药剂一般为向上传导，因此，在根部施药比叶部施药效果好，需要注意的是喷施时要均匀喷雾。

（5）内渗作用 杀虫剂能够渗入到叶片中，但是没有传导作用，因此，不同于内吸作用。

（6）杀卵作用 杀虫剂喷施到卵上，能够使卵停止发育，或是直接使卵或卵中胚胎中毒死亡，降低卵的孵化率。

（7）趋避作用 这类杀虫剂不能杀灭害虫，是因为害虫不喜欢此类药剂而远离此处，从而能够避免对农作物的为害。

（8）拒食作用 害虫取食拒食剂后，会影响害虫的正常生理代谢功能，使害虫厌食，拒绝取食而饿死。

（9）不育作用 害虫取食不育剂后，其生殖器官被破坏，杀死精子或卵子，不能进行正常生殖，而减少下一代的数量。

（10）引诱作用 这类杀虫剂对害虫起到很好的引诱作用，可以配合常规杀虫剂使用，将引诱过来的害虫集中杀灭，事半功倍。

（11）激素干扰作用 这类杀虫剂会干扰害虫体内激素的正常生理功能，使其不能进入下一虫态或完成整个生活史，从而控制害虫的数量。

◎ 98. 化学除草剂的防治原理有哪些？

化学除草剂接触或进入杂草体内时，会干扰和抑制杂草的生理生化的代谢，抑制杂草的生长发育，或是杀死杂草。除草剂干扰杂草的生理生态代谢主要有以下 3 个方面。

（1）干扰呼吸作用和电子传递 这类除草剂会抑制线粒体的功能，干扰 ATP 的合成和电子传递，呼吸作用变得没有意义，导致能量不足，体内各项生理生化反应因缺少能量而中断，从而导致杂草死亡。例如，五氯酚钠就是这种机制。

（2）抑制光合作用 这类除草剂对光合作用有明显的抑制作用。除草剂到达叶绿体后，切断电子传递，光合作用被抑制，不能合成有机物，只能靠杂草体内储存的养分维持生命，当体内营养消耗完后就会死亡。例如，苯达松、除草净等。

（3）干扰蛋白质的合成和核酸代谢　不同的除草剂对蛋白质和核酸的影响不同。一种是2,4–滴和2甲4氯这类激素类除草剂，抑制核酸代谢使顶端停止生长，还会使杂草基部蛋白质和核酸代谢增加，细胞分裂异常，导致韧皮部筛管堵塞，使营养物质不能运输，使杂草生长发育不良而死亡。另一种是禾草丹等除草剂作用于稗草上，先抑制核酸的合成，再抑制蛋白质的合成，使细胞无法伸长，有丝分裂紊乱，新叶无法生长，变为扭曲状，最后爆裂而亡。

◎ 99. 化学除草剂的选择性原理有哪些？

用来消灭田中杂草的化学药剂被称为除草剂，除草剂又分为选择性除草剂和灭生性除草剂。除草剂作用于农作物会通过抑制农作物的光合作用或体内某种酶的活性来杀灭杂草。想要使用除草剂杀灭田间杂草而不伤害农作物，就需要利用除草剂的选择性，主要选择原理有以下几种。

（1）形态选择　单子叶禾本科植物叶片表面角质层比较厚，叶片直立，叶面积小，不易沾染药剂，抗药性强，不易产生药害。双子叶植物叶片表面角质层薄，叶片平展，叶面积大，沾染药剂多，幼芽裸露，抗药性差，容易被毒害。

（2）生物物理差异　除草剂进入植物体内，有的植物进入细胞壁，不进入原生质，这样的抗药性强；有的植物不进入细胞壁，而进入原生质，这样的抗药性差。

（3）生理生化选择　有一些农作物体内有针对某种除草剂的酶，可以将除草剂代谢为无毒的物质，或是将除草剂钝化，使除草剂不能发生作用；而杂草体内不具有这种酶，会被除草剂杀灭。还有一种情况是除草剂进入农作物体内，不会被激活，而到了杂草体内会被活化为有毒物质。例如，2甲4氯钠在杂草体内会变为高活性的2甲4氯而杀灭杂草，但在水稻中不会，因此对水稻安全。利用这种选择性除草剂效果好，安全性高。

（4）时间差异　可以用一些药效期短、见效快的除草剂在农作物播种前施用，杀灭正在萌发的杂草，等药效过后再播种农作物，如五氯酚钠。

（5）位差选择　一般农作物的根系深，杂草的根系分布较浅，可以在表土层使用除草剂，当杂草接触到除草剂时就会被杀灭。

◎ 100. 什么时间使用除草剂效果较好？

在春季干旱的地区，建议在播种之前施用除草剂，再进行耕地，之后再播种，这样可以减少动土次数，保护土壤墒情，省工省力，除草的效果也比较理想。

春季土壤墒情较好的地区，可以在农作物播种之后还没有出苗之前，施用除草剂进行封闭，除草的效果较好。

出苗之后如果出现比较顽固的杂草，可以使用茎叶处理的除草剂进行茎叶喷施。

在使用任何一种除草剂除草的时候，都要详细阅读农药的说明书，严格按使用说明使用，避免随意扩大使用范围和使用剂量，以免产生药害。

◎ 101. 使用化学除草剂时应该注意哪些问题？

（1）选择合适的施药时间　农作物施用除草剂的时候，如果采用土壤封闭处理，要在播种之后、出苗之前进行，还应该注意查看土壤墒情，如果土壤比较干旱，可以注意近期的天气情况，如果预报近期有雨，可以在下雨之前进行喷施，这样除草剂封闭效果较好。如果是茎叶处理，要掌握好农作物的生育期，春小麦宜在 3 ～ 5 叶期到拔节期之前，玉米应该在 3 ～ 6 叶期。

（2）注意除草剂使用量　在施用除草剂的时候要认真阅读使用说明书，需严格按照说明书进行使用，不能随意加大药量，除草剂过量容易产生药害，如果除草剂使用太少，则不能达到理想的除草效果。

（3）注意天气情况　在使用除草剂的时候注意查看天气预报，风力过大的时候不能施用，容易因漂移而产生药害，最好在 2 级风力以下进行施药。

（4）注意施药速度　在喷施除草剂的时候注意施药速度，喷施均匀，不能出现重喷或漏喷的现象，如果用拖拉机、无人机等植保机械施药时，要注意行驶速度不要过快，要匀速行驶。

◎ 102. 除草剂喷雾助剂有哪些？

在喷洒除草剂的时候要加入助剂，提高除草剂的效果，加入的助草剂可以分为矿物油型助剂和植物油型助剂，其中矿物油型助剂包括表面活性剂和非离子表面活性剂。植物油型助剂包括植物油、浓缩植物油、植物源油。其他的助剂还有液体肥、缓冲剂、消泡剂、稳定剂和漂移抑制剂。

◎ 103. 植物生长调节剂具有哪些作用？

植物生长调节剂是指通过人工合成或天然提取的，具有和植物激素相同调节生长发育作用的一类化学物质，植物生长调节剂的作用和种类，如表 4–2 所示。

表 4–2　植物生长调节剂的作用和种类

作用	种类
延长组织器官的休眠	胺鲜酯、氯吡脲等
打破农作物休眠，促进萌发	赤霉素、过氧化氢等
促进茎叶生长	赤霉素、胺鲜酯等
促进生根	吲哚丁酸、萘乙酸等
抑制茎叶芽的生长	多效唑、矮壮素等
促进花芽形成	乙烯利、萘乙酸等

续表

作用	种类
抑制花芽形成	抑芽丹、赤霉素等
疏花疏果	萘乙酸、乙烯利等
保花保果	胺鲜酯、赤霉素等
延长花期	多效唑、矮壮素等
诱导产生雌花	乙烯利、萘乙酸等
诱导产生雄花	赤霉素等
切花保鲜	硝酸银、硫代硫酸银等
形成无籽果实	赤霉素、萘乙酸等
促进果实成熟	胺鲜酯、乙烯利等
延缓果实成熟	赤霉素等
延缓衰老	赤霉素、糠氨基嘌呤等
提高氨基酸含量	多效唑、对氯苯氧乙酸等
提高蛋白质含量	对氯苯氧乙酸、萘乙酸等
提高含糖量	增甘膦、皮克斯等
促进果实着色	比久、多效唑等
增加脂肪含量	萘乙酸、抑芽丹等
提高抗逆性	脱落酸、多效唑等

◎ 104. 杀鼠剂有哪些类型？作用特点分别是什么？

杀鼠剂按照不同的分类方式可分为不同类型，其杀鼠特点也不同，具体见表4–3。

表 4–3　杀鼠剂的类别及特点

分类方式	杀鼠剂类型	特点	种类
按作用方式	胃毒剂	害鼠取食后神经系统和凝血系统发生障碍而死亡	溴敌隆等
	熏杀剂	杀鼠剂以气体通过呼吸进入害鼠体内，使害鼠中毒死亡	氯化苦等
	烟剂	将烟雾炮放入野外鼠洞中，将洞口密封，使害鼠窒息死亡	木屑＋硝酸铵等
	趋避剂	含有害鼠不喜欢的物质，产生趋避作用，从而预防鼠害	百力克等
	绝育剂	害鼠取食后造成不育，使鼠密度降低，从而控制鼠害	含有棉酚、天花粉等

续表

分类方式	杀鼠剂类型	特点	种类
按来源	无机杀鼠剂	其有效成分为无机物	黄磷等
	有机杀鼠剂	其有效成分为有机合成的	杀鼠灵等
	天然植物杀鼠剂	其有效成分来源于植物	马前子、红海葱等
按作用特点	急性杀鼠剂	短时间内就可以使鼠类中毒死亡，但是毒性大、易造成人畜和二次中毒现象	磷化锌（已禁用）
	慢性杀鼠剂	浓度低，杀鼠作用较慢，不产生拒食作用，对人畜安全，但需要多次投饵才能达到效果，用工较多	敌鼠钠盐、溴敌隆等

◎ 105. 在进行化学灭鼠的时候应该选用什么样的杀鼠剂?

在选择灭鼠剂的时候要选择具有以下特点的杀鼠剂：

（1）对害鼠的毒性高，灭鼠率能够达到 80 % 以上。

（2）对人和牲畜的毒性低，安全性高，没有蓄积毒性，不易造成二次中毒，对天敌比较安全，不会进入植物内部，没有致癌等作用，不污染环境。一旦中毒也有特效解毒药或解毒方法。

（3）鼠类不会产生拒食性，容易取食。

（4）灭鼠剂原药方便使用，容易制成毒饵，价格便宜，性质稳定，容易贮藏和运输，不容易产生抗药性。

（5）必须选用经过国家登记的正规产品，三证齐全的杀鼠剂。

◎ 106. 灭鼠的效果应该如何评价?

当我们进行化学灭鼠之后，应该如何评价防治效果呢？是否是根据杀死鼠类的多少来判断呢？通常我们用灭鼠率来判断，而不是根据灭鼠数量。如果灭鼠率达到 90% 以上，表示防治效果好；如果灭鼠率达到 80% 以上，表示防治效果较好；灭鼠率达到 70% 以上，表示防治效果一般；灭鼠率只能达到 50% 的时候，防治效果较差；当灭鼠率不到 30% 的时候，防治基本没有效果，鼠密度会在短期内恢复。灭鼠率的计算公式为

$$\text{灭鼠率}(\%)=\frac{\text{灭鼠前鼠密度}-\text{灭鼠后鼠密度}}{\text{灭鼠前鼠密度}}\times 100$$

◎ 107. 农药的剂型有哪些?

农药形态通常为液体、固体、气体。在农作物有害生物防治中，农药的原药不能直接使用到农作物上，用于防治有害生物，而是应根据有害生物的不同形态和特点，以及农药本身不同的理化性质，采用不同的用法，制成不同的剂型，应用于有害生物的防治。通过将农药原药加工成不同种类的剂型，能使农药获得较为稳定

的形态和药效，便于储存、运输和使用。农药原药一般浓度较高，通过不同剂型的加工，可以降低农药的浓度，或是将高毒农药加工成为低毒的剂型，使农药具有较好的药效，但对农作物、施药者、鸟类、水生生物、牲畜、天敌和中性昆虫相对安全，不会造成危害。加工成为不同剂型还能扩大农药原药的使用方式和用途，增加其缓释效果，增强农药的药效，延长持效期，从而减少施药次数，降低农药的使用量。根据加工剂型可分为可湿性粉剂、可溶性粉剂、乳剂、乳油、浓乳剂、乳膏、糊剂、胶体剂、熏烟剂、熏蒸剂、烟雾剂、油剂、颗粒剂、微粒剂等。

◎ 108. 农药的分散度对农药的性能有什么影响？

分散度是指药剂被分散的程度，是衡量制剂质量或喷洒质量的主要指标之一。分散度越高说明农药雾滴越细或粉质越细。分散度对农药的性能有以下几方面影响。

（1）影响农药的溶解　对于可湿性粉剂来说，分散度高则药剂的悬浮率高，使悬浮液稳定。对于乳油来说，分散度高则乳化率高，减少产生分层的现象。

（2）影响化学反应速率　分散度高则药剂分解释放快，反之则慢。如果是水溶性强的农药，分散度低，农药会在露水中形成浓度较高的药液而产生药害；如果是水溶性低的农药，分散度高，溶解快，会使药剂浓度迅速升高，也容易产生药害。

（3）影响气化速率　分散度高，药剂在空中漂浮力高，药剂和靶标撞击机率和频率高，在靶标上的覆盖面积大。分散度要适中，不能过大或过小，以能穿透农作物的冠层为宜，有利于杀灭躲在冠层内部的害虫。分散度高，药剂质量小，沉降速度慢，还没有到达靶标就被气流所带走；分散度低，药剂质量大，达到靶标时易滚落。

◎ 109. 种衣剂有哪些作用？

（1）防治有害生物　种子使用种衣剂进行包衣后，根据种衣剂中加入的药剂，可以防治对应的有害生物，带有种衣剂的种子进入土壤中，会在种子周围形成一层保护膜，使种子能够抑制病原菌的侵染，还能有效防治地下害虫。

（2）补充微量元素　种衣剂中往往还含有锌、硼、锰等微量元素，可以给种子提供微量元素，预防种子缺素症，促进种子健康生长。

（3）提高种子质量　使用种子种衣剂后，可以提高种子质量，能使苗齐苗壮，节省种子的用量，使种子标准更加统一。

（4）提高产量　种衣剂能够促进种子生根发芽，补充营养，培育壮苗，刺激农作物生长，预防病虫害，提高田间苗率。植株生长健壮，从而提高农作物产量和品质。

◎ 110. 使用种衣剂时应该注意什么？

种衣剂不能和除草剂一起使用，使用种衣剂的种子播种后，隔 1 个月后才能用除草剂，如果播种之前封闭时使用了除草剂，则需要隔 3d 才能播种带有种衣剂的种子，否则农作物容易产生药害或是除草剂除草的效果不理想。

带有种衣剂的种子播种后，当土壤湿度比较大的时候，种衣剂会慢慢水解，如果土壤偏碱性，温度比较高的时候，种衣剂的水解速度也会比较快，所以使用种衣剂不能和碱性农药及有机肥一起使用，在盐碱地区使用也会影响种衣剂的效果。

◎ 111. 农作物限制性使用农药有哪些?

国家规定的很多农药已经禁止生产和使用了，还有一些农药限制在某些特定农作物上使用，具体种类，如表 4–4 所示。

表 4–4　农作物上禁限用农药品种

	农药通用名称	禁止使用范围
禁止（停止）使用的农药	六六六、滴滴涕、毒杀芬、二溴氯丙烷、杀虫脒、二溴乙烷、除草醚、艾氏剂、狄氏剂、汞制剂、砷类、铅类、敌枯双、氟乙酰胺、甘氟、毒鼠强、氟乙酸钠、毒鼠硅、甲胺磷、对硫磷、甲基对硫磷、久效磷、磷胺、苯线磷、地虫硫磷、甲基硫环磷、磷化钙、磷化镁、磷化锌、硫西安磷、蝇毒磷、治螟磷、特丁硫磷、氯磺隆、胺苯磺隆、甲磺隆、福美胂、福美甲胂、三氯杀螨醇、林丹、硫丹、溴甲烷、氟虫胺、杀扑磷、百草枯、2,4– 滴丁酯、甲拌磷、甲基异柳磷、水胺硫磷、灭线磷	禁止在所有农作物上使用
农作物部分范围禁止使用的农药品种	甲拌磷、甲基异柳磷、克百威、水胺硫磷、氧乐果、灭多威、涕灭威、灭线磷	禁止用于水生植物的病虫害防治
	甲拌磷、甲基异柳磷、克百威	禁止在甘蔗农作物上使用
	丁酰肼（比久）	禁止在花生上使用
	氟虫腈	禁止在所有农作物上使用（玉米等部分旱田种子包衣除外）
	氟苯虫酰胺	禁止在水稻上使用

注：2,4– 滴丁酯从 2023 年 1 月 29 日起禁止使用；溴甲烷可以用于检疫熏蒸处理；杀扑磷已经没有登记；甲拌磷、甲基异柳磷、水胺硫磷、灭线磷，从 2024 年 9 月 1 日起禁止销售和使用。

◎ 112. 关于农药的标签有哪些规定?

国家规定农药标签必须标明以下信息。

（1）名称　标签上要明确标明农药的商品名称和通用名称，名称应在标签的中间位置用大字标注。

（2）净含量　标签上需明确标明农药的净含量。

（3）厂名和厂址　必须要在标签上标明生产、加工或分装企业的准确名称、地址、邮编、电话和传真等信息，境外农药需要标明其在境内的代理机构的名称和地址。

（4）保质期　农药的保质期一般在2年及以上，特殊产品为1年，在标签上要明确标明。

（5）生产日期或批号　明确标明生产日期或是批号。

（6）使用方法　标注农药产品登记的范围、适用于哪种农作物，能够防治哪些有害生物，何时使用，用量范围和施药方法。

（7）使用条件　标明农药不得与哪些农药或化学品混用或是一起使用；明确禁用范围、限用条件和敏感农作物；使用安全间隔期、最大使用量、最大残留限量；是否对一些有益生物具有高毒性，如对蜜蜂、家蚕和水生生物的影响。

（8）毒性标记　在显著位置明确标注上农药的毒性及毒性标志。

（9）农药使用注意事项　标签上要明确标明施药时应该进行哪些防护，施药器械、农药包装废弃物、残余药液的处理方法，农药是否易燃、易爆、易腐蚀，并加上相应的图示。

（10）中毒急救　如何预防该农药的中毒，中毒症状是什么，如何进行急救和解毒的解药名称。

（11）农药三证　包括农药登记证号、农药产品标准号、农药生产许可证号。其中境外进口农药没有农药产品标准号和生产许可证号。

（12）农药类别颜色标志带　在标签的下方，加一条特征颜色标志带，不同的颜色标志带代表着不同的农药类别，其中除草剂为绿色，杀虫杀螨剂为红色，杀菌杀线虫剂为黑色，植物生长调节剂为深黄色，杀鼠剂为蓝色。

◎ 113. 在购买农药时如何避免买到假药？

（1）在购买农药时一般多处于农忙季节，容易因繁忙而购买到假药，因此在购买农药时要注意识别，避免买到假药。

（2）购买农药时，一定要到证照齐全的正规农资商店或是经销商处购买，农资经销处要有正规的营业执照，还要具备农药的经营许可证，购买农药时可以要求经营者出具相关证件，进行查看。切记不要轻信走街串巷的农药推销者，或没有保障的网上交易。

（3）购买农药时，要查看农药标签，确认农药登记证号、产品标准号、生产许可证号，以及农药登记的适用范围和防治对象。要注意标签上应标注有效成分、含量、产品性能、毒性、使用方法、生产日期、有效期、注意事项、生产企业名称、地址和邮政编码等。缺少上述任何一项内容，应注意，以免购买到假冒伪劣农药。

此外还要查看包装是否规范，注意是否有合格证，一旦农药产品包装破损、渗漏或包装表面残旧、字体模糊，都应对其产品质量表示怀疑，不要为了贪图便宜而购买拆开包装的散装农药。

（4）购买农药时，交易方式要正当，要向经营者索要正规经营发票，或具有经营单位公章的信誉卡及有效购物凭证，要求清楚地标明购买时间、产品名称、数量、等级、规格、型号、价格等信息，不要接收个人签名的字据或收条，注意留存种子、农药、化肥的外包装和少量原品。

（5）还要注意查看产品外观，粉剂应疏松、外观均匀、不结块，可湿性粉剂用手指捏搓无颗粒感，如有结块或有较多颗粒感或色泽不均匀都可能存在质量问题；乳油、水剂等液态农药应透明均匀、无沉淀或漂浮物，乳油如有分层、沉淀或混浊，可能存在质量问题，乳油加水稀释后如乳液不均匀或有浮油、沉淀，其质量都可能有问题；颗粒剂应色泽均匀，除包衣颗粒剂外，应不易破碎，如色泽不均匀，其质量可能存在问题；悬浮剂、胶悬剂存放后允许有分层现象，但下层农药应轻易摇起，并呈均一的悬浮液。悬浮剂振摇后仍有结块现象，其质量可能存在问题。

◎ 114. 购买到假冒劣质农药时应该怎么办?

如果按农药标签规定使用，发现该农药防治效果差、出现药害或人畜中毒等事故，有可能是购买到了假劣农药。此时要核对产品的生产企业名称、农药登记证号、农药名称、适用农作物、防治对象等内容，如果自己没有办法核对，可以求助当地的植保员，帮忙核对相关信息。

如果在施药后发生药害或人畜中毒，应立即进行投诉，找到有资质的鉴定人员及时到现场进行鉴定，准确认定有关责任问题。如果没有及时发现问题，当发现问题时则需要收集和携带相关收据、包装袋、剩余药品等向农业部门或有资质的鉴定机构提出申请，委托组织对药害事故、损失等进行技术鉴定，并形成书面鉴定意见，作为今后审理案件、索赔损失的依据。委托检测时，要以未开启包装的农药作为样品，并与农药生产或经营者共同送样，到具有法定资质的机构检测，避免检测结果无法律效力或农药生产、经营者不承认检测结果。取得检测结果确实是农药问题，可以先与农药生产者和经营者协商，要求经营者进行赔偿，如果经营者不赔偿，或是赔偿数额不满意，可以向行政主管部门申诉或要求消费者协会调解。行政主管部门可依法查处违法生产、经营行为，追究法律责任或协调赔偿事项。消费者协会投诉电话是 12315，农业部门的投诉电话是 12316。如果情节严重，而上述方法无法得到有效解决时，可以向当地人民法院提起诉讼，要求赔偿经济损失，维护自身合法权益。在进行维权的同时，受害者要及时向当地农业部门咨询，采取补救措施，降低损失。情况严重时，及时补种或改种其他农作物，避免贻误农时。

◎ 115. 农药应该怎样进行贮藏？

农药的贮藏和保管对温度、湿度等都有一定的要求，需要保管者按照农药标签将农药贮藏在适宜的条件下，才能够确保农药对人、畜及环境安全，还能维持其原有的活性，不会变质或失效，保证其使用防治效果。

（1）防止分解　存放农药的地方应阴凉、干燥、通风，温度不应超过 25℃，温度越高，农药越容易溶化、分解、挥发，甚至燃烧爆炸。更要注意远离火源，以防药剂高温分解。

（2）防止挥发　由于大多数农药具有挥发性，贮存农药要注意施行密封措施，避免挥发降低药效，污染环境，危害人体健康。

（3）防止潮湿　贮藏农药的场所相对湿度要在 75% 以下，防止农药受潮。

（4）防止误用　农药要集中放在一个地方，最好存放在专柜或木箱中，并加锁，贴标签。农药必须保存好农药标签及使用说明书，拆零购回的少量农药应及时写好标签贴在药瓶（袋）上，对标签已失落或标签模糊不清的农药，必须重新写明品名、用法、用量、有效期限、使用范围，贴于瓶上或袋子上以备正确使用，防止误用。

（5）防止失效　粉剂农药要放在干燥处，以防受潮结块而失效。

（6）防止中毒　农药不能与粮油、豆类、种子、蔬菜、食物以及动物的饲料等同室存放，更不能存入卧室或畜禽舍内，特别注意不要放在小孩可接触的地方。农药的纸包装物品和药瓶，绝不能用来盛粮食、食品和饲料。

（7）防止变质　农药要分类贮存。按化学成分，农药可分为酸性、碱性、中性三大类。这三类农药要分别存放，距离不要太近，防止农药变质；也不能和碱性物质、碳铵、硝酸铵等同时存放在一起。

（8）防止火灾　不要把农药和易燃易爆物放在一起，如烟熏剂、汽油、鞭炮等，防止引起火灾。

（9）防止冻结　低温要注意防冻，温度保持在 1℃以上。防冻的常用办法是用碎柴草、糠壳或不用的棉被覆盖保温。

（10）防止污染环境　对已失效或剩余的少量农药不可在田间地头随地乱倒，更不能倒入池塘、小溪、河流或水井。也不能随意加大浓度后使用，应采取深埋处理，避免污染环境。

（11）防止日晒　用棕色瓶子存放的农药一般需要避光保存，如辛硫磷农药见光易分解。需避光保存的农药，若长期见光暴晒，就会引起农药分解变质和失效。例如，乳剂农药经日晒后，乳化性能变差，药效降低，所以在保管时必须避免光照日晒。

（12）防止混放　农药分酸性、中性、碱性。酸性有敌敌畏、溴氰菊酯等；中性有三唑磷、杀虫双等；碱性有波尔多液、石硫合剂、噻菌铜等。这 3 种不同性质的农药在冬季保管时要隔开存放（相距最好在 2m 以上），对用不完的任两种农药也不能混装在一个瓶内，以免失效。

◎ 116. 怎么辨别农药是否失效？

在农业生产中，一旦误用了失效的农药，轻则无防治效果，重则可导致农作物受害而造成减产甚至绝收。因此要在使用农药防治农作物有害生物之前，辨别农药是否失效。

（1）干性粉剂类　对粉剂农药，先看外表，如果已经明显受潮结块，药味不浓或有异常，并能用手搓成团，说明已基本失效；对乳剂农药，先将药瓶静置，如果药液混浊不清或出现分层（即油水分离），有沉淀物生成或絮状物悬浮，说明药剂可能已经失效。或取农药 5 ～ 10g，放在一块金属片上加热，如果产生大量白烟，并有浓烈的刺鼻气味，说明药剂良好，否则，说明已经失效，鉴定 5% 的多菌灵粉剂通常用此法。

（2）可湿性粉剂类　取少许农药倒在容器内，加入适量的水将其调成糊状，然后再加入少量的清水搅拌均匀，静置后观察。如是未变质的农药，其悬浮性较好，粉粒的沉淀速度较慢，沉淀物也特别少。反之，则为不同程度失效或变质的农药，应当慎用。或取可湿性粉剂农药 1g，均匀地撒在 200mL 清水面上，如在 1min 内湿润并沉入水的为未失效农药，反之则是失效农药。或取可湿性粉剂农药 50g，放入玻璃容器内，加水搅匀，静置 10min 后，若农药溶解性差，悬浮的粉粒粗，即为失效农药。

（3）乳剂类　在辨别这类农药时，可先将药瓶用力振荡，静置 1h 左右再观察。如果药液浓度不均匀，上面有乳油出现，底部有沉淀物，说明此药已失效。乳油越多，药性越差。此外，把有沉淀物的农药连瓶一起放入温水（水温不可过高，以 50 ～ 60℃为宜）经 1h 后观察，若沉淀物溶解，还能继续再用；若沉淀物难溶解或不溶解说明已失效。

◎ 117. 失效农药应该如何处理？

（1）粉剂　粉剂农药在保管过程中如果吸潮结块，则需要放在阴凉通风处晾干，碾碎后才能使用，如果结块比较严重，就不能再使用了。

（2）可湿性粉剂　先取可湿性粉剂 1 份，加水 200 份，盛于玻璃杯内，摇匀后静止一定时间，观察悬浮情况，如果药剂沉淀缓慢，则说明悬浮性良好。如悬浮性不好的情况下，要在使用前应加入有机硅助剂或 0.1% 中性洗衣粉，以增加湿润展着性。如果可湿性粉剂吸潮结硬块，则不能进行喷雾使用。

（3）乳油　先观察乳油乳化性能的变化。取乳油1份，加水200份，放在玻璃杯内，摇匀后静止30min左右，观察乳化情况，如果上层无浮油，下层无沉淀，中间无明显油珠，说明乳化性能好。如果上有乳油，下有沉淀，10min后有分层现象，表明乳剂被破坏不能使用。如乳油已呈不流动黏稠状液体或已结成肥皂状固体，则证明溶剂已大部分挥发，质量已有变化，不能使用。长期保管的乳剂，瓶底部会有白色结晶析出或有浑浊物出现。若将其乳油连瓶浸在30～40℃的温水中，其结晶在30min左右能溶化，恢复成透明液体，说明质量尚好，可以使用。如不能溶化，则表明乳油质量已有变化，不能使用。

◎ **118. 如何科学配制农药？**

我们买到的农药只有少部分能够直接使用，大部分都需要配制之后才能使用，农药配制的质量也直接关系到农药的防治效果，因此，应该科学配制农药。拿到要配制的农药时，要注意仔细阅读说明书，明确有效成分含量、单位面积用量，根据要施药的面积计算出农药制剂用量。配制的时候采用二次稀释法，严格按照计算出的用量称取，称取液体要用有刻度的量具，称取固体药用适宜量程的称。配制液体时先将量好的药液放在少量水中溶解，配制成母液，再用清水将母液定容至目标容量。配制固体时，可以将称好的农药和少量细土混匀，制成母土，再在剩余的细土中混匀。

需要注意的是配制农药时不能用瓶盖倒药，不能用配药的器皿直接到河里取水；配药人员需要经过培训，具有一定的植保知识和配药技能，孕妇、哺乳期妇女、儿童等不得配制；配药人员从准备打开农药包装开始就需要全程做好防护工作；农药配制时动作要轻，防止飞溅；配制农药的地点要远离居住地、牲畜棚、水源等地；配制器皿需要专用，不得用河水等清洗；配制粉剂等固体时，要注意避免被风四处吹散；施药装置不要装的太满，避免摇曳泄漏；最好当天配好，当天用完，如果有剩余不得装入其他包装瓶中，少量不要的农药可以深埋在地坑里。

◎ **119. 农药混合使用的原则是什么？**

农药混合后，不同农药间不应发生化学变化，也不能有物理性状的改变。混合之后药剂不会发生分解，剂型不会被破坏，不能产生沉淀或是絮状沉淀。

不同农药混合之后不能对施用的农作物产生药害，否则不能进行混用。

农药混合之后不能提高原有药剂的毒性，如果混合后的毒性高于原来药剂的毒性，则不能混合使用。

农药混合之后要提高农药的防治效果，可以将作用方式互补的农药混合，增加进入有害生物体内的方式；作用机制互补，增加作用位点，延缓有害生物产生耐药性；作用范围互补，扩大防治范围。或是能够减少农药用量，减少施药次数，省时省力，节省成本。

◎ **120. 农药常用的助剂有哪些？**

农药中常用的助剂主要有必用助剂、选用助剂和表面活性剂，有些表面活性剂可以起到几种助剂的作用。

（1）*必用助剂*　在生产不同的农药剂型时，需要用到不同的助剂。

农药的剂型为固体时，如粉剂、颗粒剂等，需要加入填充剂，使农药原药容易粉碎，制成想要的剂型，这类助剂有滑石粉和黏土等。

当生产可湿性粉剂时，需要使用湿展剂，能够使农药在农作物表面湿润和布展，还能降低水的表面张力，这类助剂有洗衣粉、拉开粉等。

生产乳剂类农药时，需要使用乳化剂，能使农药乳化，减少水油分离，增加其分散性，降低水的表面张力，这类助剂有非离子乳化剂等。

生产乳油时，需要使用一些有机溶剂，使原药溶解在有机溶剂中，这类助剂有苯和二甲苯。

（2）*选用助剂*　这些助剂不是生产农药时必须用到的，但是加入这些助剂能够提高农药的使用效果，延长农药的保质期，防止剂型的改变等作用。选用助剂有以下几种：分散剂，能够防止粉剂结块；稳定剂，能使可湿性粉剂的物理性质改变；黏着剂，能使农药在农作物上更加牢固，耐雨水冲刷，延长持效期；防解剂，防止农药在储存过程中分解；增效剂，可以增加农药的药效，延缓抗药性的产生。

（3）*表面活性剂*　可以降低水的表面张力，增加分散性，使得喷雾更加均匀；促进农药对农作物的渗透作用，但要注意改变细胞通透性时要避免产生药害；增加农药的溶解度，可以提高除草剂在水中的溶解达 8 倍以上，有助于植物的吸收和传导。

表面活性剂可以分为阴离子型和非离子型，其中阴离子型水溶性弱，有机性强，而非离子型正好相反。

阴离子型，包括羧酸盐类、环烃类、硫酸化脂肪酸类、磺酸盐类，这种表面活性剂的优点有能够增加药剂效果、有良好的表面活性等作用，缺点多为不抗硬水。

非离子型，主要是聚乙二醇型，其优点为可以和任何酸碱性的农药混合；不发生离子交换，抗硬水性能较强；有良好的乳化、湿展和分散性强，可以用于各种乳油的加工。

◎ **121. 科学安全使用农药的意义是什么？**

（1）*防止农药残留和农药污染危害*　在防治农作物病虫害时，使用的农药会残留在农作物、生物体、农副产品和环境中，会造成环境污染和农产品安全风险，如果残留量比较大，造成的后果也是比较严重的。

田间使用农药，一部分农药落在农作物和有害生物上，还有很大部分落到了土壤中，不同的药剂在土壤中的分解时间不同，有的农药残留在土壤中时间较长，可以随着蒸发进入到空气中，还能通过降雨进入到河流和地下水中。农药还可以通过食物链进行富集，人类是杂食性动物，可以通过取食、呼吸和饮水使残留的农药进入人体内，这严重威胁到人们的身体健康。

想要解决这一问题，最主要的措施是从源头抓起，即农药的使用，科学安全使用农药至关重要。要注意使用的农药剂型、施药时间、施药量、施药方法和次数，以及安全间隔期的问题。在农产品上市之前，还要注意监测农药残留，确保人身安全。

（2）*避免产生农作物药害*　在农业生产中防治有害生物农药起着重要的作用。但是如果超剂量使用或是使用方法、时期不正确，也会对农作物造成药害。受到药害的农作物表现为种子不发芽、发芽不出土、部分器官畸形、叶片焦枯扭曲等，轻则延迟农作物的生育期，造成产量和品质降低，严重的可导致农作物死亡。安全使用农药可以避免农作物产生药害，合理选用农药，避免使用于敏感农作物上；不随意加大用药量，不随意混用农药；喷药要均匀，避免重喷或漏喷。

（3）*减轻对有益生物的伤害*　化学农药往往不具有选择性，在杀伤有害生物的同时，对环境中的有益生物和中性生物也会产生毒害作用，它们在农业生产、生态环境和人类生活中起到重要的作用。例如，家蚕，通过人类精心饲养，可以获取蚕丝，也可以供人类食用；蜜蜂是自然中重要的传粉昆虫，如果没有蜜蜂很多植物将不能结实，蜜蜂还能酿造甜美的蜂蜜供人类食用；还有许多生物，如瓢虫、青蛙、鸟类、鱼虾等。为了避免农药对这些有益生物的毒害作用，应该对每一种药剂进行试验，试验对这些生物的毒性如何，并明确标记在产品的说明书上，提醒注意有原则性的使用。如果周围有农户饲养家蚕，不可使用沙蚕毒素类杀虫剂，这类杀虫剂对家蚕是高毒的。

（4）*减少害虫的再猖獗*　由于使用化学农药，导致害虫更大程度的发生和次要害虫转变为主要害虫，称之为害虫的再猖獗。这主要是由于化学农药大量杀伤天敌，失去天敌对害虫的控制作用；有些农药会对农作物产生影响，使农作物的生理结构和营养成分发生改变，使害虫更容易取食为害；一些药剂还会对害虫产生刺激，使其生活力和繁殖力更强。因此，施药时尽量选择一些选择性强的农药，如灭幼脲等，不要使用对农作物和害虫会产生一些刺激性作用的药剂，在使用农药时注意利用天敌和害虫之间的时间差和空间差，还可以选育一些抗药性的天敌。

（5）*延缓和减轻有害生物抗药性的产生*　随着化学农药的使用，会发现农药使用量越来越大，然而防治效果却越来越差，这就是有害生物产生了抗药性。这是有害生物为了适应环境，继续生存下去而进行的一种缓慢的进化，农药的施用会使一些敏感的有害生物死亡，而一些具有抗性基因的个体存活下来，并将抗性基因传给了下一代，这样经过多代的选择后，抗性基因越来越强，群体中具有抗性基因的个体越来越多，因此药剂防治的效果越来越差。所以我们在使用化学农药进行防治时，要使用合理的剂量，减少农药的使用次数和使用浓度；轮换使用作用机制和作用方式不同的药剂；在药剂当中加入助剂和增效剂，增强防治效果；选择适宜施药时期，在有害生物最敏感时期进行防治，减少农药用量，增强防治效果。

◎ 122. 影响农药使用效果的因素有哪些?

影响农药防治效果的因素有很多，因此，我们想要获得好的防治效果需要从多角度、多方面因素来考虑。

（1）农药本身　防治农作物有害生物时要选择合适的药剂。

①农药有效成分　要根据防治对象来选择效果好的有效成分。例如，防治鳞翅目害虫可以用有机氯类杀虫剂，而防治红蜘蛛就不能选有机氯类杀虫剂；抗蚜威对麦蚜防治效果好，而对棉蚜的效果极差。

②农药的理化性质　农药的分散度、湿展性、稳定性等性质都会影响其药效，因此，要加入相应的助剂和表面活性剂来提高农药的黏附性。

③农药的作用机制　不同药剂的作用机制不同，如2甲4氯对阔叶类杂草有效，对单子叶杂草没有效果。

④农药的作用方式　根据害虫口器类型和取食方式来选择药剂，刺吸式口器的害虫使用内吸性农药有效果，咀嚼式口器的害虫使用胃毒性农药有效果，触杀性农药对它们都有效果。

⑤农药的浓度和剂量　农药在一定范围内，提高浓度防治效果较好，如果超过一定范围，药效不会提高，而且还有可能会降低。害虫的味觉灵敏，如果农作物中的农药浓度过高，很可能会使害虫产生拒食作用，达不到防治效果。农药使用量超过使用单位，还容易使农作物产生药害，有害生物容易产生抗药性，增加防治难度。

（2）针对有害生物的特点　有害生物的不同特征和生长发育阶段的不同，会影响到农药使用的效果。

①取食机制　害虫的取食和生活都离不开农作物，触杀性杀虫剂对害虫的应用比较广泛，只需接触害虫即可；咀嚼式口器的害虫用触杀性和胃毒性杀虫剂效果好；刺吸式口器的害虫用具有内吸性杀虫剂效果好。

②发育阶段　大多数害虫都是完全变态，在各个虫态中，卵和蛹因为有卵

壳和蛹壳的保护而抗药性比较强，幼虫和成虫的抗药性比较差，害虫主要是以幼虫取食为害，所以在幼虫期防治效果较好。幼虫可分为多个虫龄，高龄幼虫抗性强，低龄幼虫抗性差，因此，3 龄之前防治效果好，卵孵化高峰后 1 ～ 5d 防治效果最好。

病原物的冬孢子抗药性强，新萌发的芽管抗药性差，此时是防治最佳时期，当侵染农作物后效果降低，因此在发病初期要及时防治。

防除杂草时要考虑到农作物的敏感期，一年生杂草最好在 3 ～ 5 叶的时候进行施药，越大抗药性越强，危害越重；多年生杂草最好长出一定叶片时再进行施药，才能达到较好的效果，需要注意最晚在开花期之前，否则进入生殖生长后，除草剂效果极差；阔叶类杂草最好采用土壤封闭处理，或是利用选择性除草剂在杂草较小而农作物抗性强的时候施药。

③有害生物的结构和性能　通常单子叶植物表面有绒毛或蜡质层，叶片呈垂直状，叶面药剂量少；双子叶植物结构和单子叶植物基本相反，叶面药剂量多。昆虫表面具有鳞片或是蜡质层厚，药剂不易渗透进去，反之容易渗透进去。对于内吸性药剂来说，在傍晚使用，植物的吸水性强，更有利于药剂的吸收和传导。

（3）环境因素的影响　环境对于药效的影响有两个方面，一是影响有害生物的活动，二是影响药剂的性能。这些环境因素主要有温度、湿度、光照、风力和雨水等。

①温度　温度对药效的影响分为两类，一类是在一定范围内，温度越高，药效越好；另一类是温度越低，药效越好，尤其是在杀虫剂上表现明显。其中第一类的农药较多，温度高的时候，药剂的穿透能力快而强，还能降低物体表面的张力，增加药剂的湿展性，温度高的时候有害生物的呼吸作用强，代谢旺盛，都会增加农药药效。但要注意农药的使用安全，避免高温产生药害和人畜中毒。

②湿度　湿度对于不同农药剂型的影响不同，对于粉剂来说，湿度大的时候会使粉剂结块，不但药效降低，而且容易产生药害；而对于乳油和可湿性粉剂来说，湿度大有利于农药的布展性，能够提高药效。湿度对于杀虫剂的影响不大；而湿度大的时候能提高杀菌剂的药效，土壤处理时湿度大药效较好，但是含水量过大时，不利于内吸性药剂的运输和传导；除草剂在进行土壤处理时，需要有一定的湿度，湿度大的时候防治效果好，如果长期干旱，则没有什么效果。

③光照　很多农药都会在光下分解，例如，辛硫磷在光下分解的速度很快，因此，只能用于土壤中防治地下害虫。另外，容易被光解的农药持效期短，不易残留，有利于保护天敌和环境，也有在光照下防治效果更好的药剂。除草剂氟乐灵极易被光分解，施用后需要立即覆土；与此相反，取代脲类除草剂为光合作用抑制剂，在光下防效好。

④风力 一般情况下风力超过3级不宜施用农药，除草剂最好在2级风力以下施用。风力较大时，施药会使喷施的药剂不均匀而降低药效，容易使雾滴或粉末被风吹走，漂移到其他农作物上容易引起药害，还容易导致施药者中毒。也有特殊情况，例如，超低量喷雾，只有借助一定的风力，才能够将农药吹送到农作物上。

⑤雨水 雨水对于药效的影响需要分情况来考虑，具有内吸性的农药施用后很快可以被植物所吸收，并传导到植物内部，施用3h后降雨基本对药效没有影响；而触杀性、胃毒性和粉剂喷施后降雨则会使药剂失效，需要考虑重新喷施；对于土壤处理的药剂，尤其是除草剂，施用后降雨有利于提高其药效，但如果降水量过高，就会降低药效，还可能会产生药害。

（4）施药水平的影响 配制农药用水、配制农药的方法及施药器械对于农药使用效果也具有很大的影响。

①配制农药用水 在配制药液时，要尽量使用硬度小的清水，水的硬度较大会影响有些农药剂型的稳定性，如悬浮剂；有些农药会和硬水中的离子发生反应而使药剂失效；硬水呈碱性，会使某些农药在碱性环境下分解失效，如氨基甲酸酯类。如果没有硬度小的水可以加入抗硬水强的非离子表面活性剂。

②配制农药的方法 配制药液的时候要用二次稀释法，即先配制成为母液或母粉，再稀释到目标浓度，如果不采用二次稀释法，而直接进行溶解，容易造成药液不均匀，浓度不一样，甚至有未溶解的部分，这样就会降低药效，甚至会产生药害。

③施药器械 施药之前要对器械进行检查，如果存在故障要及时修理和更换配件，避免出现跑冒滴漏的现象，不但影响药效还容易产生药害。施药喷头对药效也起着重要的作用，要选择雾化程度高的喷头，这样喷出来的雾滴细，穿透力强，分布均匀，覆盖面全，没有死角，防效好。

在施用除草剂和植物生长调节剂的时候要选择扇形喷头，在施用杀虫剂和杀菌剂的时候宜选用空心圆锥喷头，这样才能产生比较好的防治效果。

◎ 123. 使用农药药效差的原因有哪些?

（1）选用的农药不对症 农作物上发生的很多为害症状比较类似，因此容易混淆，例如，水稻上面发生的水稻潜叶蝇、负泥虫和稻水象甲症状比较类似，农作物侵染性病害和缺素症有些症状也比较类似，如果不认真区分，很容易判断错误，由此选择的药剂不对症，起不到防治的作用，使药效较差。

（2）防治时机不合适 每种有害生物都有一个或一段时间为防治最佳时期，如果错过，防治效果就会不理想。例如，水稻稻曲病要在破口期进行施药，一旦破口病菌进入颖壳中，再进行施药就达不到效果；水稻二化螟为钻蛀性害虫，最佳防治时期为1龄幼虫，此时二化螟较为集中，而且没有钻蛀到茎秆当中，如果错过这一时期，二化螟会分散开来，进入茎秆为害，之后再施药打不到幼虫，防效较差。

（3）施药剂量不当　如果使用药剂剂量不足，起不到防治有害生物的作用，达不到理想的防治效果，如果使用浓度过大，容易使农作物产生药害，对农作物造成更严重的危害，得不偿失。

（4）药品混合不当　很多时候施药者在施药时为了方便省事，将不同种类的农药混合到一起使用，而农药有酸碱之分，混合不当会使酸碱中和而使农药失效，还有些农药混合在一起，会发生拮抗作用，使药效变差。

（5）施药部位不当　施药时如果没有施用到有害生物的靶标位置，其药效就会大打折扣。例如，棉花红蜘蛛主要为害棉花叶片的背面，如果施药时只是喷施叶片的正面，则起不到很好的防治效果。

（6）气象因素影响　农药的施用往往和温度、光照、雨水、风力、风速等密切相关，温度过高时施药，药剂容易因高温而失效，风力过大时施药会使药剂漂移，不仅防治区的药效不佳，还可能对周围区域造成药害。使用胃毒性、触杀性农药，最少需要两天内无雨水冲刷，才能较好地发挥药效。

（7）施药器械不当　喷施农药的器械也与药效密切相关，器械的喷头如果与施药的药剂不匹配，或是喷头质量不佳、损坏，存在跑冒滴漏等现象，都会影响药剂的药效，还会浪费农药，形成药害，甚至造成施药者农药中毒。

（8）已经产生抗药性　一个区域或是地块长期使用单一药剂防治一种或几种有害生物时，有害生物会逐渐对此种或此类药剂产生抗药性，药效很差或起不到效果。

◎ 124. 使用农药后还需要进行哪些工作?

（1）施药田块的处理　田间施用化学农药之后，农药会在农作物、杂草和土壤中存留一段时间，因此施药后要设立明显的标志牌，禁止人畜入内，防止中毒事件发生。如果棉田使用了高毒农药，标示牌要写明施药种类和施药时间，稻田施药后要注意3d内不放水，还要注意检查，防止漏水。

（2）残余药液的处理　配制好没有施用完的药剂或是粉类，如果是农药标签上许可的情况下，可以将剩余的药剂用完。对于打开包装而没有用完的药剂，必须将药剂储存在原来的包装当中，放在专门的柜子里存放，并要上锁，避免儿童拿取，注意不能将剩余药剂放到空的矿泉水瓶中存放。

（3）农药包装废弃物的处理　农药使用完后，包装当中还存留一些药剂，农药包装大多为塑料制品，因此，将农药包装废弃物随意丢弃会污染土壤、水源、环境等，大多数塑料制品极难降解，可以在土壤或环境中留存几百年，对农作物的生长也会有很大的影响。包装中残留的农药进入河流等容易导致人畜中毒，甚至死亡。所以农药包装废弃物要进行妥善处理，不可随意丢弃。

①常用农药包装废弃物的处理　包装为金属、塑料或玻璃的器皿要用水冲洗几次，将残留农药冲洗掉，再将包装砸扁或砸碎埋在深坑里，其中塑料的可以烧毁，如果是纸质包装可以烧毁或掩埋。

②被农药污染的包装废弃物的处理　这些包装废弃物要找一个通风好、远离人畜和农作物的地方烧毁，如果需要掩埋的话，要远离河流和水源，避免污染水源和地下水。

③特殊农药包装废弃物的处理　除草剂和植物生长调节剂的农药包装不能进行烧毁，其产生的烟雾会对农作物产生药害，或是影响农作物生长。

（4）清洁与卫生　施药后人员和器械要进行清洁，防止造成二次伤害。

①施药器械的清洗　不能在河流、水井等水源地方清洗施药器械，避免污染水源，要用器皿取水进行冲洗，冲洗过的水要倒在远离人畜居住地、水源和农作物生长的地方，避免发生中毒和药害。

②防护服的清洗　施药结束后要将穿戴的各项防护用具脱下，转入塑料袋中，带到处理地集中处理。到处理地点后，需要清洗的防护服、手套等要立即清洗，可以用肥皂水，肥皂水是碱性的，很多农药遇到碱容易分解。如果防护服上沾染农药后，可以先用肥皂水浸泡一段时间再清洗。

③施药人员的清洗　施药人员要及时用肥皂水冲洗手和脸等部位，还要及时漱口，再用肥皂水清洗身体其他部位，然后用清水冲洗 2 遍，确保将身上的污染物被冲洗干净，再换上干净的衣服。

（5）做好用药记录　施药后要及时做好记录，施药日期、天气情况、施药品种、防治对象和面积、施用效果等。

◎ 125. 常见的除草剂药害如何进行补救？

杂草和农作物都属于植物，因此在使用除草剂的时候，如果没有按照规程施用或是遇到不良气候就容易对农作物产生药害，其主要表现为农作物生长受到抑制，缺乏营养等。此时可以使用一些促进型的植物生长调节剂，如赤霉素，而不能使用一些抑制型的生长调节剂，如多效唑，会加重农作物的药害。不要用人工合成的外源激素，如果用量过大，就会加重药害，应选择内源性激素，和农作物的亲和性较好，能经过农作物的代谢而排出体外，对农作物安全。发生药害时可以使用以下几种植物生长调节剂。

（1）益微　这是一种增产菌，水稻秧田的丁草胺，本田的丁草胺、二氯喹啉酸、2 甲 4 氯和莎稗磷单独用，或是和壮秧剂混合使用产生的药害；玉米上氟磺胺草醚残留药害，烯禾啶、精喹禾灵等漂移药害，长效除草剂莠去津、氯嘧磺隆等；小麦上2甲4氯等药害可以使用益微20～30g/亩，7～10d后可以使农作物恢复正常。

（2）内源性植物生长调节剂　主要是芸苔素内酯，水稻秧田丁草胺、本田丁草胺、二氯喹啉酸、2甲4氯、莎稗磷单用，或是和壮秧剂混合使用产生的药害；玉米上氟磺胺草醚等产生的药害，使用芸苔素内酯对这些药害有一定的缓解作用，促进农作物恢复生长。

（3）微生物肥料　主要是硅酸盐细菌、蜡状芽孢杆菌等，对水稻上丁草胺药害和多效唑、烯效唑等药害，可以使用微生物复合肥每亩2.5～3kg撒施，7～10d内就可以使农作物恢复生长。

◎ 126. 种衣剂中毒有哪些症状？

一般农作物种衣剂中的杀虫剂成分含有克百威，是一种氨基甲酸酯类杀虫剂和杀线虫剂，属于高毒农药，持效期较长。如果人员中毒后会在0.5h左右发作，主要症状为脸色苍白、呕吐腹泻、心烦、较为兴奋，还有的口唇发紫、抽搐、怕冷、心跳加快、血压不稳，中毒严重者昏迷，如果耽误抢救会因呼吸衰竭而死。

◎ 127. 种衣剂中毒后如何处理？

人员发生种衣剂中毒后，应立即将人员转移到干净整洁、空气清新的地方；将领口解开，衣服褪去，防止衣服二次污染，用清水或肥皂水清洗被污染的地方；采用催吐的方法进行催吐，使进入胃里的农药排出体外；眼睛如果被污染了要及时用大量清水进行冲洗；进行应急处理后应及时送医，按照医生要求服用解药，或进行抢救。

第五章 绿色防控和综合防治技术

◎ 128. 我国的植保方针是什么？应该如何理解？

我国的植保方针是“预防为主，综合防治”。其中“预防为主”体现了预防胜于防治的思想，通过预防降低农作物有害生物的发生情况，一是消灭病虫来源降低其发生基数，恶化病虫发生危害的环境条件，及时采取适当措施，消灭病虫在大量显著危害之前。二是当某一种有害生物或某一地区的主要病虫害发生需要进行控制时，需要进行综合防治，采取的一系列防治措施，确保有害生物危害损失率控制在允许指标以下，综合防治主要包括植物检疫、农业防治、生物防治、物理防治和化学防治。

◎ 129. 如何进行农作物有害生物的防治？

农业是人类生活和发展都离不开的行业，而农作物的生长是农业生产的基础，农作物为人类的生存提供必不可少的粮食，在人类的生存发展中起着至关重要的作用。在农作物的生长发育中不可避免的会受到病、虫、草、鼠等有害生物的为害，会导致农作物产量下降和品质降低，严重的可以导致农作物绝收，为了保障人类的粮食安全，还能使农业绿色可持续发展，科学有效的防治有害生物的措施显得尤为重要。

（1）了解有害生物的特点和习性　在进行有害生物的防治之前，要先搞清楚发生的是哪种或哪些有害生物，并对发生的有害生物进行充分的了解，有哪些特点和习性。发生的有害生物可能是害虫、害螨、真菌、细菌、病毒、线虫、杂草、害鼠和寄生性植物等，通过调查监测和观察研究，我们可以了解到它们的生活习性、如何进行繁殖、怎样进行传播，发生的数量如何，正处于什么时期，为害的严重程度等信息，只有充分地了解了有害生物，才能有针对性地选择合适的防控措施来进行防控。

（2）加强田间管理　有害生物的发生和为害往往与田间管理有着密切的关系，田间管理较好的时候可以不发生有害生物或少发生、轻发生，而当田间管理较为粗放的时候，为有害生物提供了良好的生境、传播途径和越冬场所，有害生物发生较重。因此我们要保持田间卫生和清洁，及时清除杂草和残茬，可以有效地减少有害生物的滋生和繁殖。合理的种植结构和轮作制度也是一种很好的预防方法，能够使有害生物因不能寄主而没有办法生存，从而阻断有害生物的发生和传播。还可以通过选用抗性品种，种子处理和土壤消毒等措施，可以从源头上减少有害生物的发生，这些是比较经济有效的防治方法。

（3）配合使用其他方法　在防治农作物有害生物的时候，往往只用单一方法效果并不理想或是可能对环境等不太友好，因此在实际应用的时候往往多种防治方法共同使用，从而达到比较好的防治效果。例如，在防治害虫的时候可以使用性诱捕器来诱控害虫中的雄成虫，减少雌雄交配，降低产卵率，从而降低虫口密度，同时可以使用赤眼蜂等寄生性天敌来寄生害虫的卵，再配合使用生物农药或是高效低毒的化学农药来防治害虫的幼虫，由此，通过多种方式、配方，防治害虫的成虫、卵和幼虫就能起到很好的防治效果。

（4）合理使用农药　农药在农作物的生产中起着至关重要的作用，到目前为止，农药仍然是防治农作物有害生物最主要的防治方法，还没有其他任何一种防治方法能够完全代替化学防治，但是农药毕竟是有毒物质，使用不当会给农作物造成药害和农药残留，还会造成环境污染，更有甚者还会造成人畜中毒，因此科学合理地使用农药能够有效防治有害生物，还能够将农药产生的副作用降到最低。在使用农药的时候要严格按照说明书来使用，避免超剂量和超范围使用，还要注意使用安全间隔期。

（5）加强宣传和培训　植保员的一项重要职责就是提高农作物种植人员防治有害生物的技术水平，因为种植人员才是实施有害生物防治的第一人，因此宣传和培训种植人员才能使采用的防治方法作用发挥到实处。还要转变种植的思想观念，转变传统的发现有害生物就直接施用农药的方式，而是先使用农业、物理、生物等防治方法，当其他这些方法无法有效控制有害生物的时候再科学使用农药。使种植人员运用绿色防控和综合防治的方法来防治有害生物。

◎ 130. 综合防治和绿色防控有什么区别？

综合防治主要是为了解决农药不合理使用造成的农药残留、有害生物的抗药性和再猖獗的问题。它的核心为不采用单一的化学防治方法，而是采用多种防治方法进行配合，称为有害生物综合治理。综合防治技术主要包括植物检疫、农业防治、物理防治、生物防治和化学防治方法，不仅可获得较好的防效，还能够保护农作物产量和生态环境。

绿色防控是通过使用生物、物理等植保技术，减少使用有毒农药，从而控制有害生物的为害，减少农作物产量的损失，降低对生态环境的污染和破坏，实现农产品质量安全，使农业增收。

◎ 131. 实施绿色防控要坚持的原则有哪些?

实施绿色防控要注意不能使用毒性较高的农药，要科学安全使用农药，农产品的农药残留不超标，不会造成人畜中毒，对水源无污染；使用的绿色防控技术简单易操作，省时省力，使农民容易学会和接受；可以替代部分化学农药，减少化学农药的使用次数和使用量；采用的技术要注意控制成本和收益的比例，在有效防治有害生物的同时，也要注意经济实惠；还要具有长效控制作用，能够使生态具体自然调控能力，有效控制有害生物。

◎ 132. 什么是植物检疫?

植物检疫是指国家为了防止农作物病虫草害随着农产品扩散而传播所采取的一整套措施，包括法律、行政和技术手段，它是限制人为传播病虫草害的根本措施。避免一些在局部地区为害的有害生物，通过国内外的贸易往来，随着种子、接穗、苗木、农产品和包装物等传播，从而保障农业生产安全。

◎ 133. 什么是检疫性有害生物?

根据国家颁布的《植物检疫条例》中对出入境货物内禁止携带的危险性有害生物，这些有害生物大多数是国内还没有发生，或者虽然有部分地区发生，但是正在控制或扑灭中的外来有害生物，能够随植物及其产品传播的病虫草害等，检疫部门依法对其实施严格的检疫处理，以防止其扩散、定殖或者传播。

◎ 134. 哪些物品必须接受植物检疫?

《植物检疫条例》第七条明确规定，在调运植物和植物产品中以下几种情况必须要实施植物检疫。

（1）被列入应该实施植物检疫的植物和植物产品名单的，在运出发生疫情的县级行政区域之前，必须要进行检疫。

（2）凡是繁殖材料，包括种子、苗木等，不管是否为检疫对象，不管运往何处，在调运之前，都必须进行检疫。

《植物检疫条例》第八条规定，对于可能被植物检疫对象污染的包装材料、运载工具、场地、仓库等，都必须进行检疫。

◎ 135. 全国大田农作物检疫性有害生物有哪些?

我国农作物检疫性有害生物有很多种，其中包括昆虫、线虫、细菌、真菌、病毒和杂草，具体的检疫性有害生物名称和应施检疫的植物及植物产品名单详见表 5-1。

表 5–1 农作物检疫性有害生物及应施检疫的植物及植物产品名单

类别	有害生物名称	应施检疫的植物及植物产品名单
昆虫	菜豆象	菜豆、芸豆、豌豆等豆类植物籽粒
	四纹豆象	绿豆、赤豆、豇豆等豆类植物籽粒
	马铃薯甲虫	马铃薯种薯、块茎、植株，以及茄子、番茄等茄科植物种苗、果实、叶片、植株
	水稻象甲	水稻秧苗、稻草、稻谷和根茬
	扶桑绵粉蚧	锦葵科、茄科、菊科、豆科等寄主植物苗木
线虫	腐烂茎线虫	甘薯、马铃薯、洋葱、当归、大蒜等寄主植物块茎、鳞球茎、块根
	马铃薯金线虫	马铃薯种薯、块茎，以及带根带土植物
细菌	水稻细菌性条斑病菌	水稻种子、秧苗、稻草
真菌	玉蜀黍指霜霉	玉米种子、秸秆
	大豆疫霉病菌	大豆种子、豆荚
	内生集壶菌	马铃薯种薯、块茎
病毒	玉米褪绿斑驳病毒	玉米种子、秸秆
杂草	毒麦	小麦、大麦等麦类种子
	假高粱	小麦、大麦、玉米、水稻、大豆、高粱等植物种子

◎ 136. 全国各省农作物检疫性有害生物补充名单有哪些？

各省农作物检疫性有害生物补充名单是指在本省（自治区、直辖市）局部地区或国内其他地区局部发生、危险性大、能够随着农作物及其产品传播，经省级农业主管部门发布禁止在本辖区内传播的有害生物。各省具体的检疫性有害生物补充名单如表 5–2 所示。

表 5–2 全国各省（自治区、直辖市）农作物植物检疫性有害生物补充名单

省（自治区、直辖市）	补充名单
北京	蔗扁蛾
	玉米干腐病菌
	小麦全蚀病菌
	向日葵黑茎病菌
	小麦网腥黑穗病菌
	小麦光腥黑穗病菌
	豚草属

续表

省（自治区、直辖市）	补充名单
上海	水稻白叶枯病菌
	小麦网腥黑穗病菌
	小麦光腥黑穗病菌
	玉米干腐病菌
	豚草属
天津	蔗扁蛾
	小麦粒线虫病
	水稻白叶枯病菌
	小麦腥黑穗病菌
	小麦全蚀病菌
	玉米干腐病菌
	豚草属
重庆	巴西豆象
	豚草属
	菟丝子属
内蒙古	向日葵霜霉病菌
	玉米圆斑病菌
	玉米干腐病菌
	马铃薯粉痂病菌
	水稻白叶枯病菌
	苜蓿籽蜂
	蔗扁蛾
	小麦粒线虫
	豚草属
山西	谷象
	向日葵霜霉病
	玉米干腐病菌
河北	新黑地蛛蚧
	马铃薯块茎蛾
	向日葵霜霉病菌
	玉米干腐病菌

续表

省（自治区、直辖市）	补充名单
辽宁	水稻干尖线虫 豌豆象 花生根结线虫 谷象 玉米干腐病菌
吉林	玉米圆斑病菌 玉米干腐病菌 水稻白叶枯病菌 向日葵霜霉病菌 谷象
黑龙江	谷象 稻曲病 小麦腥黑穗病菌 玉米圆斑病菌 马铃薯粉痂病菌 水稻白叶枯病菌 野燕麦 细穗毒麦 菟丝子属
江苏	甘薯小象甲 小麦全蚀病菌 马铃薯环腐病菌 加拿大一枝黄花
安徽	马铃薯环腐病菌 甘薯瘟病菌 小麦腥黑穗病菌 小麦全蚀病菌 玉米干腐病菌
山东	甘薯小象鼻虫 马铃薯块茎蛾 谷象 小麦腥黑穗病菌 玉米干腐病菌 三裂叶豚草 加拿大一枝黄花

续表

省（自治区、直辖市）	补充名单
浙江	马铃薯环腐病菌
	花生线虫病菌
	甘薯瘟
	棉花黄萎病菌
	灰豆象
	甘薯小象甲
	豚草属
	菟丝子属
江西	谷象
	花生根结线虫
	马铃薯环腐病菌
	棉花黄萎病菌
湖北	蔗扁蛾
	谷象
	花生根结线虫病菌
	小麦全蚀病菌
	烟草蚀纹病毒病菌
河南	谷象
	小麦全蚀病菌（变种）
	小麦腥黑穗病菌
	马铃薯环腐病菌
	小麦粒线虫病菌
	花生根结线虫
广东	花生黑腐病菌
广西	马铃薯环腐病菌
贵州	水稻白叶枯病菌
四川	水稻白叶枯病菌
	豚草属
云南	小麦粒线虫病菌
	四纹豆象
	豌豆象
	蚕豆象
	农田菟丝子

续表

省（自治区、直辖市）	补充名单
陕西	玉米干腐病菌
	小麦全蚀病菌
	小麦腥黑穗病菌
	水稻白叶枯病菌
	马铃薯环腐病菌
	菟丝子属
甘肃	棉红铃虫
	苜蓿籽蜂
	谷象
	小麦粒线虫
	玉米弯孢叶斑病菌
	玉米干腐病菌
	菜豆细菌性疫病菌
	水稻白叶枯病菌
宁夏	玉米干腐病菌
	小麦腥黑穗病菌
	向日葵霜霉病菌
	马铃薯粉痂病菌
	水稻白叶枯病菌
	菟丝子属
青海	蚕豆象
	马铃薯青枯病菌
新疆	向日葵茎点霉黑胫病菌
	玉米干腐病菌
	巴西豆象

◎ 137. 为什么要进行植物检疫?

植物检疫的目的是防止外地的检疫性有害生物传到当地为害农作物，同时防止本地的检疫性有害生物扩散到外地，从而保护农作物生产的安全，也保证农产品进出口贸易的顺利进行，因此植物检疫在农作物生产当中起着重要的作用。

一是通过植物检疫，在植物和植物产品调运过程中保证植物产品的安全，检疫性有害生物一般为害性较大，通过植物检疫能防治检疫性有害生物的传播，保护没有发生检疫性有害生物的地区，通过开展植物检疫阻截带，对发生的检疫性有害生物进行杀灭，有效阻止检疫性有害生物的发生和为害。

二是植物检疫能够保护农产品进出口的安全。植物检疫可以确保我国出口的农产品符合进口国家的检疫要求，也可以对于进入我国的农产品进行检疫，保证国外的检疫性有害生物不能通过进口，进入我国为害农作物。

三是通过植物检疫能够保护生态环境，通过阻止和控制检疫性有害生物的传播蔓延，可以减少对有害生物的防治，降低农药的使用量，能够在一定程度上保护生态环境。

◎ 138. 发现新的有害生物时应该怎么办？

在生产和调查中，如果发现新的病虫等有害生物时，应当及时向当地检疫机构报告，由检疫机构组织专家进行认定，一旦确认为新发生的有害生物，要向上级检疫机构报告，由省级以上检疫机构对新发生的有害生物进行风险评估，并进行检疫分类，制定防除方案，设立阻截带。对于发现重大检疫性有害生物的单位或个人，可以给予必要的奖励。

◎ 139. 违反植物检疫法律法规的行为有哪些处罚措施？

对于违反植物检疫相关法律法规的行为，可以根据其情节轻重给予适当的处罚，构成犯罪的移交司法机关依法追究其刑事责任。给予的行政处罚主要包括以下几种：

（1）罚款　对于违反植物检疫相关法律法规的，给予当事人经济上的制裁，这是最常用的行政处罚。

（2）没收非法所得　对于当事人以营利为目的获得部分，给予没收处罚。

（3）责令赔偿损失　如果当事人涉及给单位或个人造成损失，可以让当事人给予相应的赔偿。

（4）其他处罚　除了以上的行政处罚，根据情况可以采取封存、没收、销毁或是除害等处理，当事人负责所有的费用。

◎ 140. 植物检疫的方法和步骤是什么？

植物检疫是通过法律、行政和技术的手段，防止危险性植物病虫杂草和其他有害生物的人为传播，保障农林业的安全，促进贸易发展的措施。在进行检疫时，需要先对检疫的对象进行列表，要划定疫区和保护区，设置隔离带，防止传播和扩散，对于发生疫情的地区，要从大局出发，对检疫对象进行封锁和隔离，争取将其彻底消灭。对于没有发生疫情的地区，要对植物及其制品进行检疫，没有携带检疫对象的才可以通过，如果发现携带检疫对象，则需要进行相应的处理。检疫可分为产地检疫、抽样检疫和试种检疫。

◎ 141. 农业防治是指采取哪些措施？

农业防治为防治农作物有害生物所采取的农业技术综合措施，是通过调整和改善农作物的生长环境，以增强其对有害生物的抵抗力，创造不利于有害生物生长发育或传播的条件，以控制、避免或减轻有害生物的为害。主要有以下措施：

（1）选择抗性品种　选用抗性品种是一种简单直接、经济有效的防治方法，如含有抗螟素甲的玉米品种可以有效防治玉米螟。农作物本身具有抵抗有害生物侵害的遗传特性，可以避免或减轻有害生物的为害。在选用抗性品种的时候，要注意选择经过国家正式审定，在当地开展过试验示范的品种，还要根据当地的气候条件、有效积温、土壤类型、地力条件等方面的因素进行选择，确保适应在当地种植，种植人员在选择品种没有把握的时候可以咨询当地的植保技术人员。

（2）优化耕作制度　农作物上发生的许多病虫害会在土壤中越冬，长时间种植同一种或同一科的农作物，会使土壤病虫害的基数不断积累，导致病虫害发生较重。合理的轮作倒茬，可以有效解决病虫害的积累，还有利于农作物的生长，提高农作物的抗病虫害能力，同时还会使一些迁移力较小或寄主种类较少的病虫害生存条件恶化，抑制其发生数量。除此之外，间作套种也能有效地抑制病虫害的发生，注意要根据实际情况，选择适合间作套种的品种，才能起到作用。还可以种植一些显花植物，吸引天敌，起到防治有害生物的作用。

（3）整地与施肥　通过整地可以改善土壤条件，通过深翻可以将土壤上部的虫卵（或其他越冬虫态）、病菌、草籽等翻到地下，还可以将土壤中部的虫卵、病菌和草籽等翻到土壤表面，这两种情况都可以起到杀灭有害生物的作用。使用机械作业时，还可以直接杀死土壤中的害虫，达到防治害虫的目的。结合整地做好施肥工作，合理施肥能够改善农作物的营养条件，使农作物生长健壮，抵抗有害生物的能力增强。建议多施用充分腐熟的有机肥，能够改善土壤环境，增加土壤的缓冲能力，提高农作物的抗性，恶化土壤中病虫害的生存条件。肥料中有些元素还能对病虫害起到杀伤作用，如磷元素。

（4）兴修水利、合理灌溉　通过兴修水利，为农作物合理灌溉提供方便有利的条件，控制田间的湿度，引起生物群落的变化，使田间的条件不利于病虫害的发生。还可以通过灌水来防治一些种类的虫害，例如，灌水可以消灭地老虎的幼虫或是水稻螟虫的蛹。

（5）合理密植　农作物的合理密植对改善田间小气候有着重要的作用，当农作物种植过密时，田间通风透光较差，湿度增加，有利于病害的发生；当农作物种植过稀时，容易滋生杂草，农作物群体发育不良，环境有利于害虫的发生。因此，合理密植对于抵御病虫害有一定的作用。

（6）加强田间管理　要进行适时播种，适时中耕，及时清除杂草，减少病虫害的生存环境。将田间病虫害的植株、病叶等及时清除并集中带到田外进行深埋或销毁，减少病虫害的传播和发展。保证田间的卫生环境，有利于减少病虫害的发生发展。

◎ 142. 生物防治有哪些措施？

生物防治就是利用一种生物防治另外一种生物的方法。它利用了生物物种间的相互关系，以一种或一类生物抑制另一种或另一类生物。最大优点是不污染环境，因为利用的是自然中的关系，对人、牲畜、水生生物及鸟类都非常友好。生物防治主要包括以虫治虫、以菌治虫、以菌治菌、以菌治草、昆虫不育技术、昆虫激素和生物农药等。

（1）以虫治虫　以虫治虫是用一种昆虫来防治另一种或另一类昆虫，可以分为捕食性昆虫和寄生性昆虫。捕食性昆虫一般个体比害虫大，直接以害虫为食，害虫当场死亡，捕食性昆虫一生可以取食多个害虫，对害虫有较好的控制效果。寄生性昆虫一般个体比害虫小，将卵产在害虫的卵、幼虫或是蛹当中，所以有卵寄生、幼虫寄生和蛹寄生之分，寄生性昆虫的卵通过取食害虫的营养，完成发育，到成虫的时候从害虫体内钻出，造成害虫死亡，寄生性昆虫一生只能取食一个害虫。

（2）以菌治虫　以菌治虫是一种通俗的说法，主要利用有害生物致病或抑制其为害的微生物，包括细菌、真菌、病毒和线虫等制剂或载体。其中应用最多的杀虫细菌是苏云金杆菌、松毛虫杆菌、青虫菌等芽孢杆菌一类，可防治棉铃虫、玉米螟、三化螟、稻纵卷叶螟、稻苞虫等一些农作物害虫，这类杀虫细菌对鳞翅目昆虫有很强的毒杀作用。能寄生在虫体的真菌种类很多，其中利用白僵菌、绿僵菌较为普遍。病毒对害虫的寄生有专一性，一般一种病毒只寄生一种害虫，对天敌无害。病毒侵入虫体的途径，主要是通过口器，感染虫态都是幼虫；成虫可带病毒，但不致死。

（3）以菌治菌　以菌治菌是指利用微生物在代谢中产生的抗生素来防治病原物，应用到农作物防治病害当中主要有春雷霉素、多抗菌素、井冈霉素等。

（4）生物农药　生物农药是指利用生物活体（真菌、细菌、昆虫病毒、转基因生物、天敌等）或其代谢产物（信息素、生长素、萘乙酸钠、2，4– 滴等）针对农业有害生物进行杀灭或抑制的制剂，又称天然农药，系指非化学合成，来自天然的化学物质或生命体，而具有杀菌农药和杀虫农药的作用。生物农药包括虫生病原性线虫、细菌和病毒等微生物，植物衍生物和昆虫激素等。应用比较广泛的有阿维菌素、甲氧基阿维菌素、井冈霉素、奥绿 1 号、灭幼脲。

◎ 143. 鸭稻共生技术有哪些要求？

鸭稻共生需要选择地势平坦，水资源丰富，没有污染的地块，还需要将田埂加宽，适合鸭活动。要选择株高适中，分蘖能力强，还能抗病虫害的高产优质的品种。雏鸭最好选用役用鸭，体型相对较小；成鸭以选用体重 1.25 ～ 1.5kg 为宜，这类鸭活动能力强，取食量少，适应能力比较强，节省成本。水稻种植密度适当比常规稀植，株行距均为 20cm 左右，每亩为 1.6 万～ 1.7 万穴，每穴种植 4 棵苗，这样既有利于鸭的活动，还有利于水稻获得高产。

水稻移栽后 7 ～ 10d，是稻田杂草发生的高峰期，主要为稗草、千金子等禾本科杂草及一年生莎草科杂草，这时的杂草数量多，危害严重，此时放鸭能起到较好的除草效果。放入稻田中的鸭在 7 ～ 10 日龄为宜，每亩放鸭的数量为 15 ～ 20 只，一般 80 ～ 100 只为一群，这样有利于均匀分散雏鸭到处吃草、害虫。最好选择晴朗的上午 9:00—10:00 为宜，可以使鸭很好地适应气温的变化，如果天气不适宜可以错后 1 ～ 2d。

鸭可以取食杂草和害虫，但是对于病害和三化螟等钻蛀性害虫没有办法防治，因此，需要进行单独防治，需要注意的是不能使用化学药剂，会对鸭造成毒害，也会失去鸭稻共生的意义。因此，在防治其他病虫害时可以施用对鸭没有毒害作用的生物农药，还可以设置太阳能杀虫灯来防治具有趋光性的螟蛾等。

当水稻进入灌浆期之后，稻穗逐渐下垂，鸭会取食稻穗造成水稻减产，这时就需要将鸭收获，将鸭赶出时注意不要危害稻穗，捕捉的时候使用方法尽量简单易操作，省工省时。

◎ 144. 如何利用物理和机械方法来防治有害生物？

物理防治就是利用各种物理因素及机械设备或工具防治病虫害。如光、热、电、温度、湿度和放射能、声波等防治病虫害的措施。使用简单工具诱杀、设障碍防除，如晒种、热水浸种或高温处理竹木及其制品等。近年黑光灯和高压电网灭虫器应用广泛，用仿声学原理和超声波防治虫等均在研究、实践之中。原子能治虫主要是用放射能直接杀灭病虫，或用放射能照射导致害虫不育等。这种方法简单方便、经济有效。随着近代物理学的发展，以及其在植保应用上毒副作用少、无残留的突出优点，开辟了物理机械防治法在无公害蔬菜生产上的广阔前景。

（1）进行人工捕杀　当所要防治的害虫个体比较大，发生面积较小，群体个数较少，在劳动力允许的情况下，进行人工捕杀效果较好，可以防治害虫，减少农药使用，不污染环境。例如，水稻负泥虫的幼虫清晨有露水时用扫帚扫虫，把幼虫糊入土中，如此操作 2 ～ 3d 可以起到较好的防治效果。

（2）诱杀　昆虫对外界刺激（如光线、颜色、气味、温度、射线、超声波等）会表现出一定的趋性或避性反应，利用这一特点可以进行诱杀，减少虫源或驱避害虫。包括灯光诱杀、潜所诱杀、食饵诱杀等。灯光诱杀，是利用害虫趋光性进行诱杀的一种方法。用于光诱杀害虫的灯包括黑光灯、高压汞灯、双波灯等。潜所诱杀，有些害虫有选择特定条件潜伏的习性。利用这一习性，人们可以进行有针对性的诱杀。如棉铃虫、黏虫的成虫有在杨树枝上潜伏的习性，可以在一定面积上放置一些杨树枝把，诱其潜伏，集中捕杀。食饵诱杀，用害虫特别喜欢食用的材料做成诱饵，引其集中取食而进行消灭。如利用糖浆、醋诱蛾，臭猪肉和臭鱼诱集蝇类，马粪、麦麸诱集蝼蛄等。

（3）种子高温消毒　有些病虫害是通过种子传播的。在播种前高温处理种子可有效地杀死种子所带的病原菌和虫卵，切断种子带毒这条传播途径。具体方法是将种子充分干燥后，用温汤浸种。在温汤浸种的过程中要不断搅动，防止局部受热，烫伤种胚，浸种时间一般在 10 ～ 15min 就可以有效地杀死种子所带的病菌和病毒。如 55 ～ 60℃ 10min 可以杀死真菌，60 ～ 65℃ 10min 可以杀死细菌，65 ～ 70℃ 10min 可以杀死病毒。

第六章 统防统治技术和植保施药器械

◎ 145. 农民防治农作物有害生物存在哪些困难?

我国地域辽阔，人口众多，种植的农作物多种多样，有害生物种类繁多，为害严重，给农作物的产量和品质带来巨大的损失。有报道显示，我国农作物的有害生物种类可以达到 1 700 多种，造成严重损失的也能达到 100 多种。最近，全球气候改变，异常气候频繁出现，农作物有害生物的发生也随之变化，我国提出了粮食安全战略，种植方式发生了改变，人们对于农产品的质量要求也更高，因此，在农作物有害生物防治上出现了更多的困难，有害生物种类增加、为害面积增加、发生程度变重，防治方法和药剂都趋向于绿色方法，具体为以下几个方面。

（1）*重大有害生物种类增加*　近年来异常气候增多，致使农作物上一些次要有害生物上升为了主要有害生物，例如，小麦孢囊线虫、玉米粗缩病等原来发生较轻，现在在一些地区出现了加重趋势。许多地块连续多年种植同一种农作物，使有害生物基数逐渐积累，发生情况越来越重，而且在防治有害生物时常年使用农药，很多有害生物产生了抗药性，防治难度越来越大。加上国际贸易的日益增加，给外来生物入侵我国带来了便利条件，近年来，新发现的外来生物种类增加，国内检疫性生物的扩散也较以往加快，给检疫工作带来沉重的压力。例如，小麦吸浆虫以前发生程度较轻，后逐渐为害严重；稻水象甲作为检疫性有害生物，从前主要在东北和华北等区域为害，现在已经扩散到了浙江一带。

（2）*为害面积扩大、时间增加、损失加重*　由于全球气候变暖，很多有害生物的适宜发生区域扩大，尤其是一些迁飞性害虫，发生区域不断向北推进，发生面积越来越大。很多有害生物的发生和为害的时间变长，如水稻负泥虫，以前在东北地区只为害半个月，现在可以为害一个多月，而且为害严重，需要喷施 2 次药剂进行防治。还有一些害虫以往在东北地区只发生 1 代或 1 代半，第 2 代没有办法完成生活史，现在可以发生 2 代，为害时间增加。还有一些爆发性害虫，如草地螟，原来几年才会出现大发生，现在频率明显缩短。

（3）防治难度增加　发生严重为害的有害生物种类增加，当地的种植人员没有办法及时掌握其发生规律，从而采取有效的防治措施，可能会错过最佳的防治时期；有害生物发生时间和代数增加，世代重叠现象严重，可能会由从前 1 次集中防治，增加为 2 ～ 3 次；农作物的抗病性和抗虫性下降、有害生物的抗药性增加，造成防治效果降低，防效好的药剂种类减少，防治难度越来越大。

（4）种植人员的防治水平不足　植物保护涉及知识广泛，要掌握众多有害生物的外部特征、为害症状、发生规律、生活史和成千上万个登记的农药。现在常见的情况是种植人员看见有害生物就打药，往往发生了什么有害生物、打的什么药、应该什么时间打、应该如何打都不清楚。农户采用的施药器械都比较传统，也没有根据防治的对象更换喷头，常常出现跑冒滴漏的现象，还会出现重喷和漏喷，不仅浪费了药剂、人力，防治效果还不显著，同时造成了农药残留超标和环境污染。

◎ 146. 农民防治农作物有害生物容易出现哪些问题？

（1）安全用药意识薄弱　农户在防治农作物有害生物时，主要会出现自我保护意识不强、安全贮药意识不强、环境保护意识不强等。

①自我保护意识不强　很多农民在配药和施药时，出现不穿防护服、不戴手套、不戴口罩等现象，夏季炎热时，甚至有农民不穿上衣施药，还有农民在施药时抽烟的现象，造成很多农户出现施药时中毒。

②安全贮药意识不强　有很多农民买完农药后过一段时间才使用，没有专门放置农药的房间或柜子，经常随意摆放在柜子上、床下、储物间等，甚至有人将农药放在厨房，给老人和儿童带来很高的中毒风险。一些农民会使用空矿泉水瓶装未施完的农药，还不贴标签，极易造成误食，危险性高。

③环境保护意识不强　很多农民施药后将农药包装废弃物随意丢弃，还有一些用农药空瓶装其他物品，只有少部分人将空瓶回收或是规范处理。

（2）施药者素质较低　很多施药者文化程度不高，甚至有文盲，对于植保和施药相关知识欠缺。

①文化程度不高　农村从事种植业的农民一般文化程度较低，大多数为小学或初中文化，只有少部分为高中以上学历，尤其近几年大量年轻人外出打工，留在农村的以老年人为主，文化程度更低了。

②缺乏植保知识　很多农民对常见的病虫害无法正确识别或是根本不认识，很多农民看不懂农药标签，甚至不看农药标签，不注重农药的毒性和安全间隔期。有一些农民参加过植保部门组织的技术培训，大多数通过电视、广播、报纸和挂图等了解相关植保知识，还有一些是听农资经营者的介绍。

（3）科学用药水平不高　很多农民在使用农药防治农作物有害生物时，操作随意，从买药、配药到施药都没有按要求进行。

①盲目购买农药　多数农民在乡镇的农资商店中购买农药，但是很多农药零售商的农药来源不同、农药质量参差不齐、自身的植保知识有限，因此，对指导农民科学安全用药的能力有限。购买药剂的品种也是主要听销售人员推荐，或是根据邻居购买的品种和用药经验购买。

②施药时间不当　很多农民在施药的时候没有掌握病虫害的防治适期，往往是看到病虫害就打药；还有一些农民凭经验打药，不管有没有病虫害发生，到时间就开始打药，造成了农药的浪费和环境的污染。

③用药剂量过多　多数农民在施药时为了达到理想的防治效果，总是随意加大农药使用量，有的甚至加倍使用。

④随意配制农药　只有个别农民会按照要求用固定的量具称取农药，多数农民直接用农药的瓶盖量药，一些农民估计用量后直接倒入喷雾器中。还有一些随意将 2 种以上药剂配在一起使用，不管它们是否可以混用。

⑤施药方法不当　很多农民在高温天气施药，或逆风施药，施药时左右摇摆，很容易造成重喷和漏喷，还会使人员中毒。农民习惯大容量喷雾，造成农药浪费，防治效果并不好。

（4）*施药机械落后*　农民使用的施药机械都比较落后，还存在一些质量问题，防治效果不理想。

①机械化程度低　大多数农民主要还是使用背负式手动喷雾器或电动喷雾器，施药效率比较低，对施药者的施药水平要求比较高。

②缺乏专用施药机械　多数农民都是用一个喷雾器，只配一种喷头，没有针对不同的施药对象和施用药剂选择不同的机械和喷头，使得农药利用率较低，施药效率低，防治效果不佳。

③机械质量差　很多喷雾器都存在跑冒滴漏的问题，没有配备安全防护标志和安全防护用品。

（5）*造成严重后果*　不合理使用农药会造成污染和浪费，容易产生药害和中毒事件，还会使有害生物产生抗药性。

①造成污染和浪费　由于农民的不合理用药，常常加大用量，但是农药利用率比较低，用在农作物上的较少，大多数都落在了土里，造成了土壤污染，随着雨水的流动，还会将农药带到河里和其他地方，造成更多的污染。加大农药量还会造成农药浪费，用药成本增加，降低了农民的收益。

②容易产生药害和中毒事故　不合理的使用农药不仅容易使农作物产生药害，还会造成农产品农药残留超标，施药人员中毒事件也时有发生，还会杀伤天敌和有益生物，破坏生态平衡，损害人们的生命和财产安全。

③有害生物产生抗药性 随着农药的不合理使用，使有害生物更容易产生抗药性，使得防治效果变差，为了起到很好的防治效果，就会加大农药的使用量，从而造成恶性循环。

◎ 147. 实施农作物专业化统防统治有什么作用？

专业化统防统治并不只是简简单单的一起打药这么简单，而是通过统一组织、专业的设备，确实将科学安全用药和绿色防控技术应用到实际生产当中。既可以解决一部分农村缺少有一定植保知识青壮劳动力的问题，又可以节省药剂和成本，还能够提高防治效果。通过统防统治来防治农作物病虫害一个生育期内可以减少农药使用次数 1 ～ 2 次，减少农药用量达 20%，防治效果可以提高 10%，还有利于环境保护和农产品的安全。

（1）有利于解决农村病虫害防治的难题，提高防治效果 对于一些突发性的病虫害，一家一户的防治效果比较差，控制不住有害生物的为害。农村现在缺少劳动力，有时候会出现无人打药的问题，而专业化统防统治可以解决这一问题，而且更加专业，能够准确识别发生的有害生物种类，科学选用和使用药剂，提高了防治效果，有助于农民挽回因病虫害造成的产量损失。

（2）利用专业化统防统治可以减少农药用量，保护生态环境 通过专业统防统治组织来防治病虫害，不仅可以科学的选用药剂，而且能够选择最适时间进行施药，可以用较少的药剂达到较好的防治效果，能够避免农民乱用药和使用高毒农药，也能避免农民买到假药，避免因使用假药而造成的经济损失。专业化统防统治选用大包装的农药，减少了很多农药包装废弃物，从而减少了环境污染，保护了生态安全和农产品的安全。有利于改善农田的生态环境，促进农业绿色、安全、可持续发展。

（3）促进植保机械的更新换代，显著增加防控能力 为满足种植人员防治病虫害的需求，专业化统防统治合作组织需要使用一些高效植保机械，如植保无人机、喷杆喷雾机，施药效率可提高几十倍甚至上百倍，当发生暴发性病虫害时，可有效控制病虫为害。

（4）有助于防控方式的改变，就业增收效果明显 专业化统防统治组织的成立，转变了以往一家一户分开打药的防控方式，有利于农业新技术的推广使用。促进农业产业向规模化、标准化和集约化发展，推动农业产业的转型升级。通过防治组织施药可以节约增效，提高农民的粮食产量，还能使农民抽开身来管理养殖业或是外出务工，也能为施药者提供工作岗位，增加收入。

推广专业化防治组织，可提高防治效果、防治效率和防治效益；减少农药使用量、防治成本和环境污染；保护农产品安全、农业生产和农业生态环境，达成了农民、从业人员和防治组织三方共赢。

◎ 148. 植保无人机的作业技术规范是什么?

植保无人机效率高，成本低，防效好，对施药者安全，能够降低农业生产中由于施药次数多带来的人工成本。

（1）植保无人机飞防基础特性　植保无人机是超低量喷雾，喷施药液少，稀释比例在 20 ～ 100 倍，每亩用水量为 0.6 ～ 2L；雾滴小，在 100 ～ 250μm 之间；喷嘴距农作物较高，一般为 1 ～ 2m；无人机能够适应大多数的田块和农作物；安全性远远高于人工作业（图 6–1）。

（2）药剂选择　植保无人机在药剂选择上与其他药械不同。一是要选择水基化剂型，如水乳剂、微乳剂、水剂等，如使用粉剂可能堵塞喷头，缩短水泵使用寿命；二是植保无人机稀释比例低，不能使用剧毒、高毒农药，否则容易造成人员中毒；三是通过添加助剂来增加雾滴的沉积和延展性，提高药剂防治效果。

（3）气象条件　植保无人机飞行高度高，雾滴小，容易飘移蒸发，受气象条件影响大。一是风力。风力在 2 级以下时，雾滴的沉降好，飘移少；风力在 3 级以上时，飘移增强，影响施药效果，容易产生药害。为保证防治效果，避免产生药害，除草剂应在 2 级风力以内作业，其他应在 3 级风力以内作业。二是风向。农药雾滴会向下风向飘移，为避免农药中毒，操作人员应处于上风向位置；如果下风向有敏感动植物，应该设置隔离带，保证安全施药。三是温度。低温可能导致药效不佳，温度过低会发生药害，温度过高会加大雾滴蒸发，影响防治效果，不同药剂对温度的适应性不同，一般情况下应该在 15 ～ 30℃下施药。四是湿度。空气湿度低的情况下药液蒸发加快，最好避免在空气相对湿度小于 40% 的环境下施药，确实需要施药时应采取措施减少药液蒸发量，如提高雾滴大小，增加亩用量等。

（4）作业参数　为保证植保无人机作业效果，雾滴应喷洒均匀且具有一定沉积量。一是作业高度。作业时无人机在保持一定飞行速度的同时，相对高度在 1 ～ 2m 时效果较好，高度过高会加剧雾滴飘移和蒸发，过低会造成中间部分漏喷。二是飞行速度。速度过慢喷洒不均匀，速度越快，喷幅越广，对农作物的穿透性差，雾滴下降慢，飘移增加，速度在 4 ～ 6m/s 较为适宜。三是亩用量。相同亩用量下，飞行速度与亩用量呈反比，亩用量越小，飞行速度越快，穿透性低，药效差，因此根据实际情况确定亩用量。

（5）防治时机　不同有害生物有不同的防治时期，根据不同有害生物的为害特点，在进行有害生物防治时应该找准防治时期，才能达到最佳防治效果。例如，玉米黏虫应在 3 龄前进行防治，钻蛀性害虫在钻蛀之前进行防治，杂草要在大部分处于 2 ～ 4 叶期进行防治。

（6）有害生物抗性　通过了解当地的病虫草害发生情况、用药习惯，从而预判当地病虫草害的抗性情况、抗性方向，防治时要结合当地实际的病虫草害情况、用药情况进行调整。有害生物抗性形成是进化的必然结果，长期使用同一种药剂会使病虫草害抗性不断增强，因此要合理混用农药，并轮换使用不同机制、不同类型的农药，延迟有害生物抗药性的发生。

（7）作业环境　作业前必须了解周边种植情况，是否存在敏感植物，确认安全后再作业，避免产生飘移性药害。例如，水稻田除草，周边有阔叶类油菜，就很可能产生飘移药害。如作业区域周边有养殖情况，一定要使用对家禽、家畜没有毒害的药剂，避免造成家禽、家畜中毒、死亡。注意作业区域周围是否有水产养殖和放蜂情况，要避免使用对水生生物和蜜蜂有毒的药剂，并设置安全区进行隔离（图 6–1）。

图 6–1　植保无人机喷施杀菌剂防治水稻病害

◎ 149. 植保无人机如何进行维护与保养？

植保无人机保持良好的状态能够降低飞行事故率。植保无人机工作环境恶劣，需要维护的项目较多，只有保持设备良好的状态，才能保证安全飞行，做好病虫草害防治的工作。

（1）遥控器　遥控器需保持清洁，定时擦拭，避免水、药液进入遥控器；运输时应将天线折叠，避免天线折断，不能搬运无人机时将遥控器放在植保无人机机壳上，可将遥控器挂在挂钩上，避免遥控器摔落。

（2）机身　搬运植保无人机时，应抬大臂而非小臂，避免损害机身；套筒旋紧，适度即可，不可过紧，否则有可能造成套筒破裂以及难以旋开；定时清洁机身，机身内部有精密电子部件，清洁机身时应该用拧过的湿抹布擦拭，绝不可用水流直接冲洗机身，以免电机内部进水损坏部件。

（3）动力系统　植保无人机电机工作环境恶劣，水雾、药液附着是其损坏的首要因素，所以每天作业完毕后用湿抹布清洁电机外表，去除农药附着；避免雨天飞行；定时检查电机动平衡是否良好。及时检查螺旋桨是否发生断裂或破损，哪怕出现一些细小的裂缝都必须更换；安装螺旋桨不能有一丝松动，否则可能造成飞行不稳定；作业完毕必须清理农药残留，否则农药附着有可能腐蚀螺旋桨，使螺旋桨寿命变短。电池应定时慢充，以利于电池电压平衡，长期只使用快充，会降低锂电池使用寿命；禁止高温充电，否则会造成电池寿命下降；长期不使用时，电压保持在 3.8 ～ 3.9V 之间并每隔 1 ～ 2 个月进行一次完整的充放电；避免电池跌落，锂电池内部电芯有可能发生短路，严重将造成自燃。飞行器插头和电池连接时会产生打火现象，打火会造成插头铜金属氧化发黑，从而导致插头发热量增加，造成飞行隐患，因此若发现插头发黑应及时更换。

（4）喷洒系统　每天作业完毕应往药箱灌入清水，开启水泵，以冲洗整个喷雾系统，水泵进液口需配有过滤网，禁止水泵内部进入杂质，每天作业完毕应清理滤网，清除农药残留；定时将喷头及滤网放入水中浸泡，保证喷头及滤网工作状态良好；不同类型的药剂，一定要注意避免药箱混用，打过除草剂的药箱再打杀虫剂，很有可能会对当前农作物造成药害；长期保存之前一定要用清水清洗整个喷雾系统，否则药液残留会腐蚀水泵。

（5）固件升级　对于拥有地面站的植保机，需要升级固件的部分包括 App 版本、遥控器固件、飞行器固件等都要升级到最新版本，保证植保机维持在最佳状态。一般情况下，遥控器固件和飞行器固件必须在同一版本。

◎ 150. 直升机飞防作业的技术要点有哪些？

直升机（图 6–2）飞行高度距离农作物顶部 4 ～ 6m，飞行速度为 25 ～ 35km/h，飞行时风速不能高于 4m/s，温度不能高于 30℃，空气湿度不小于 60%，作业时需要加入飞防助剂，亩施药量 0.5 ～ 1.5L。作业时要安装飞行记录仪和定位系统，采用航空专用喷头喷洒设备。

图 6–2　直升机飞防作业防治水稻病害

◎ 151. 直升机飞防作业有哪些优势？

飞防作业速度快，效率高，成本低，节省了大量的人力和物力，节约人工成本；作业质量好，由于飞机腋间涡流的作用，可使农作物叶片正反面及茎秆全面着药，雾滴小，雾滴分散均匀，有效增加覆盖密度和雾滴的渗透能力，可以一次性完成作业，提高了药液的使用率，提高了防效，产量高；减少损失，飞机航化作业不会在作业过程中留下辙印和损坏农作物；时效性强，防治标准一致，防治集中连片，误差小，可以有效防治病虫害二次侵染，确保农作物健康生长。

◎ 152. 手动喷雾器的使用技术有哪些？

手动喷雾器（图 6–3）适用于农作物上农药、叶面肥和植物生长调节剂的喷洒。喷头是喷雾器上最重要的部件之一，正确选择喷头及喷头的质量直接影响药剂的效果，发现喷头损坏的时候要及时更换。喷雾器上可以替换多种喷头，具体有如下几种。

（1）扇形喷头　扇形喷头雾滴分布均匀，主要用于除草剂的喷施，也可以在苗期喷施杀菌剂和杀虫剂来防治病虫害，使用时采用单侧平行推进喷雾法，不要来回摆动。

（2）空心圆锥喷头　这种喷头的孔径大小不同，可以根据防治对象来选择不同的孔径大小，适用于各个时期的病虫害防治，但是不适合喷洒除草剂。使用时采用顺风单侧多行交叉“之”字形喷雾法。

（3）可调喷头　可以根据喷施和防治对象的不同，改变药液的角度和远近，这种喷头的流量大，适合喷施除草剂和防治茎基部病虫害。

（4）喷射式喷头　这种喷头喷出的液体在农作物表面会形成液膜。具有较宽的喷幅，适合除草剂的喷施。

图 6–3　农民使用背负式手动喷雾器喷施药剂

◎ **153. 如何选择除草剂施药器械？**

施用除草剂需要有固定的喷雾器械，需要达到喷雾标准。

如果使用人工背负式喷雾器，喷雾器要结实耐用，耐药剂腐蚀能力强，具有活塞泵，还要有搅拌装置和过滤装置，压力在 1 ～ 5 个大气压，轻便容易操作。在喷洒除草剂时要配备扇形喷头，苗前施用除草剂喷头型号可以用 11004，50 筛目过滤；苗后使用除草剂喷头型号可以用 11001，100 筛目过滤。

如果使用拖拉机喷雾，装置需密封性好，不会滴漏，耐腐蚀，配备搅拌、压力调节装置。施药时配备的喷头要求与人工背负式喷雾器相同。

需要注意的是施药器械要根据地形、面积、人工等情况来选择，使用之前要对机器各部件进行检查，确认没有问题才能使用，如果发现问题，要及时进行维修和更换配件。

第七章
玉米病虫草害

◎ **154. 玉米的主要病虫害有哪些?**

在我国，玉米上的主要病虫害有玉米大斑病、玉米小斑病、玉米灰斑病、玉米锈病、玉米丝黑穗病、玉米瘤黑粉病、玉米茎基腐病、玉米纹枯病、玉米病毒病、玉米螟、黏虫、草地贪夜蛾、地老虎、蝼蛄、蚜虫、棉铃虫、红蜘蛛、蓟马、飞虱等。

◎ **155. 如何识别玉米大斑病?**

玉米大斑病又称条斑病、煤纹病、枯叶病、叶斑病等。梭状病斑是玉米大斑病的典型症状（图 7–1，图 7–2）。叶片染病先出现水渍状青灰色斑点，然后沿叶脉向两端扩展，形成边缘暗褐色、中央淡褐色或青灰色的大斑，最严重的时候病斑长可达 10 ～ 30cm，有时甚至超过 30cm，后期病斑常纵裂。严重时病斑融合，叶片变黄枯死，潮湿时病斑上有大量灰黑色霉层。

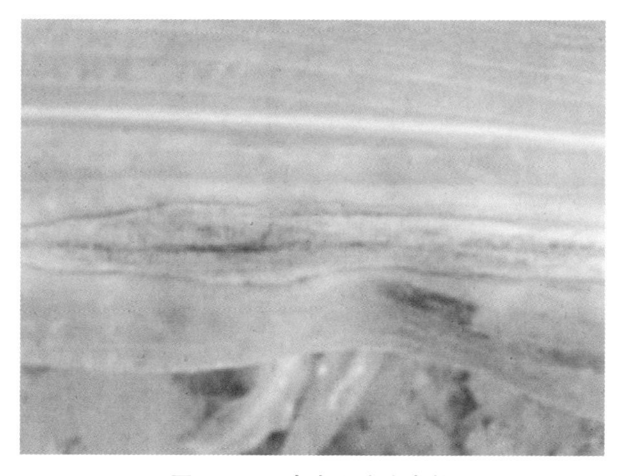

图 7–1　玉米大斑病为害状

图 7–2　玉米大斑病田间为害状

◎ **156. 玉米大斑病可以造成哪些为害?**

玉米大斑病是一种真菌性病害，病原为大斑病凸脐蠕孢，属于半知菌亚门，主要为害叶片，严重时也为害叶鞘和苞叶，一般先从底部叶片开始发生，逐步向上扩展，严重时能遍及全株，在一般年份可以减产 15% ～ 20%，严重时减产 50% 以上。

◎ **157. 玉米小斑病的发生症状是怎样的?**

玉米整个生育期间均可发生，但以雄穗抽出后发病最重。小斑病主要为害叶片（图 7–3），偶尔也危害叶鞘。病斑初为水浸状小斑点，后逐渐形成边缘红褐色，中央黄褐色的椭圆形病斑（图 7–4）。病斑大小、形状因受叶脉限制而有差异，但病斑最长在 2cm 左右。病斑有椭圆形病斑和长条形病斑 2 种，此外，在抗病品种上有的仅表现为圆形坏死小斑点。病斑连片后常造成叶片提早干枯死亡，在病斑反面或枯死叶片反面产生稀薄的黑色霉层。

图 7–3　玉米小斑病为害状

图 7-4 玉米小斑病田间为害状

◎ 158. 玉米小斑病可以造成哪些为害？

玉米小斑病又称玉米斑点病，是由长蠕孢菌侵染引起发生在玉米的病害。主要为害叶片，但叶鞘、苞叶和果穗也能受害。在玉米整个生育期内都可发生，但以抽雄期、灌浆期发病严重。

玉米小斑病为中国玉米产区重要病害之一，在黄河流域和长江流域的温暖潮湿地区发生普遍而严重，一般造成减产 15% ～ 20%，减产严重的可达 50% 以上，甚至颗粒无收。一般夏玉米区发生较重，大流行的年份可造成产量的重大损失。

◎ 159. 什么情况下玉米小斑病容易发生？

玉米小斑病病菌以菌丝或分生孢子在病残体内越冬，在翌年适宜的温度条件下产生大量的分生孢子，借气流或雨水传播，再进行侵染植株。发病适宜温度为 26 ～ 29℃，产生孢子最适宜温度 23 ～ 25℃。夏玉米比春玉米发病重，玉米孕穗期、抽穗期降水多、温度高，易造成小斑病流行。低洼地、坡地、过于密植遮阴地、连作地发病较重。华北地区 7—8 月气温达 25℃以上最适宜玉米小斑病的流行，这期间若降雨日多，雨量大、温度高，小斑病会严重发生。

◎ 160. 如何区别玉米大斑病和玉米小斑病？

（1）表现的症状不同 玉米大斑病发生初期在叶片上形成水浸状斑点，逐渐沿叶脉扩展，不受叶脉限制，形成黄褐色或灰褐色梭形病斑。而玉米小斑病从植株下部叶片开始发病，逐渐向中上部叶片蔓延，受叶脉的限制。玉米大斑病的典型症状是由小的病斑迅速扩展成为长菱形大斑，有时几个病斑连在一起，形成不规则形大斑。而玉米小斑病的症状特点是病斑小，一般长不超过 1cm，只限在两个叶脉之间，病斑的数量一般比较多。

（2）流行的适宜温度不同 大斑病流行要求的温度偏低，以 18 ～ 22℃为适宜，超过 25℃有抑制作用；小斑病的流行适温却在 25℃以上。

◎ 161. 如何对玉米小斑病进行综合防治？

玉米小斑病是一种多循环病害，能够进行多次侵染，主要靠气流传播，一般情况下越冬菌源比较广泛，所以玉米小斑病容易大发生，在防治的时候如果采用单一的防治方法很难起到理想的效果，种植抗病品种是一种简单而有效的防治方法，但因病理小种的变异而影响品种的抗病性，因此还是要以种植抗病品种为主，结合其他的防病措施进行综合防治，以期达到较好的防治效果。

（1）选用抗病品种　在选用抗病品种时应选用后期较为抗病的自交系，还要了解当地玉米小斑病致病小种有哪些，最好选用具有多种抗性的品种，还要优质高产。同时，注意不要大面积种植单一品种的抗性品种，一旦有致病小种的变化，很容易大面积感病，造成重大的粮食损失。

（2）农业防治　拔节期及抽穗期追施复合肥，及时中耕松土、合理浇水并注意排水，促进健壮生长，可提高植株抗病力；注意调节农田小气候，如适时早播、合理密植、改良蓄墒、勤中耕、伏旱灌水、低洼地及时排水，调节农田小气候使之不利发病；及时拔除重病株，烧毁或深埋，避免传播；生产上要科学施肥，施足底肥，氮、磷、钾应合理配比施用，及时进行追肥，尤其是避免在拔节期和抽穗期脱肥。以上措施保证植株健壮生长，具有明显的防病增产作用。

（3）生物防治　生物防治是一种以自然方式来防治玉米小斑病的环保、绿色防治方法。

①可以利用生物杀菌剂，植物体以及微生物的抗菌化合物是它们自身产生的多种具有抗菌能力的次生代谢产物，枯草芽孢杆菌对玉米大小斑病菌和各种香蕉叶斑病菌的拮抗作用强。

长根金钱菌能很好地拮抗玉米小斑病菌，草酸青霉水剂对玉米小斑病防治效果较好，白头翁石油醚提取液对孢子萌发有很好的抑制作用。

②可以利用植物抗病过程中诱发植物产生植物抗毒素和引起植物过敏反应的因子，哈茨木霉接种玉米植株后，防治玉米小斑病有较好的效果，内生放线菌对玉米小斑病和玉米弯孢菌叶斑病均有较好的生防效果。

③利用生物促营养吸收剂，通过提高农作物的影响状态，提高对小斑病的抗病能力。

（4）化学防治　抽雄前后，开始喷药。防治药剂：50% 多菌灵可湿性粉剂 500 倍液、90% 代森锰锌原药 500 倍液、50% 甲基硫菌灵可湿性粉剂 1 000 倍液、70% 甲基硫菌灵超微可湿性粉剂 1 000 倍液、25% 苯菌灵乳油 800 倍液、嘧啶核苷类抗菌素水剂 200 倍液或 40% 敌瘟磷乳油 800 倍液，每亩用药液 50 ～ 75kg，隔 7 ～ 10d 喷药 1 次，重复 2 ～ 3 次。

◎ 162. 如何识别玉米灰斑病？

玉米灰斑病主要为害叶片，也可侵染叶鞘和苞叶。发病初期为水渍状淡褐色斑点，逐渐扩展为浅褐色条纹或不规则的灰色到褐色长条斑，与叶脉平行延伸，常呈矩形，对光透视更为明显（图 7-5）。病斑中间灰色，边缘有褐色线，病斑大小（4 ～ 20）mm×（2 ～ 5）mm。病菌先侵染下部叶片引起发病，有时病斑连片，气候条件适宜时可扩展到整株叶片，使叶片枯死。病斑后期叶片背面产生白色或灰白色霉层，即病菌的分生孢子梗和分生孢子，多数病斑联合后叶片变黄枯死。

图 7-5　玉米灰斑病为害状

◎ 163. 什么情况下容易发生玉米灰斑病？

玉米灰斑病的病原物为玉蜀黍尾孢菌，属于半知菌亚门，主要以菌丝体、分生孢子梗等方式进行越冬，在地下面病残体上无法进行越冬；当气候干燥时，病原菌在地面的病残体中越冬，如果湿度较大，在地面越冬的病原体在翌年没有办法正常萌发，成功越冬的病原菌翌年通过产生分生孢子侵染寄主，主要通过气孔侵入，借助风雨进行传播，能够进行多次侵染。这种病原菌喜欢高温高湿的环境，它的发生与温湿度有着密切的关系，当温湿度不能满足其需求时，此时病害就很难侵染玉米，使玉米染病。病原菌侵染温度为 15 ～ 30℃，其中最适宜的温度为 25℃，同时还需湿度达 100% 或是有水滴的条件下。光对于病原菌的侵染影响不大，不过光暗交替有利于寄主发病。

◎ 164. 如何对玉米灰斑病进行综合防治？

（1）*农业防治*　应因地制宜地选择综合性状好的抗病品种，加大抗病新品种的引种示范推广力度。将播种时间提前一点，当土壤墒情较好的时候立即进行播种；要施足底肥，最好施用充分腐熟的农家肥、饼肥或绿肥，减少氮肥的施用量，增加磷、钾肥的施用量，促进玉米生长健壮，提高对玉米灰斑病的抵抗力；

要进行合理密植，根据品种的特性来决定种植密度，最好种植紧凑型品种，从而改善田间的通风透光，降低田间湿度，减少玉米灰斑病的发生。另外，进行间作套种也是一种改善田间小气候较好的方法；在雨季或降水量较大时要注意及时在玉米田周围挖排水沟，使雨水迅速流出，避免田间积水，土壤和空气湿度过大，也能减少玉米灰斑病的发生和为害。玉米收获后，及时清除玉米秸秆等病残体，减少田间初侵源；创造条件进行水旱轮作或与其他科农作物轮作。

（2）化学防治　化学防治主要在玉米大喇叭口期、抽雄期和灌浆初期 3 个关键时期进行，其中可选药剂有：70% 百菌清水分散剂 800 倍液喷雾、10% 博邦可湿性粉剂 1 000 倍液喷雾、70% 代森锌可湿性粉剂 800 倍液喷雾、80% 代森锰锌可湿性粉剂 500 倍液喷雾、25% 丙环唑水乳剂 5 000 倍液喷雾、50% 多菌灵可湿性粉剂 500 倍液喷雾。喷药时从玉米下部叶片向上部叶片喷施，以每个叶片喷湿为准，初次施药前可先摘除下部 2 ～ 3 片病叶后再施药。在进行施药时，注意进行交替使用，根据玉米的生长和病害的发生情况，施药 2 ～ 3 次。

◎ 165. 如何区别玉米黑穗病和玉米丝黑穗病？

一是发生部位不同，玉米黑穗病通常发生在玉米上部的茎、叶、雌雄穗的幼嫩组织上，而丝黑穗病侵害的是玉米的雌雄穗，出穗后会出现明显病症。二是黑穗病在整个生育期都能观察到发病情况，而丝黑穗病只有在穗期才能观察到发病。三是黑穗病能在其侵害、侵染部位形成肿瘤，未成熟时外面呈现幼嫩的白色或淡红色组织；成熟后则为灰白色、黑色，直至破裂后黑粉出现。而丝黑穗病侵染雄穗时，会导致整个花序变黑，花器出现变形或增生，雄花变成了黑粉，侵染雌穗时，整个玉米的果穗呈现黑褐色粉末或黑色丝状物，苞叶破裂后黑粉散落。

◎ 166. 什么情况下玉米丝黑穗病发生严重？

玉米丝黑穗病（图 7–6）主要在土壤、粪肥和种子中以冬孢子的形式越冬，当环境当中的温度和湿度适合时，冬孢子便会萌发，侵入玉米的幼芽中，随着植株的生长逐渐向上侵染，最后形成了黑穗。冬季气温较高时，非常有利于病原菌越冬，病原菌基数大，丝黑穗病发生严重；播种期如果气温、湿度较低，种子出苗比较慢，在土壤中存留的时间长，使病菌侵染玉米的机会增多；在玉米连续种植的地块，由于病原菌逐年积累，发生玉米丝黑穗严重，调查发现，连作的地块比轮作的地块在其他条件相同的情况下，发病率多 10% 以上；有些玉米品种抗病性较差，因此容易发生丝黑穗病；病原菌一般在种子破口露白到幼芽刚出时最容易感染，有些农户不重视预防，不进行种子处理或是种子处理中没有施用防治丝黑穗病的药剂，因此没有起到防治效果，导致玉米丝黑穗病发生严重。

图 7-6 玉米丝黑穗病为害状

◎ 167. 如何防治玉米丝黑穗病?

（1）选用抗病品种 防治玉米丝黑穗病最经济有效的方式是种植抗病品种，采取以种植抗病品种为主的综合防治措施既可防治玉米丝黑穗病，又利于保护生态环境和发展优质绿色食品。所以建议在春播前充分调研市场，深入了解种子特性，选择正规途径销售的玉米种子和肥料，多方位向农业科技人员咨询抗性品种。

（2）农业防治 加强田间管理是有效防治玉米丝黑穗病的重要措施，对于玉米种植的未来发展具有重要影响。对已感病的玉米植株进行及时处理，将其带出田外进行销毁处理，防止其上存在的病原菌再次对健康植株感染。加强玉米与其他农作物进行轮作也是田间管理的有效措施，轮作的过程能切断玉米丝黑穗病的营养源，进而有效降低病原菌的数量。有效调节土壤的肥力结构，在合理利用土壤肥料与水分的基础上增强玉米的品质。采用精细耕作方式，为幼苗出土创造更为有利的条件，进行翻耙作业，及时将真菌埋入土壤底层，降低真菌的侵染概率。但当土壤中存在大量的真菌时，及时预防效果并不明显，且牲畜粪便会为田地带来更多的真菌，对此，种植人员不能利用病秆饲喂牲畜。还应根据当地土质情况确保合理的种植深度，浅播可以预防丝黑穗病，因此种植人员一般采用浅播种植方式。

（3）种子进行包衣 玉米丝黑穗病传染途径有种子、土壤和肥料。从种子萌芽到 5 叶期，主要是土壤中的病菌侵染幼芽和幼根，5 叶后期，则是肥料等外界因素导致发病。因此，播种时必须选用内吸性强、残效期较长的种衣剂进行包衣。建议使用有效成分占种子量 0.07% 的三唑醇拌种；50% 矮健素液剂稀释至 200 倍液浸种 12h，或再加多菌灵、甲基硫菌灵拌种；50% 多菌灵可湿性粉剂按种子量的 0.3% ～ 0.7% 拌种，或 50% 甲基硫菌灵可湿性粉剂按种子量的 0.5% ～ 0.7% 拌种；也可用五氯硝基苯处理土壤，用吡虫啉、戈唑醇进行拌种。

◎ 168. 玉米螟为什么对玉米的为害比较严重?

玉米螟是为害玉米最主要的一种害虫，一般年份可以减产 15% ～ 20%，大发生时可以减产 50% 以上。主要原因为玉米螟为钻蛀性为害，不易观察和防治，还具有转主为害和全生育期为害的特点，因此对于玉米的为害比较严重。

（1）为害方式　玉米螟的为害方式主要是钻蛀为害，这种方式比较隐蔽，不容易被发现。玉米螟出孵幼虫会躲在玉米芯叶中进行为害，能够穿过芯叶，形成花叶（图 7–7）；3 龄后钻蛀到茎秆中进行为害（图 7–8），在茎秆上留下蛀孔，为害茎秆中的导管和筛管，使玉米容易倒伏，造成大量减产。在进行化学防治时要在 3 龄之前进行，否则玉米螟钻蛀到茎秆中后，施用化学防治效率较低。

（2）全生育期为害　玉米螟对玉米全生育期都可进行为害，不但会为害玉米的叶片和茎秆，还会为害雌穗（图 7–9，图 7–10）、雄穗和花丝。为害雌穗时，一般从头钻蛀进入，导致雌穗头部发霉，失去商品价值。为害雄穗会使其发生折断，严重影响玉米结实，使玉米长势变弱，造成秃尖和花粒。

（3）具有转主为害习性　一只玉米螟幼虫一生不止为害一株玉米，它可为害一株后再转移到其他的玉米上为害（图 7–11），给玉米造成更大的损失。

图 7–7　玉米螟叶片为害状

图 7–8　玉米螟幼虫

图 7–9　玉米螟穗为害状

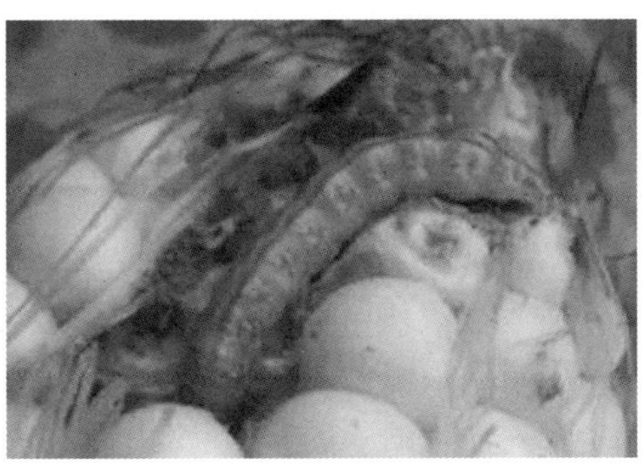

图 7–10　玉米螟为害雌穗

图 7-11　玉米螟为害茎秆

◎ 169. 如何防治玉米螟?

在防治玉米螟时，要注意降低其越冬基数，在 3 龄钻蛀到茎秆之前进行防治，优先采用生物防治方法，还要注意玉米螟成虫田外休息、田内产卵的习性，要及时清除玉米田周围的杂草（图 7-12）。

图 7-12　玉米螟成虫

（1）农业防治　玉米收获后，要将田间的病残体和根茬及时带出田外集中销毁；将玉米秸秆通过烧柴、沤肥和喂养牲畜等处理玉米秸秆，降低玉米螟的越冬虫源基数，降低翌年玉米螟的为害。

（2）生物防治　可以通过释放赤眼蜂防治玉米螟，还可以通过白僵菌封垛的方式防治越冬幼虫。

①赤眼蜂防治玉米螟　通过释放赤眼蜂防治玉米螟的卵，在玉米螟产卵盛期释放赤眼蜂 2 ～ 3 次，每亩释放 1 万～ 2 万头（图 7-13）。

②白僵菌封垛　在玉米螟化蛹前 10 ～ 15d，用白僵菌粉 100g/m^2（50 亿～ 100 亿孢子 /g），在玉米垛周围各处挖一个 20cm 的孔洞，向洞里喷粉，直到玉米垛

对面有菌粉飞出为止。附近有饲养家蚕时禁止使用（图 7–14）。

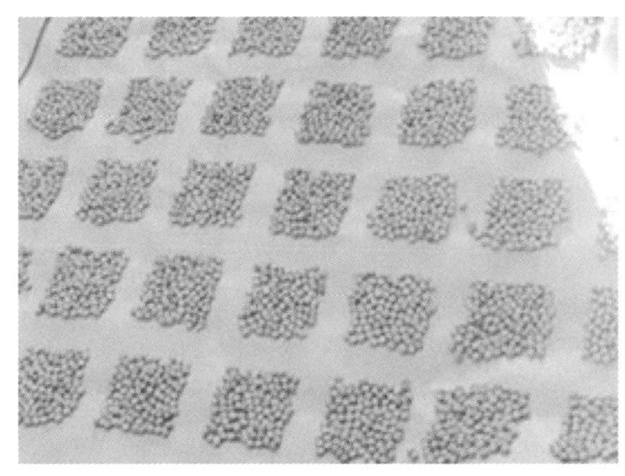

图 7–13　玉米螟赤眼蜂蜂卡

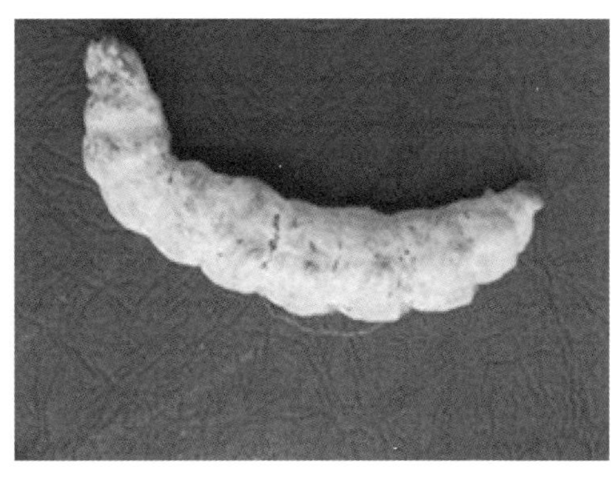

图 7–14　白僵菌寄生形态

（3）化学防治　及时进行田间调查，如果花叶率在 5% 以下时不需要进行化学防治，5% ～ 10% 的时候进行点防，花叶率达到 10% 以上时需要大面积防治，达到 20% 时需要防治 2 次。可以选用 16 000IU/mg 苏云金杆菌可湿性粉剂 100 ～ 200g/ 亩加细沙灌心，或 3% 辛硫磷颗粒剂 300 ～ 400g/ 亩喇叭口撒施，或 11.6% 甲维・氯虫苯悬浮剂 7 ～ 10mL/ 亩进行喷雾。

◎ 170. 草地贪夜蛾的为害特征是什么？

草地贪夜蛾幼虫主要为害玉米的茎、叶和穗的生长点，在极端干旱条件下会破坏玉米根部。草地贪夜蛾可以从农作物出苗开始为害，一直持续到抽雄期和穗期。其幼虫主要取食幼叶和果穗，与其他害虫不同的是，它们更倾向于从侧面穿透叶片，攻击破坏分生组织并阻止穗的发育。低龄幼虫啃食叶片后，会形成十分密集的半透明膜孔；高龄幼虫啃食叶片后，蛀出较大的洞，造成轮叶参差不齐、新叶破烂，从而破坏植物的籽粒灌浆能力，甚至可以切穿玉米幼苗的基部，导致整株植物死亡。幼虫白天不易发现，藏在玉米花穗深处，破坏柱头和幼穗，从而影响雌蕊的受精，导致玉米感染真菌和黄曲霉毒素，不但造成产量损失，还大大降低了玉米的品质。

◎ 171. 如何识别草地贪夜蛾？

（1）卵　草地贪夜蛾的卵多产于寄主叶片或茎叶交界处，种群稠密时则会产卵于植物的任何部位。草地贪夜蛾的卵呈圆顶状半球形，直径约 4mm，高约 3mm，卵块通常聚产在叶片表面，每个卵块含卵 100 ～ 300 粒，卵块表面有绒毛状保护层。刚产下的卵呈绿灰色，约 12h 后转为棕色，孵化前接近黑色，环境适宜时卵 4d 后即可孵化。

（2）幼虫　草地贪夜蛾 1 龄幼虫体长较小，约为 1.7mm，需要仔细辨认，头部黑青色，体色为黄色、绿色。

2龄幼虫头部颜色变为橙黄色，体色为褐色。从3龄开始，腹部第8节4个呈正方形排列的斑点和头部“Y”形纹开始出现，这是识别草地贪夜蛾的重要特征。4～6龄幼虫头部颜色多变，且颜色跨越较大，多呈黑棕色或者橙色，背中线黄色，背中线两侧有多条黄黑交错的纵行条纹，此时头部“Y”形纹特征更加易于识别，体长30～36mm（图7–15）。

图7–15 草地贪夜蛾幼虫

（3）蛹 草地贪夜蛾蛹持续时长夏季为8～9d，春、秋季为12～14d，冷凉季节可达20～30d，蛹不滞育。被蛹，红褐色，长椭圆形，蛹长14～18mm，宽约4.5mm。化蛹初期，体色淡绿，逐渐变为红棕色及黑褐色。常在2～8cm深的土壤中化蛹，有时也在果穗或叶腋处化蛹。蛹在浅层（深度2～8cm）的土壤做一个蛹室，形成土沙粒包裹的茧；如果土壤太硬，幼虫会在土表利用枝叶碎片等物质结成丝茧，也可在为害寄主植物（如玉米雌穗）上化蛹。

（4）成虫 成虫翅展32～40mm，前翅深棕色，后翅白色，边缘有窄褐色带。雌蛾前翅呈灰褐色或灰色、棕色杂色。具环形纹和肾形纹，轮廓线黄褐色；雄蛾前翅灰棕色，翅顶角向内各具一大白斑，环状纹后侧各具一浅色带自翅外缘至中室，肾形纹内侧各具一白色楔形纹。成虫为夜行性，在温暖、潮湿的夜晚较为活跃。成虫寿命7～21d，平均约为10d，一般在前4～5d产下大部分的卵，羽化当晚一般不会产卵（图7–16）。

图7–16 草地贪夜蛾成虫

◎ 172. 草地贪夜蛾的发生特点是什么?

（1）寄主范围广 草地贪夜蛾是一种入侵性生物，寄主种类繁多，食性复杂，可以取食的植物有玉米、水稻、小麦、高粱、大豆、燕麦、花生、烟草、番茄、马铃薯等，可取食的种类超过300种，数量相当惊人。在我国发生的草地贪夜蛾依据取食偏好主要可以分为2大类，玉米型和水稻型，它们的形态特征基本相同，除了取食偏好，其他方面不易区分，在我国发生更多的是偏好玉米型，偏好水稻型的较少。

（2）适生区域广　草地贪夜蛾从热带地区传过来，所以从热带、亚热带和温带都有发生，广泛分布于欧洲、亚洲、美洲、非洲等大洲。在中国，南至云南，北至辽宁都有发生，适应不同的生活环境，草地贪夜蛾不断地扩大入侵范围，给我国的粮食生产带来了巨大损失，防治草地贪夜蛾有很大压力。

（3）繁殖能力强　草地贪夜蛾的生命周期较短，11 ～ 30℃的温度都适宜草地贪夜蛾的生长发育和繁殖，完成一个世代只需 24 ～ 40d，一年可发生多代，在气候比较湿热的地区没有发现草地贪夜蛾发生滞育的现象，因此一年可发生 10 代以上。草地贪夜蛾的雌成虫产卵呈块状，1 个卵块有 100 多粒卵，1 只雌虫一生可产卵 900 粒以上，产卵数量非常大。草地贪夜蛾只有在温度低到一定程度之后才会停止繁殖，所以在气候适宜的环境下繁殖能力强、繁殖速度快。

（4）飞行能力强　草地贪夜蛾扩散速度快的原因还包括它的飞行能力特别强，成虫一个晚上能够飞行约 100km，速度非常快，所以能够从一个地方迅速扩张到另一个地方。在季风条件下，草地贪夜蛾可从缅甸进入我国，扩展非常迅速，3 个整天的时间就能到我国的长江流域和黄河流域，让人们猝不及防。

（5）取食数量大　草地贪夜蛾不但数量较多，而且每个个体的食量比较大，尤其是高龄幼虫，具有暴食性，一般 6 龄幼虫可吃其一生 80% 的食物。所以给我国的农作物造成巨大的损失，使植株叶片缺失、植株倒伏，一般情况下造成减产可达到 20% ～ 30%，严重的情况下甚至会造成绝收。草地贪夜蛾高龄幼虫抗药性还比较强，化学防治效果不佳，所以给我国的农作物，尤其是给玉米造成了巨大的损失。

◎ 173. 如何综合防治草地贪夜蛾？

（1）农业防治　要注意进行合理施肥，适当减少氮肥的施用量，增加钾肥的施用量，这样可以增加植株自身对病虫害的抗性；还要注意合理密植，根据选择的品种和目标产量进行合理密植，避免种植过密，保证田间的通风透光性；还要在作物周围设置缓冲区域，例如，如果玉米地的周围有林地，林地中有很多草地贪夜蛾的天敌，可以通过自然天敌进行防治，还可在农作物周围种植一些能趋避草地贪夜蛾的植物，或是种植一些草地贪夜蛾更喜欢取食的植物，从而减少其对农作物的为害；在农作物播种时要注意根据当地的气候条件，选择最理想的播种时间，最好选择对草地贪夜蛾有抗性的品种，尽量避免草地贪夜蛾的高发期遇到农作物抗性较弱的时期。

（2）物理防治　草地贪夜蛾具有趋光性、趋化性和趋色性，可以通过这些特性，选择物理方式防治草地贪夜蛾，安全环保、绿色无害。一是利用趋光性，可以通过设置杀虫灯，来诱集和杀灭草地贪夜蛾；二是利用趋化性，采用食诱剂或是性诱剂配合配套的诱捕设备，将引诱过来的草地贪夜蛾捕获，从而达到防治的效果；三是利用趋色性，通过在田间设置黄板或蓝板来捕杀草地贪夜蛾的成虫，从而减少为害。

（3）生物防治　生物防治是指利用草地贪夜蛾的自然界天敌进行控制，或是人工释放天敌到田间对其防治，还可使用生物农药来防治。草地贪夜蛾属于入侵生物，在我国，天敌没有在原产地美洲多，我们可以利用赤眼蜂、寄生蝇、黑卵蜂来寄生草地贪夜蛾，利用蚂蚁、瓢虫和蝽类等进行捕杀。也可通过对草地贪夜蛾有致病性的微生物来防治，如白僵菌、绿僵菌和病原线虫等，但这些病原微生物在实际应用过程中受到的限制条件比较多，所以防治效果不如实验室中的数据理想。万寿菊、波尔多树、嘉宝果和楝树中都研究出对草地贪夜蛾有毒杀作用的成分，可通过提取制成生物农药来防治，植物中提取的松黄烷酮不仅能抑制其取食，还能驱赶草地贪夜蛾。

（4）化学防治　当通过农业防治、物理防治和生物防治不能很好地控制草地贪夜蛾的为害时，需要使用化学药剂来防治，也是现在防治草地贪夜蛾最主要的方法。建议使用的药剂主要有多杀菌素、氯虫苯甲酰胺、除虫脲、氯氟氰菊酯等，目前草地贪夜蛾已经对部分药剂产生了抗药性，防治效果大不如前，甲氨基阿维菌素苯甲酸盐（含量 5%）水分散粒剂对灭杀草地贪夜蛾有一定效果，适合应急使用。

◎ 174. 黏虫对玉米有什么为害？

黏虫主要为害玉米等禾本科农作物，还喜欢取食杂草。1 ～ 2 龄幼虫取食玉米叶肉（图 7-17），3 龄后沿玉米叶片边缘蚕食，虫口密度较大时，为害比较严重，可以将玉米整个叶片吃光，只留下很短的叶脉，5 ～ 6 龄黏虫进入暴食期，可以将玉米叶片在短时间内吃光，造成减产，甚至绝收。

图 7-17　黏虫为害玉米

◎ 175. 如何防治玉米黏虫？

（1）农业防治　一是在田间管理中，做好中耕除草，减少黏虫的食源；二是在农作物收获后通过翻耕整地，把部分害虫的幼虫翻入土中，不利于幼虫的化蛹，同时消灭一部分蛹；三是进行合理的轮作，第一年种植禾本科农作物的地块，翌年尽量避免再种禾本科农作物，以减少虫害发生的机率。

（2）物理防治　一是使用糖醋液来诱杀成虫，将配置好的糖醋液放在盆中，深度为 3 ～ 5cm，每亩地放置 1 盆，每天观察 1 次，去除诱集到的成虫，每 5 ～ 7d 更换一次糖醋液，连续诱集 15 ～ 20d。二是利用杀虫灯来防治成虫，黏虫的成虫具有趋光性，可以在田间安置一些杀虫灯，间距 100m，最好采用智能夜间开灯的杀虫灯，避免人工开关等，增加工作量。三是进行草把诱卵，在雌成虫产卵的整个时期，将谷草扎成草把，长为 60 ～ 70cm，直径为 15 ～ 16cm，把草把的下部捆在木棍上，将木棍插到田间，草把距离地面的距离为 1m 左右，一亩地设置 10 个草把，每 3h 更换一次草把，将换下来的草把带到田外及时进行处理。四是通过挖沟来杀灭幼虫，黏虫具有假死性，当黏虫比较大的时候，可以利用黏虫的假死性（图 7–18），用黏虫兜或黏虫车进行捕杀，落在地上的要及时喷施农药将其杀死；黏虫迁移前，可在其发生地区周围挖一些深沟，深约为 50cm，宽为 30 ～ 35cm，来阻止黏虫的转移，落到沟里的黏虫通过喷施农药进行杀死。

图 7–18　黏虫受惊假死状态

（3）生物防治　黏虫低龄幼虫期用生物制剂防治，量少且不污染环境，既对农作物安全，又保护天敌，用 5% 灭幼脲 3 号悬浮剂 50mL/ 亩，兑水 30kg 均匀喷雾。或用生物农药白僵菌防治。投放赤眼蜂，或鸟类、蝙蝠、蜘蛛、蛙类等对黏虫有一定的自然控制作用。

（4）化学防治　黏虫的防治适期为 2 ～ 3 龄幼虫盛期，可交替使用不同类型药剂进行挑治。可选用 10% 虫螨腈乳油 1 000 倍液、3% 甲氨基阿维菌素苯异酸盐微乳剂 1 500 倍液、150g/L 茚虫威悬浮剂 1 000 倍液、150g/L 甲氧虫酰肼悬浮剂 1 500 倍液、50% 辛硫磷乳剂 500 倍液。

◎ 176. 黏虫的发生有什么规律？

玉米黏虫是一种迁飞性害虫，不进行滞育，只要环境条件适合，可以连续繁殖。每年春季，黏虫从南方迁飞到北方为害玉米，8 月左右成虫羽化，成虫再迁飞到淮海地区。成虫需要通过取食花蜜进行补充营养，对于黑光灯和酸甜的气味具有正趋性。成虫白天隐藏起来，傍晚开始进行活动，交尾之后产卵，一头雌虫一生可产卵 1 000 ～ 2 000 粒，最多能达到 3 000 多粒，产卵数量较多，产卵之后趋光性更强，趋化性减弱。当温度为 15 ～ 30℃，相对湿度为 90% 时，最适合成虫产卵，黏虫最喜欢在玉米中部叶片尖端或枯黄的叶片上产卵，其次为玉米花丝和苞叶上。

卵为块状，每块卵一般为几十到上百粒，3 ～ 4d 就能孵化出来。黏虫的 1 ～ 2 龄幼虫为聚集为害，常隐藏在芯叶中，取食量较小，不易被发现，仔细观察可见黑色虫粪，3 龄之后食量增加，5 龄以上进入暴食阶段，取食量可达一生总量的 85% 以上。

幼虫多在夜间活动，具有假死性，一经触动，蜷缩在地，稍停后再爬行为害，当虫口密度较大时，4 龄以上幼虫可以群集转移为害。老熟幼虫停止取食，进入土中 3 ～ 4cm 处进行化蛹。黏虫抗寒能力较差，当温度达到 0℃时，每个虫态在 30 ～ 40d 就会死亡，当温度降到 -5℃时，几天后就会死亡，温度过高，达到 35℃时也不利于黏虫的生存。最适宜温度为 10 ～ 25℃，湿度为 85% 以上。降水量较多，空气湿润有利于黏虫的发生，高温干旱不利于发生，另外水肥条件好、生长茂盛的地块黏虫发生严重。

◎ 177. 玉米田杂草的种类和发生规律是什么？

玉米田中的杂草有单子叶植物也有双子叶植物，一般情况下都是混生在一起的，主要种类有马唐、稗草、刺儿菜、狗尾草、龙葵、藜、田旋花、苘麻、芥菜、芦苇、牛繁缕和马齿苋等。具体不同玉米种植区的杂草分布，见表 7–1。

表 7–1　玉米田杂草的分布

草害区	地区	主要杂草
春玉米田	黑龙江、吉林、辽宁等	稗草、马唐、狗尾草、龙葵等
黄淮海夏播玉米田	河北、河南、陕西、山东等	马齿苋、牛筋草、田旋花、苘麻等
长江流域玉米田	长江流域及浙江南部等	牛筋草、千金子、牛繁缕、婆婆纳等
华南玉米田	广东、广西、福建等	稗草、香附子、狗尾草、野花生等
云贵川玉米田	云南、贵州、四川等	辣子草、芥菜、金狗尾、刺儿菜等
西北玉米田	甘肃、新疆、青海等	藜、苦荬菜、灰绿藜、冬寒菜、芦苇等

我国的玉米分为春玉米和夏玉米，因播种时期不同，杂草的发生种类和特

点等特征都不相同。春玉米在春季播种，播种时温度比较低，玉米生长缓慢，给杂草留下了很大的生存空间，有利于其发生，杂草可以从玉米播种开始就大量发生，随着温度的升高大发生，发生时期会持续很长一段时间。夏玉米播种时，温度比较高，玉米和杂草都生长较快，在湿度比较大的地区杂草出土时间更为一致，一般播种后 10d 就会出现高峰期，15d 时大部分杂草都会出苗。

玉米田中杂草的发生往往与气候条件、耕作制度有关。降雨或是灌溉过后有利于杂草的生长，会出现杂草大面积发生，如果气候和土壤较为干旱时，不利于杂草发生，或发生不整齐。不同的耕作条件下，杂草发生的种类和数量不相同，一般单子叶杂草居多，在管理粗放的区域杂草数量会相对较多。

◎ 178. 如何防除玉米田杂草？

防除玉米田杂草要抓住其防治适期，玉米苗期由于玉米较小，留下的空间较大，有利于杂草的发生，此时杂草对于玉米的危害比较严重；玉米生长后期植株比较高大，留下的空间减少，不利于杂草的发生，对玉米的危害变轻。杂草在其嫩芽及幼苗期对除草剂较为敏感，而杂草大的时候对除草剂的抗药性较强，防除没效果。因此要抓住玉米播后苗前和苗后早期两个防除关键时期进行化学除草。

玉米田除草可以使用一些农业方法进行防除。例如，中耕除草、人工除草、轮作倒茬、深翻整地和消灭杂草种子等方式，主要使用化学除草，具有省工省时，防除效果好等特点。

（1）玉米播后苗前除草　此时采用的是土壤封闭处理，将除草剂制成毒土施在土壤表面，在土壤表面形成一层药层，能够将出土的杂草幼苗杀死。可以使用 50% 乙草胺乳油 60mL/ 亩，或 43% 甲草胺乳油 240 ～ 300mL/ 亩，或 72% 异丙甲草胺乳油 120 ～ 200mL/ 亩，加水 50kg 进行土壤喷雾。

（2）玉米苗后除草　玉米苗后除草是进行茎叶处理，使用选择性除草剂可以喷在玉米和杂草上，如果是灭生性除草剂，注意只能喷在杂草上，不能沾到玉米，需要使用保护罩。可以在禾本科杂草 2 ～ 4 叶期时用 40% 乙・阿合剂 200 ～ 250mL/ 亩，或 4% 烟嘧磺隆乳油 100 ～ 130mL/ 亩，加水 50kg 进行喷雾。要选择晴朗无风的天气施药，温度不要过低，喷雾时雾滴要细小均匀，避免重喷和漏喷。

玉米田使用除草剂时要注意，如果施药地块土壤有机质含量比较高，需要提高除草剂的使用剂量，最大剂量为推荐使用剂量的上限；土壤含水量高时，防除效果较好，土壤干旱会影响除草剂药效的发挥，因此最好在雨后进行施药，如果干旱无雨，可以通过灌溉提高土壤含水量，再进行施药。不要随意加大使用剂量，严格按照说明书使用，避免对农作物产生药害，施药后要及时清洗施药器械，以免下次使用时产生药害。使用莠去津等持效期长的除草剂，后茬农作物不要种植豆科和十字花科农作物，以免产生残留药害。

◎ 179. 玉米抽薹和甩鞭的原因是什么？如何进行补救？

玉米抽薹和甩鞭的主要症状为玉米出苗之后叶片不能伸展，成扭曲状，成株期弯曲呈牛鞭状，雄穗没有办法抽出，出现此种现象与玉米品种和环境条件有着密切的关系。其原因有以下几个，首先，有玉米苗期遇到低温冷害，致使芽鞘受伤，小苗扭曲无法伸展开；其次，还有玉米苗在出苗时遇到风力较大的天气，将叶舌吹坏、叶片受损，叶片不能伸长而扭曲；再次，就是使用除草剂不当造成的药害；最后，使用除草剂时遇到不良天气条件，导致玉米抗逆性降低而产生药害。

补救方法：如果是玉米苗期发生芽鞘、叶片损伤而不能生长的，可以进行间苗补苗，去除病苗和病株。稍大的玉米可以将主株去除，留下分蘖株。成株期由于叶片扭曲而无法抽雄的，可以通过人工将叶片扒开，使雄穗露出。

◎ 180. 玉米为何会出现“黄脚”？

玉米出现“黄脚”主要是一种生理性病害，一般发生在玉米的生长后期，主要原因是没有及时追肥使玉米缺氮脱肥，因此玉米叶片功能减退，影响光合作用，使玉米穗变小，千粒重下降，玉米品质下降；还有一种情况就是当年雨水过大，使土壤肥料随着雨水流失，从而出现“黄脚”现象。预防“黄脚”的措施是在玉米的大喇叭口期追肥，尿素 25 ～ 30kg/ 亩，在上部盖 10cm 的土层，及时补充氮肥，防治出现“黄脚”现象。

◎ 181. 玉米“秃尖”的原因是什么？如何预防？

玉米穗顶部不结粒的现象称为“秃尖”，出现“秃尖”有几个原因，一是由于干旱或是缺肥等不良因素影响顶部花的发育，致使顶部不结实；二是由于玉米抽雄之前遇到高温、干旱天气，雄穗和雌穗生长期不一致，没有相遇，使得授粉不良而影响结实；三是种植过密，影响田间通风透光性，此时硬粒型的品种就会出现“秃尖”。要想预防玉米“秃尖”，遇到干旱时要及时灌溉，可以有效缓解，当气候高温干旱时，可以把花丝剪短至 1.5 ～ 2cm，而且是前短后长的形状，有利于授粉，可预防“秃尖”现象出现（图 7–19）。

图 7–19　玉米秃尖

◎ 182. 玉米发生药害主要有哪些症状?

玉米在使用化学防治，由于农药混用或使用不当，遇到不良天气，农药会对玉米的生长发育产生影响，造成玉米药害，其主要症状（图 7–20 ～图 7–23）有几下几种：

（1）产生斑点　当药害发生在叶片和茎秆的时候，会产生叶斑，表现为黄斑、褐斑、枯斑等，这些斑点与玉米叶斑病的斑点不同，药害产生的斑点没有任何规律，有大有小，有轻有重，形状也千变万化，发生时注意鉴别。

（2）发生黄化　黄化主要发生在叶片和茎秆上，由于农药喷施在叶片上影响叶绿素的合成，发生黄化，降低了光合作用，严重的时候整个植株都会变黄，还会逐渐变枯，如果天气晴朗，药害发生迅速，天气多阴雨则药害发生缓慢。

（3）形成畸形　药害引起的畸形可以发生在植株的各个部位，叶片上会发生卷叶、丛生，根部会表现为肿根，穗部会变为畸形穗，药害引起畸形比较常见，一般以局部表现症状为主。

（4）发生枯萎　药害引起的枯萎症状往往是在整个植株上表现出来的，主要是除草剂产生的药害，整个植株先黄化后枯萎，没有发病中心，根茎上不能观察到褐变。

（5）生长停滞　玉米在受药害后，尤其是除草剂药害，生长会受到抑制，根据受药害的不同而导致生长停滞的程度不同。

图 7–20　玉米药害症状（一）

图 7–21　玉米药害症状（二）

图 7–22　玉米药害症状（三）

图 7–23　玉米药害症状（四）

◎ 183. 玉米发生“白化苗”是怎么回事？

玉米在出苗以后，如果表现出整个植株为白色，称为“白化苗”。“白化苗”是一种遗传病，与土壤肥力、营养状况和气候条件都没有关系，控制“白化苗”的基因为阴性基因，控制绿色的基因为显性基因，正常情况下控制“白化苗”的阴性基因是被控制绿色的显性基因所遮盖的，当田间自交机会比较多的时候，就会出现两个控制“白化苗”的阴性基因相结合，这时阴性基因就会显现出来，就会出现“白化苗”（图 7–24）。

图 7–24 玉米“白化苗”

在制种田中出现“白化苗”的现象较多，如果种植田中出现“白化苗”则是因为种子的亲本性状不稳定所致。“白化苗”不能产生叶绿素，不能进行光合作用，当种子中的养分消耗完，20 ～ 30d 后就会死掉。“白化苗”在田间很容易识别，当田间出现时可以及时去除，不会造成损失，只有当单粒播种时，如果发生“白化苗”并去除，会造成缺苗，所以在种植时尽量避免单粒播种。

◎ 184. 玉米发生“红叶”是怎么回事？

玉米发生“红叶”主要有两种情况。

（1）玉米苗期，玉米苗叶尖和边缘褪绿，出现暗红色，这时主要是由于气温比较低，幼苗根部生长不良，土壤中的养分释放较慢，根系无法吸收氮、磷养分，导致玉米缺乏营养而形成红叶（图 7–25），一般春季播种后气候比较寒冷，或地势低洼，或土壤养分过低都会引起红叶。

图 7–25 玉米缺氮、磷红叶

（2）在玉米蜡熟期，由于玉米螟钻蛀到玉米茎秆当中，破坏玉米的输导组织，使上部叶片光合作用的产物没有办法向下运输，当光合作用产生的糖分过多时，会造成玉米代谢失调，产生花青素，导致叶片变红（图 7–26）。

图 7–26　玉米螟为害造成红叶

第八章 水稻病虫草害

◎ 185. 水稻稻瘟病有哪些症状表现？

稻瘟病作为水稻三大病害之一，病菌侵染后将严重影响水稻的正常生长，特别是光合作用减弱，导致水稻减产或者品质降低。据统计，一旦发生大面积感染，轻者减产 10% ～ 20%，重者减产 40% ～ 50%，更甚者颗粒无收，因此稻瘟病的为害是非常巨大的。

（1）叶瘟　叶瘟发生的主要位置为水稻叶片，少量为害叶鞘。分蘖期到拔节期尤其容易发生叶瘟，叶瘟包括白点型、褐点型、慢性型以及急性型等，其中慢性型与急性型最为常见。白点型病斑：嫩叶发病后，产生白色近圆形小斑，不产生孢子。褐点型病斑：多在老叶上产生针尖大小的褐点，只产生于叶脉间，产生少量孢子。慢性型病斑：开始在叶上产生暗绿色小斑，逐渐扩大为梭形斑，常有延伸的褐色坏死线。病斑中央灰白色，边缘褐色，外有淡黄色晕圈，潮湿时叶背有灰色霉层，病斑较多时连片形成不规则大斑（图 8–1）。急性型病斑：在叶片上形成暗绿色近圆形或椭圆形病斑，叶片两面都产生褐色霉层。

图 8–1　水稻稻瘟病叶瘟

（2）节瘟　节瘟易在稻株底部出现，早期在稻节上形成棕色小点，逐渐延伸至全节，后节部糜烂或塌陷，干旱时病部易碎。早期发生时可引起白穗，叶枕瘟主要出现在叶基部的叶耳、叶环和叶舌上，初期的病斑为灰绿色，后呈灰白色至灰褐色，在受潮时生霉，最后可导致植株患病和枯死。

（3）穗颈瘟　穗颈瘟（图 8–2）多发于穗颈、枝梗和穗轴等多个部位。在发病初期患病部位常常出现浅褐色的水渍状小斑点，随着病情的发展病斑逐渐扩大，最终导致穗颈节出现坏死的情况。如果穗颈瘟发生较早，常常容易导致白穗的出现（图 8–3）；如果发病较迟，则常常引起籽粒的干瘪，进而对产量造成影响。当前针对穗颈瘟并无有效的药剂，因而必须提前对其进行有效预防。

（4）谷粒瘟　水稻谷壳与护颖较易发生谷粒瘟，发病严重时还会导致水稻籽粒呈黑色。发病较早的谷粒瘟，谷壳会出现椭圆状病斑，中间为灰白色，之后谷粒逐渐干瘪。发病较晚的谷粒瘟，会出现不规则褐色斑点或椭圆形斑点。若护颖发生谷粒瘟，则会变为褐色。

图 8–2　水稻稻瘟病穗颈瘟

图 8–3　水稻稻瘟病导致白穗

◎ 186. 何种情况下水稻稻瘟病发生较重？

水稻稻瘟病是一种真菌性病害。真病原是稻梨孢，属于半知菌亚门，有性态为子囊菌亚门。在自然界中，稻梨孢以分生孢子和菌丝体在田间稻草内越冬，还有一部分在稻谷中越冬，翌年成为稻瘟病的初侵染源。不同水稻品种在稻瘟病的抗病性表现上存在明显差异，主要和水稻叶片的硅化程度相关，硅化层越厚，病原菌越不容易侵染水稻，反之，则容易侵染。一般情况下，粳稻的抗病性比籼稻强，晚熟品种的抗病性强于早熟品种。在水稻不同的生育期中，抗性也不相同，在幼苗期、分蘖期和孕穗期会比较容易感染稻瘟病。施用氮肥较多，会导致水稻的碳氮比和硅化程度降低，导致水稻抗病性降低，易感病。田间湿度大时，水稻也容易感染稻瘟病，水稻种植密度过大，导致田间通风透光性差，会使湿度散发不出去，导致稻瘟病严重；另外，如果田间长期水位过高，会使田间湿度过大，土壤温度降低，根系生长缓慢，发育不良，生长细弱，抵御稻瘟病的能力减弱，因此稻瘟病发病较重。

◎ 187. 如何有效防治水稻稻瘟病？

（1）农业防治　最好选择抗稻瘟病的水稻品种，这是一种最经济、最有效的防治方法，同时要注意种子的抗旱能力、抗倒伏能力、防治其他病虫害等。将种子进行处理，可以选择包衣、浸种、拌种等方法，能够有效防治种子在幼苗阶段的病虫害。施肥时，要根据土壤情况进行合理的控制，使用测土配方施肥，控制好氮肥的施用量，增施磷钾肥，还要注意中微量元素的施用，保证水稻在生长生殖的过程中得到充足全面的营养，提高水稻的抗病性和抗逆性，从而提高水稻的品质和产量。如果施用有机肥，可以购买商品有机肥或是充分腐熟的农家肥、饼肥和绿肥等。水稻生活在水中，水分管理也起到至关重要的作用，应保证水稻生长中所需水分，但也要注意避免水分过多的情况。

（2）生物防治　防治水稻稻瘟病的生物药物主要包括植物源和微生物源两类。植物源生物药物可用香椿屑浸出液、黄柏屑浸出液、福尔马林、食盐和克霉灵杀菌剂混合制成，利用植物中的有效成分预防和处理水稻稻瘟病，作用效果较好，且能够在一定程度上抑制稻瘟病的复发。微生物源生物药物可用相关的微生物菌剂，如假单胞菌、放线菌和木霉属真菌等混合制成，这些微生物菌剂对稻瘟病原菌有较强的抑制作用，能够显著降低稻瘟病的发病概率。

（3）化学防治　防治叶瘟时，应在水稻分蘖期强化田间检查力度，预防长势繁茂或上年度重发稻瘟病的区域，一旦发现发病症状应立即喷药防治，一般兑水喷雾40%稻瘟灵乳油，用量为600～750kg/hm^2。如果田间发生叶瘟、苗瘟，可以利用40%稻瘟灵乳油1 800～2 250倍液、75%三环唑悬浮剂900倍液、2%春雷霉素水剂1 500倍液，兑水喷洒，发病严重的区域应多喷施，若喷药后下雨，还应重新喷施。需要注意的是，水稻叶瘟与苗瘟的发生与气候存在直接关系，当遇到连续阴雨天、湿度较大、空气流通不畅时，种植人员应及时用药，以免造成扩散。

穗颈瘟防治时，注意以预防为主，使用的化学农药主要包括三环唑、吡唑醚菌酯、咪鲜胺等。其中，三环唑使用范围广、效果相对稳定，对稻瘟病的防治效果相对较好。使用75%的三环唑可湿性粉剂450g/hm^2，兑水450kg防治，可以达到良好的防治效果。为防止病害产生耐药性，需要轮换使用不同的农药。值得注意的是，化学防治操作不当会对环境和自然生态造成不良影响，因此对农药的具体用量必须严格管理和控制。

◎ 188. 如何识别水稻纹枯病？

水稻纹枯病发病主要部位是茎部和叶鞘，当水稻叶龄处于倒二叶时，田间进入封行阶段，菌核（图8–4）在水面漂浮，吸收膨胀形成子囊盘，立枯丝核菌向茎秆弹射及侵染，距离水面近的茎秆处产生暗绿色水浸状边缘模糊小斑，后渐扩大呈椭圆形或云纹形，中部呈灰绿色或灰褐色，湿度低时中部呈淡黄色或灰白色，中部组织破坏呈半透明状，边缘暗褐色（图8–5）。发病严重时，数个病斑融合形成大病斑，呈不规则云纹斑状。后期侵染叶片和穗颈部，严重时造成白穗。

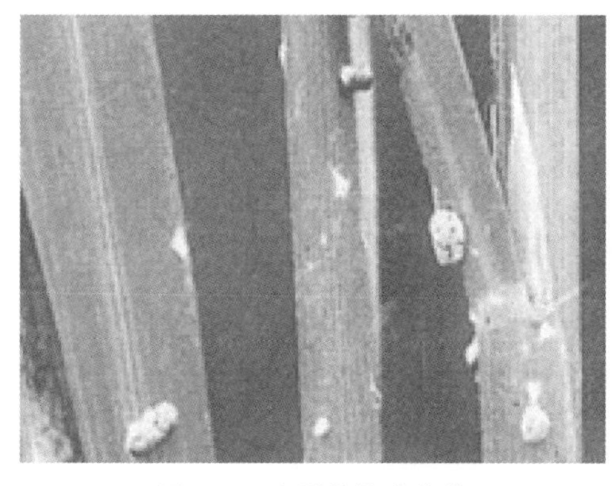

图 8-4　水稻纹枯病菌核

图 8-5　水稻纹枯病

◎ 189. 水稻纹枯病的发生特点是什么？

水稻纹枯病是一种真菌性病害，其病原菌主要以菌核在土壤中越冬，成为翌年病害主要侵染源。其次以菌丝体和菌核在病稻草、杂草中越冬，成为翌年的初侵染源。再次侵染源主要是田间病株，病菌借菌丝摩擦接触传染或借菌核随水流传播。越冬菌核漂浮于水面，插秧后随水面漂流附着在稻株基部叶鞘上，在适温、高湿条件下，菌核萌发长出菌丝，从叶鞘缝隙进入叶鞘内侧，先形成附着孢，通过气孔或穿破表皮侵入，并向外长出菌丝，蔓延至附近叶鞘、叶片进行再侵染。纹枯病主要发生在水稻的茎下部，不容易观察到，而感染性强，传播范围较大，一旦条件适宜可以大面积发生，造成的为害较大。水稻纹枯病会形成菌核，随着灌溉浮到表面并附着在水稻上，随着气温达到 20℃以上，田间湿度超过 90%，水稻进入拔节期，这是纹枯病病菌繁殖的最佳温度，病菌繁殖速度逐渐加快，对水稻的为害程度也越来越高。一些地方水利设施还不完善，在水稻种植过程中排水不畅，不能很好地做到晒田和灌水相结合，导致水稻水分管理不科学，因此容易发生水稻纹枯病。施用氮肥过多，造成水稻营养生长过剩，水稻对病原菌的抵抗能力变差。光照对于水稻纹枯病具有较好的抑制作用，光照充足，会抑制水稻纹枯病的发生，反之如果光照不足，则容易发生水稻纹枯病，因此种植密度过大或是种植在较为阴暗的地区水稻纹枯病的发病率就会大大增加。

◎ 190. 水稻纹枯病如何进行综合防治？

（1）*农业防治*　选用抗病水稻品种是防治水稻纹枯病最为经济、可靠、环保的方法。根据各稻区的生产特点，筛选具有高抗病、高产、优质、熟期适中、分蘖能力适中且株型紧凑等性状的水稻品种。高温、高湿容易发生水稻纹枯病，因此要在水稻收获后将杂草和病稻草等清除到田外集中处理，并清除土壤表面的其他覆盖物质进行晒田，从而抑制病原菌的寄生；在泡田时将田中的杂物打捞干净，尤其是要及时对菌核进行打捞，避免病原菌继续侵染水稻，切断病原菌的传播途径；种植水稻时要合理密植，保持田间通风透光，避免长期深水灌溉，保证水稻健壮生长；注意控制氮肥的施用，增施磷钾肥，增强水稻的抗病能力，同时要注意中微量元素的施用，尤其是硅元素的施用，可以增强水稻的硅化层，增强抵御病原菌的能力，预防水稻纹枯病。

（2）生物防治　真菌、放线菌以及细菌等一部分有益的微生物对纹枯病有着强烈的拮抗作用。其中，哈茨木霉对纹枯病的防治效果很好，成功率在64% ～ 72%；细菌类的禾长蠕孢菌及其代谢产物，可以100%防治纹枯病。另外，目前以链霉菌为主要成分的抗生素已经成为防治水稻病虫害的常见菌源。

（3）化学防治　可以使用18%苯甲・丙环唑水分散粒剂、300g/L苯甲・丙环唑乳油、40%氟环・多菌灵悬浮剂、125g/L氟环唑悬浮剂、23%醚菌・氟环唑悬浮剂、45%戊唑・醚菌酯水分散粒剂、19%啶氧菌酯・丙环唑悬浮剂、75%肟菌・戊唑醇水分散粒剂、30%三环・己唑醇悬浮剂等。水稻纹枯病第一次防治时期为水稻分蘖末期封行时，第二次防治时期为病丛率在20%～30%时。不同作用机制的农药品种轮换和交替使用，防止产生抗药性，延长化学农药的使用寿命。

◎ 191. 稻曲病的发生症状是什么样的?

稻曲病的主要症状是在谷粒上形成稻曲球，发病之前无明显症状，只能在稻曲球出现后才能鉴别。稻曲病病菌最先侵入颖花，在颖壳内不断形成菌丝小块。菌丝块逐渐膨大，使谷壳从内外颖合缝处裂开，露出孢子座，孢子座聚集并将颖壳包裹起来形成“稻曲”。此时稻曲呈扁球形，比健粒大数倍，外包薄膜，表面光滑。灰白色包膜破裂，散露出墨绿色带黏性粉状厚壁分生孢子，不易随风飞散。稻曲球老熟，表面龟裂，外层墨绿色，风雨吹打易脱落（图8–6）。

图8–6　水稻稻曲病

◎ 192. 稻曲病的发生特点是什么?

稻曲病病原菌为稻绿核菌，属半知菌亚门真菌。稻曲病病菌主要以附着在水稻种子表面或落入田间的厚垣孢子越冬，也可以菌核在土壤中完成越冬。越冬菌核在翌年温湿度适宜的时候发育成子实体并产生大量的子囊孢子，形成初侵染源。水稻破口初期的嫩颖最容易遭受侵染，而花序是最容易受到侵染的部位。水稻矮秆品种比高秆品种易感病，糯型品种感病重于粳型、粳型重于籼型，晚熟品种比中熟品种和早熟品种易感病，穗大、剑叶角度小、叶片宽的品种易感病，直立穗型比弯曲穗型和半直立穗型易感病，颖壳表面无茸毛的品种比粗糙有茸毛的易感病。降雨较多、日照少，田间湿度大，有利于病菌繁殖。栽培管理粗放，存在偏施氮肥、重施穗肥、氮磷钾比例失调、插秧密度过大、水利设施落后、排水困难、长期灌深水等问题，导致水稻营养生长过旺、叶片披散、群体茂盛、田间荫蔽、通风透光差、茎秆韧度差，在长期淹水情况下根系呼吸能力变弱，抗性下降，有利于稻曲病菌的滋生。

◎ 193. 如何防治水稻稻曲病？

（1）农业防治　选用抗病品种是防治稻曲病发生的有效措施，会在一定程度上减轻稻曲病的发生。水稻收割后要进行深翻土地，尤其是发病重的稻田，通过深翻可以将病菌埋入土中，消灭菌源。水稻播种前要清除田间杂草、病残体和田间的病源物，减少发病的机会。要合理施肥，氮、磷、钾肥要配合使用，避免偏施氮肥，防止氮肥施用过量、过迟。改善田间气候条件，适当稀植，增加通风透光性，创造不利于病害发生的田间气候条件，从而减少病害的发生。

（2）化学防治　由于稻曲病的发病时间比较集中，一旦发病便无药可治，所以防治时期非常关键，一般采用两次施药法，在水稻破口前 7 ～ 10d 第 1 次施药，在水稻破口期第 2 次施药以巩固防治效果。药剂使用如下：5% 井冈霉素水剂 1 800 ～ 2 400mL/hm^2，兑水 750kg 喷雾，或 43% 戊唑醇悬浮剂 180 ～ 240mL/hm^2，兑水 750kg 喷雾，或 50% 多菌灵可湿性粉剂 1 800 ～ 2 400g/hm^2，兑水 750kg 喷雾等。防治稻曲病的药剂较多，可以复配使用，综合防治水稻其他病害，达到综合防治的效果。

◎ 194. 水稻白叶枯病症状有哪些？

水稻白叶枯病是一种细菌性病害，我国华东、华中和华南地区为常发性病害，使水稻叶片干枯，千粒重下降，水稻减产 10% ～ 30%，严重可达 50% 以上，甚至绝收。水稻白叶枯病（图 8–7）主要为害叶片，根据水稻品种的抗病性不同和气候因素，会表现出不同的症状，主要有叶枯型、凋萎型和黄化型。

图 8–7　水稻白叶枯病

（1）叶枯型　叶枯型还分为普

通型和急性型。

①普通型　这种类型是水稻白叶枯病最典型、最常见的症状，受害叶片从叶边开始产生绿色水渍状病斑，逐渐向里面伸展成为灰色或枯黄，可以明确分出病、健部，当空气湿度大时，在其病部可以观察到黄色菌脓。

②急性型　这种类型主要发生在感病品种上，当气候条件适宜该病发生时产生的症状，叶片由绿色病斑迅速扩展为青灰色，像开水烫过一样，预示着将要大发生。

（2）凋萎型　主要发生在移栽田返青分蘖期和后期，受害水稻心叶先失水枯萎，之后其他叶片也枯萎，常常整丛水稻死亡。在病死植株茎秆里面会观察到黄色菌脓，受害心叶里面也可以观察到黄色菌脓。

（3）黄化型　主要发生在热带稻区，受害心叶变为淡黄色，而老叶为绿色，病叶上检测不到菌脓，只有在节间和茎部能够发现。

◎ 195. 什么情况下容易发生水稻白叶枯病？

白叶枯病的发生程度与水稻品种、气候条件及水肥管理密切相关。

（1）水稻品种　不同的水稻品种对白叶枯病的抗性不同，抗性品种的发病减轻或不发病，感病品种发病较为严重。

（2）气候条件　水稻白叶枯病喜欢高温、高湿的环境，温度 26 ～ 30℃适合白叶枯病的发生，高于 33℃或低于 17℃不利于其发生；降水量多、空气潮湿等气候条件，白叶枯病容易大发生。

（3）水肥管理　如果长期水位过高，尤其是拔节期之后，灌深水时间长、次数多，白叶枯病发生就重。氮肥施用过多、过迟使水稻生长旺盛，贪青晚熟，发病较重。

◎ 196. 如何防治水稻白叶枯病？

防治水稻白叶枯病要采用综合防治措施，包括选用抗病品种、农业防治和化学防治等措施。

（1）选用抗病品种　这种方法是最简单易行，经济安全的防治方法，使用抗病品种可以使病害发生明显减轻。

（2）农业防治　选择无病田留种，并且精选种子，要选用籽粒饱满的优良种子，并做好种子处理。加强田间管理，合理均衡施肥，水层不要过深，适度晒田，及时清除田间杂草，减轻白叶枯病的发生。

（3）化学防治　定期调查和监测白叶枯病发生情况，发现发病中心的时候要采用药剂防治，可以使用 30% 噻森铜 70 ～ 85mL/ 亩喷雾或 50% 氯溴异氰尿酸可溶粉剂 22 ～ 56g/ 亩进行喷施，如果发病严重需要隔 5 ～ 7d 施用一次，可施用 2 ～ 3 次。注意要轮换使用不同机制和不同方式的药剂，避免病原菌产生抗药性。

◎ **197. 水稻二化螟的发生特点是什么?**

二化螟（图 8-8，图 8-9）为鳞翅目螟蛾科，是水稻上的一种常发性、钻蛀性害虫，可以造成水稻减产 5% ～ 10%，发生严重时可以达到 50% 以上。初孵幼虫集中在叶鞘中为害，造成水稻枯鞘，2 龄以后分散钻蛀到茎秆中为害，分蘖期造成枯心，孕穗期造成枯穗，抽穗期造成白穗。

不同地区二化螟发生的代数不同，气候适宜发生代数多。二化螟以老熟幼虫在水稻根茬和稻草中越冬，不同场所中越冬幼虫的发育进度不同，因此会出现不同的蛾峰。一般情况粳稻受害比较轻，而杂交水稻叶色嫩绿，二化螟喜欢在上面产卵，发生严重。春季气温高，有利于二化螟发生，如春季雨水多则不利于二化螟发生。早稻和单季稻播种早，有利于二化螟发生，在自然界中二化螟的天敌比较多，有稻螟赤眼蜂、螟黄赤眼蜂，还有姬蜂和寄生蝇等，都可以控制二化螟的数量。

图 8-8 水稻二化螟幼虫

图 8-9 水稻二化螟成虫

◎ **198. 如何防治水稻二化螟?**

（1）选用抗虫品种　根据当地的实际情况，选择适合的抗虫品种，淘汰或是减少感虫的水稻品种的种植面积，减少二化螟的虫源基数，减少化学防治用药量。

（2）农业防治　以农业防治作为防治的基础，通过减少越冬虫源、调整播期、采用旱育秧、灌水灭蛹等方式减轻二化螟的为害。

①减少越冬虫源　在水稻收获之后，要及时进行深翻整地，消灭水稻根茬，将越冬幼虫翻入地下杀死；将稻草运出田外处理，并消灭水稻田周围的杂草等二化螟越冬场所，减少二化螟越冬基数，降低二化螟翌年为害程度。

②调整播期　种植单季稻的地区可以适当延迟播种时期，使水稻苗期避开一代二化螟产卵盛期，减少二化螟的产卵量，减轻二化螟的发生和为害。

③采用旱育秧　和水育秧相比，采用旱育秧会降低二化螟的产卵量，从而减少幼虫的数量。

④灌水灭蛹　可以在二化螟幼虫老熟时将水排出，幼虫会在根系附近化蛹，

再灌水 3d 左右，可淹死大多数的蛹，降低虫口数量。

（3）生物防治 可以采用混合赤眼蜂防控二化螟的卵，采集当地的优势赤眼蜂种群进行扩繁，或是直接购买当地试验示范过的赤眼蜂种群（图 8–10）。一般稻螟赤眼蜂和螟黄赤眼蜂的寄生效果较好。可以在二化螟成虫羽化盛期第一次释放赤眼蜂，每 5 ～ 7d 释放 1 次，共释放 3 次（图 8–11）。需要注意的是不要在下雨天气释放赤眼蜂，会影响赤眼蜂的成活率和对二化螟的寄生。

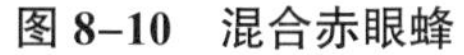

图 8–10 混合赤眼蜂

图 8–11 混合赤眼蜂释放到水稻田中

（4）物理防治 可以通过使用太阳能杀虫灯和性诱剂诱杀虫二化螟成虫，降低下一代的虫口密度。

①太阳能杀虫灯 二化螟的成虫具有趋光性，可以使用太阳能杀虫灯（图 8–12）诱杀二化螟的成虫，在二化螟成虫羽化之前开始放置，平均 2 ～ $3hm^2$ 放置 1 台，可以明显降低下代幼虫的数量，最好使用具有智能设备的杀虫灯，可以自动开灯、关灯，节省人工成本，注意检查集虫袋，及时处理，还要将杀虫灯周围的电网进行定期清理。

图 8–12 太阳能杀虫灯

②性诱剂诱杀 自然界中雌蛾会释放性信息素引诱雄蛾前来交配，将性信息素制作成诱芯放到诱捕器中，引诱雄虫并将其捕获，降低雌雄交配，减少后代的数量（图 8–13，图 8–14）。可以平均 1 亩地放置 1 套，要随着水稻的生长高度调节诱芯的高度，最好使用长效诱芯，避免频繁更换诱芯，省时省力。

图 8-13　水稻二化螟性诱剂

图 8-14　水稻二化螟性诱捕器诱集二化螟

（5）化学防治　要着重防治一代幼虫，全面的压低虫口基数。可以在卵孵化盛期使用 20% 氯虫苯甲酰胺悬浮剂 10mL/ 亩，或 10% 杀虫双水剂 250 ～ 300mL/ 亩，加水 50kg 进行喷雾。虫口密度较大时可以 5 ～ 7d 再喷施 1 次。注意根据当地的用药习惯和用药历史选择适宜的药剂品种，注意轮换使用不同作用机制和农作物方式的药剂，延缓二化螟产生抗药性，优先选用生物农药和高效低毒农药，最好使用持效期长的药剂，可以减少农药使用次数和使用量。使用药剂防治后要注意 3 ～ 5d 内保水 3 ～ 5cm，可以得到理想的防治效果。

◎ 199. 稻纵卷叶螟有哪些习性?

稻纵卷叶螟为鳞翅目螟蛾科，是水稻上的一种常发性害虫，以幼虫取食水稻叶肉为害，2 龄幼虫可以把叶片卷成筒状，留下表皮，形成白叶，发生严重时，可见稻田满是白叶，症状明显。严重影响水稻的光合作用，一般可造成减产 10% ～ 20%，严重发生可超过 50%。

稻纵卷叶螟是一种迁飞性害虫。其成虫（图 8-15）喜爱嫩绿叶片，在密闭度高、湿度大的稻田中活动并在其中产卵，剑叶下面的叶片卵量大，叶片背面往往比叶片正面卵量多，因此，施用氮肥过多会导致稻纵卷叶螟发生量大，为害严重。稻纵卷叶螟对不同的水稻品种喜好也不同，喜好叶片较宽、叶片下垂、叶片上没有茸毛的水稻，这样的水稻受害重，反之，受害轻。成虫具有趋光性，主要在夜间活动。幼虫（图 8-16）具有转叶为害的习性，可以为害 4 ～ 5 个叶片，如果遇到阴雨天气或是外界侵扰，为害数目增多；幼虫还具有背光性，常常在傍晚和夜间活动，老熟幼虫在下部叶鞘等处化蛹。

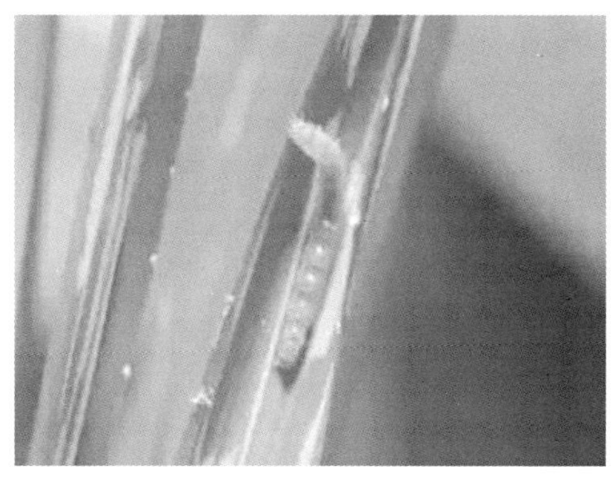

图 8–15 稻纵卷叶螟成虫

图 8–16 稻纵卷叶螟幼虫

◎ **200. 如何防治稻纵卷叶螟?**

防治稻纵卷叶螟要重点防治二代幼虫，应该以农业防治为基础，优先选用生物防治，关键时期使用化学防治将稻纵卷叶螟的为害控制在经济阈值以下。

（1）农业防治 在种植和管理水稻时，要注意选用优良品种、科学施肥、合理密植、科学管水和田间清洁等。

①选用优良品种 由于稻纵卷叶螟对不同的水稻品种喜好不同，应该选用抗虫品种，最好选择叶片又厚又硬，叶片较窄，直立向上，叶面多茸毛的品种，使稻纵卷叶螟不易在上面产卵和为害，从而减轻对水稻的为害。

②科学施肥 要注意控制氮肥的使用量，避免植株猛长，导致叶片嫩绿，稻纵卷叶螟喜欢在上面产卵，还要增施磷钾肥和微肥，培育壮苗，提高水稻的抗虫性，也能避免水稻后期贪青晚熟。

③合理密植 在种植水稻时，要根据水稻品种选择合适的种植密度，不要为了追求产量，过量密植，使植株柔弱，田间郁闭湿度大，有利于稻纵卷叶螟的发生。

④科学管水 在幼虫孵化的高峰期，可以适当排水，降低田间湿度，不利于幼虫的发生；还可以在化蛹的高峰期灌深水 2 ～ 3d，可以杀灭大量的蛹。

⑤田间清洁 在水稻收获后，及时将稻茬、稻草、杂草等带出田外集中处理，保持田间干净，消灭稻纵卷叶螟的越冬场所，降低越冬基数，使翌年发生数量减少。

（2）生物防治 可以释放赤眼蜂、使用生物农药、保护自然天敌等来防治稻纵卷叶螟。

①释放赤眼蜂 可以从稻纵卷叶螟的羽化高峰期开始释放赤眼蜂防治稻纵卷叶螟的卵，隔 3d 释放 1 次，共释放 3 ～ 5 次。

②使用生物农药　可以使用生物农药防治稻纵卷叶螟的幼虫，如杀螟杆菌、苏云金杆菌等。

③保护自然天敌　稻纵卷叶螟在自然界有很多天敌，因此，在使用化学药剂的时候要选择对天敌毒害作用小的药剂，或是利用时间和空间差来使用药剂，避免杀伤天敌。

（3）化学防治　在稻纵卷叶螟 2 龄幼虫时防治最佳，此时可以观察到田间大量水稻叶片卷曲。建议使用 2.5% 高效氯氰菊酯乳油 30mL/ 亩，或 48% 毒死蜱乳油 100mL/ 亩，兑水 40kg 进行喷雾，可以选择傍晚或晚间施药，效果较好。施药之前，可以先用扫帚触碰虫苞，幼虫受惊后外出，施药效果更好。施药期田间水分在 3 ～ 6cm，保持 3 ～ 4d 提高防治效果。

◎ 201. 稻飞虱的为害和发生规律如何？

稻飞虱是水稻上飞虱的总称，其中褐飞虱（图 8-17）和白背飞虱（图 8-18）是我国水稻上主要发生种类，条件适宜的情况下为害严重，轻则减产 10% ～ 20%，重则减产 40% ～ 60%，甚至绝收。

褐飞虱成虫和若虫都能够为害，主要聚集在水稻下部，以刺吸式口器吸取水稻汁液，使叶片发黄，下部变黑，有利于纹枯病和菌核病的发生，千粒重下降，瘪粒增加，有的不能抽穗，同时还可以传播一些病毒病。白背飞虱和褐飞虱相似。

褐飞虱只能在温暖的地区越冬，主要在海南、广东、福建等地，其各个虫态都能越冬。能够进行远距离迁飞，到其他地区为害，褐飞虱的雌虫可以产卵 300 ～ 400 粒，其为害程度和迁入时间、数量、温湿度、农作物品种息息相关，一般温暖、湿润的气候有利于其发生。白背飞虱成虫具有趋光性和趋绿性，雌虫可产卵 200 ～ 600 粒，其他与褐飞虱相似。

图 8-17　褐飞虱

图 8-18　白背飞虱

◎ 202. 如何防治稻飞虱？

（1）农业防治 选择抗虫性强的水稻品种；增施有机肥，提高水稻的抗逆能力，平衡施肥，增施微肥，增强水稻的抗性。

（2）生物防治 自然界有许多稻飞虱的天敌，如稻田蜘蛛、黑肩绿盲蝽等，当稻飞虱数量不大时，可以利用天敌控制，不需要进行化学防治。

（3）化学防治 当其他方法不能控制稻飞虱为害时，可以采用化学药剂进行防治，优先选用生物农药和高效低毒农药，要在若虫 3 龄之前进行防治，可以使用 10% 吡虫啉可湿性粉剂 15 ～ 20g/ 亩，或 25% 噻嗪酮可湿性粉剂 50g/ 亩，兑水 50kg 进行喷雾。注意要着重对稻株基部进行施药，施药后要保留一定水层，提高防治效果。

◎ 203. 稻水象甲的外部特征是什么？

稻水象甲成虫体长 3mm 左右，体表被灰褐色鳞片（图 8–19）。喙与前胸背板几乎等长，稍弯，呈扁圆筒形。鞘翅侧缘平行，比前胸背板宽，肩斜，鞘翅端半部行间上有瘤突。雌虫后足胫节有前锐突，锐突长而尖，雄虫仅具短粗的两叉形锐突。蛹长约 3mm，白色。幼虫体白色，头黄褐色；卵圆柱形，两端圆。老熟幼虫体长约 10mm，白色，无足，头部褐色，体呈新月形。

图 8–19 稻水象甲成虫

◎ 204. 稻水象甲的为害特征是什么？

稻水象甲的成虫和幼虫均可为害水稻，成虫食叶，幼虫食根。成虫多在叶尖、叶缘或叶间沿脉方向啃食嫩叶的叶肉，留下下表皮，形成宽约 0.9mm 的长条白斑，长短不等，长度一般不超过 3cm，不破裂，线条笔直（图 8–20）。幼虫在水稻根内和根上取食，幼虫为害最严重。根系被蛀食后变黑或腐烂，植株易倒伏、矮小、黄瘦，造成僵苗。发生虫害的水稻田块一般减产 20%，重发田块可减产 50%～ 70%，甚至绝收。

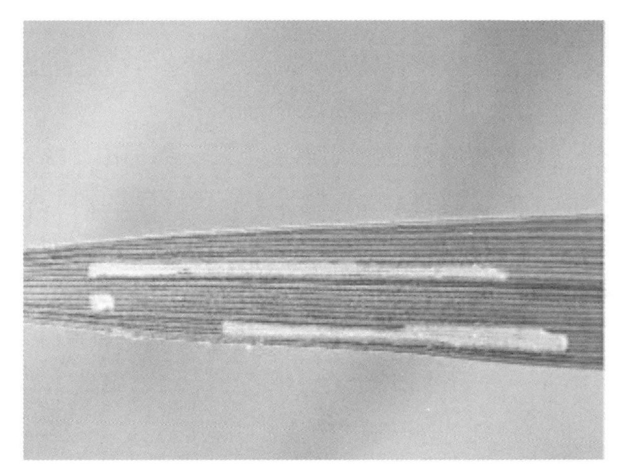

图 8–20　稻水象甲为害状

◎ **205. 如何区分稻水象甲和其他害虫的为害?**

稻水象甲成虫相对较小，不容易查找，所以，应该做好调查为害状有关工作，但有的成虫为害状与其他害虫为害状十分相似，因此，要仔细进行区分。稻水象甲成虫通过沿叶脉方向完成对叶肉的取食，并残存一层表皮，从而形成白色条斑，宽大约为 0.5mm，最长也不超过 3cm，其中白条斑两端相对圆滑，啃食叶子正面。稻潜叶蝇以幼虫为害为主，大多会潜食叶肉，同时也会对上下表皮中的残留进行潜食，而受害叶片大多呈现出不规则形状的白色条斑。

◎ **206. 稻水象甲的发生特点是什么?**

稻水象甲以成虫在路边、田埂、沟畔等土壤表层或枯草、落叶下越冬，可通过自然传播或人为传播扩散。成虫可借风力飞翔扩散；由于成虫有一定的趋光性，可被交通工具、村寨民居的灯光吸引而传播；还可随田水串灌、溪流、洪水、江河漂迁扩散。人为传播主要是成虫混杂于稻谷、稻种、谷壳中，或附着于寄主植物的秆、鲜草上，随调运作远距离传播；也能随稻秧调运进行传播，还可随工业或绿化用土、带土苗木远距离传播。成虫在水稻和杂草上主要取食嫩叶，老叶很少取食，有明显的趋嫩绿习性。一般稻水象甲发生早稻重于晚稻。同一季播种稻田中，早插田比迟插田的为害更加严重些。稻田施氮肥量多，植株长势好更容易吸引成虫吃食，增加田间产卵数量，降低稻田植株病虫害耐抗性，使着稻田受此虫害的影响更为严重。基本上不保水的稻田，该虫害的为害影响也较小。而低洼、泡水农田稻水象甲繁殖力最强，加上这类稻田环境稻苗补偿能力差，受虫害威胁影响更重。

◎ **207. 稻水象甲如何进行综合防治?**

（1）加强植物检疫　由于稻水象甲可通过稻种、稻草、秧苗等传播，所以在调运时，检疫部门应划定检疫区和保护区，禁止对疫区的水稻种子和秧苗进行串换和调运，可有效控制稻水象甲的进一步扩散。对疑似接触过检疫对象的包装物、运输工具、充填物等，在调出前都必须实施检疫，已经接触过检疫对象的必须进行销毁。对已知的稻水象甲发生区提前进行预测预报、普查和防控。

（2）农业防治　根据稻水象甲发生规律，早春清除稻田周围、渠、路两旁的农田杂草或深翻地，抑制稻水象甲成虫出土数量，减少出土后成虫生活的场所，恶化其生活环境，秋后及时清除稻草，以及稻田、渠、路边杂草，深翻土地。采用“水稻—大豆”“水稻—玉米”“水稻—向日葵”的轮作模式或休耕，切断稻水象甲向外扩散的渠道。发动群众在离村庄较近的稻田采用人工捕捉的方式，以降低越冬成虫基数。

（3）物理防治　稻水象甲具有较强的趋光性，可在田间安装太阳能频振式杀虫灯，每 5.33 ～ 6.67hm^2 安装 1 台，分秧田期、大田期及越冬场所进行诱杀。稻水象甲对酒糖醋混合气味有很强的趋向性，可将酒：糖：醋：水按 1∶2∶5∶10 的比例配成酒糖醋液，并加入适量杀虫剂，再将稻草把绑在木棍上，喷洒配制好的酒糖醋液后插入水中，确保草把的下端接近稻苗，每亩插 20 个左右，一般在傍晚插入，早上拔出草把，再集中杀灭成虫，重复 3 ～ 5d 可在一定程度上控制为害。

（4）生物防治　利用稻水象甲的天敌生物，可以防治稻水象甲。稻田养鸭对稻水象甲成虫的防治有一定的效果。球孢白僵菌、绿僵菌等是稻水象甲的寄生天敌，可通过配比菌剂，对稻水象甲成虫及幼虫进行田间防治。生物防治因其对环境友好及对人畜无害，是目前研究最热门的一种方式。

（5）化学防治　以防治越冬代成虫为主，治成虫，控幼虫。成虫防治适期为越冬代成虫迁入本田高峰期和第一代成虫羽化高峰期，一般为插秧后 7 ～ 10d，防治药剂推荐使用氯虫苯甲酰胺、噻虫嗪、丁硫克百威、三唑磷等单剂，并做到科学合理轮换使用，以傍晚防治效果较好。幼虫防治适期为卵孵始盛期至高峰期，通常为成虫高峰期后 3 ～ 8d，插秧后 16 ～ 22d，防治药剂推荐使用氯虫苯甲酰胺颗粒剂以及噻虫嗪，或吡虫啉与三唑磷的复配剂。

◎ 208. 水稻秧田如何防除杂草？

水稻秧田中发生的杂草主要有稗草、牛毛毡、鸭舌菜、眼子菜、雨久花、野慈姑、千金子和异型莎草等。其中稗草和牛毛毡等会在播种后 5 ～ 7d 后发生，10d 达到高峰期，25 ～ 32d 不再出草；而眼子菜等杂草会出现略晚，一般播种后 10d 才开始发生。这是由于杂草的生物学特征不同，有的杂草是由种子发芽，有的杂草是由块根或块茎发芽，所以杂草出土时间不一致。因此，在防除秧田杂草的时候要注意精选种子，而且要根据当地经常发生的优势杂草的种类，有针对性地选择除草剂来除草。

（1）播前土壤处理　要在水稻播种前 2 ～ 3d 进行，可以施用 50% 杀草丹乳油 150 ～ 250mL/ 亩，或 12% 噁草酮乳油 100 ～ 150mL/ 亩，兑水喷雾，均匀地喷施到做好的苗床土上，全田都要施用，需要注意的是施药之后田间要有一定高度的水层保持 2 ～ 3d，然后排水后进行正常播种。

（2）播后处理　水稻秧田中如果出苗之后杂草发生比较多，就需要再次除草，可以根据播前土壤处理时采用的药剂种类和发生的杂草种类选择适用的药剂，用药的时候要进行浅灌，并且保水 3 ～ 4d。具体使用的药剂种类可以从以下药剂当中选择一种进行处理。

①禾草丹　这是一种氨基甲酸脂类杀虫剂，主要防除稗草、牛毛毡、千金子等，施药时间最好在水稻一叶一心到二叶一心，稗草在二叶期之前，施药剂量为 50% 禾草丹乳油 100 ～ 150mL/ 亩兑水均匀喷雾，用药量可以根据稗草的叶龄进行调整，叶龄较大的时候需要适当加大用量。

②丙草胺　这是一种 2– 氯代乙酰替苯胺类除草剂，可以抑制细胞分裂，主要防除稗草、千金子、鸭舌菜、异型莎草等，施药时间为播种后 2 ～ 4d，施药剂量为 30% 丙草胺乳油 75 ～ 125mL/ 亩，兑水均匀喷雾。需要注意的是使用丙草胺时必须保证播种后水稻根系生长正常，能够扎到土里。

③苄嘧磺隆　这是一种磺酰脲类除草剂，可以抑制侧链氨基酸的合成，主要防除鸭舌草、眼子菜、牛毛毡和多年生阔叶杂草和莎草科杂草，对稗草的防除效果比较差。施药时间为播种后到杂草二叶期，施药剂量为 10% 苄嘧磺隆可湿性粉剂 15～20g/ 亩，兑水均匀喷雾。如果主要防除多年生阔叶杂草和莎草科杂草，亩用量可以适量增加，最高为 25g/ 亩。

◎ 209. 移栽水稻本田如何防除杂草?

一般水稻播种后 30 ～ 35d 可以进行移栽，移栽后本田中杂草发生的时间和田间优势杂草种类有着直接关系。一般情况下，移栽前至移栽后 10d 主要发生的是稗草、一年生阔叶杂草和莎草科；移栽后 10 ～ 25d，主要发生的是多年生莎草科和眼子菜等阔叶杂草。

（1）移栽前施药处理　在水稻移栽前 3 ～ 4d，可以用 50% 的禾草丹乳油 100 ～ 150mL/ 亩，兑水均匀喷雾，施药的时候要保持浅灌，并保持药水层 3 ～ 4d。

（2）移栽后施药处理　水稻插秧之后，可以在 5 ～ 7d 后施用除草剂，可以根据情况在下列药剂当中选择一种除草剂进行处理。

①禾草丹　主要防除稗草等一年生杂草，施药时间为移栽后 4 ～ 5d 进行，施用后保水 7d。施用剂量为 50% 禾草丹乳油 200 ～ 250mL/ 亩，兑水 30kg 进行

均匀喷雾。

②灭草松　这是一种触杀型除草剂，主要防除阔叶草、莎草科杂草，施药时间为移栽后 15 ～ 20d，杂草四叶期之前进行。施药剂量为 25% 灭草松水剂 300 ～ 400mL/ 亩，兑水 30 ～ 40kg 对杂草茎叶进行均匀喷雾。需要注意的是施药前要将水排干，用药次日进行灌水。

③吡嘧磺隆　这是一种磺酰脲类除草剂，主要防除阔叶类和莎草科杂草，如泽泻、异型莎草、野慈姑、鸭舌菜、眼子菜等，对水稻安全。施药时间为移栽后 5 ～ 7d 进行，施药剂量为 10% 吡嘧磺隆可湿性粉剂 10 ～ 15g/ 亩，兑水均匀喷雾。

④氰氟草酯　对于各种稗草效果较好，还可以防除千金子、马唐、狗尾草和牛筋草等，对水稻特别安全，可以作为后期补救用药。施药时间为稗草二叶期到四叶期，施用剂量为 10% 氰氟草酯乳油 50 ～ 67mL/ 亩，兑水 30 ～ 40kg 对茎叶进行均匀喷雾。需要注意的是后期防治大龄杂草可以根据情况适当加大用量。

第九章 小麦病虫草害

◎ 210. 小麦锈病对小麦的为害症状有哪些?

小麦锈病是一种真菌性病害，在我国各个小麦产区都有发生，可以分为条锈病、叶锈病和秆锈病，这 3 种类型往往混合发生，其中条锈病为害对小麦的产量有严重的影响，可以导致小麦减产 8% ～ 15%，严重时可减产 40%。

（1）条锈病　条锈病主要表现在小麦的叶片上，叶鞘、茎秆等部位也会显现症状，条锈病的典型症状为成行，这是夏孢子堆成行的排列在叶片上，孢子堆较小，为黄色椭圆形，破裂后会有粉状孢子散落（图 9-1）。

（2）叶锈病　叶锈病主要表现在小麦的叶片上，其他部位不常见，叶锈病的症状比较散乱，这是由于夏孢子堆无规则的散生在叶片上，孢子堆比条锈病要大一些，为橘红色圆形或椭圆形，夏孢子堆主要集中在叶片正面，背面一般没有，偶尔出现在叶片背面，数量也比较少（图 9-2）。

（3）秆锈病　秆锈病主要表现在小麦的茎秆和叶鞘上，穗部也会显现症状，秆锈病的症状为大红斑，夏孢子堆无规则的排列，孢子堆是 3 种锈病类型之中最大的，为深褐色长椭圆形。夏孢子堆可以穿透叶片，在叶片的正面和背面都会出现夏孢子堆，而且叶片背面的夏孢子堆面积更大（图 9-3）。

图 9-1　小麦条锈病

图 9-2　小麦叶锈病

图 9–3　小麦秆锈病

◎ **211. 如何控制小麦锈病的为害？**

控制小麦锈病的为害主要是要控制其越夏菌源的数量，控制秋小麦的发生情况，并做好春小麦锈病的应急防控工作，不能进行一家一户的防治，要做好统防统治工作，进行集中连片的防治，采用多种防控措施进行综合防治，力求将小麦锈病造成的损失降低到经济阈值之下。

（1）种植抗病品种　在选择品种的时候要根据小麦产区的气候条件、土壤类型、有效积温等情况合理的选择抗性品种，这是防治小麦锈病最简单、最有效的防治措施。最好是选用 2 ～ 3 个抗性品种进行合理布局，从而阻断病原菌的传播途径。

（2）农业防治　可以将小麦和非锈病寄主进行轮作，降低小麦锈病的病原基数；小麦收获之后要及时进行深翻整地，将病残体翻到地下或是带出田外集中销毁，去除田间的自生麦苗，减少越夏的菌源基数，减轻小麦锈病的发生。

（3）生态控制　改善当地麦田的生态环境，进行种植业结构调整，降低小麦的种植面积，减少越夏菌源基数，切断病原菌的传播途径，减轻小麦锈病的发生程度，抑制病原菌的变异。

（4）化学防治　采用化学防治方法可以通过进行种子处理和田间施药两种方式进行。

①种子处理　可以用 24% 唑醇 · 福美双悬浮种衣剂 1 :（120 ～ 150）的药种比进行种子包衣，使用的时候要注意严格按照说明书的使用剂量来使用。

②田间施药　要经常对小麦锈病进行普查，出现发病中心的时候要进行防治，控制小麦锈病的蔓延，当病叶率达到 0.5% ～ 1% 的时候要进行统防统治。可以选用 25% 三唑酮可湿性粉剂 50 ～ 80g/ 亩进行喷雾，或 80% 戊唑醇可湿性粉剂 8 ～ 10g/ 亩进行喷雾，或 25% 氟环唑悬浮剂 24 ～ 30mL/ 亩进行喷雾防治。

◎ **212. 小麦赤霉病的发生特点是什么?**

小麦赤霉病在我国各个小麦产区均有发生，赤霉病主要为害小麦穗部（图9-4，图9-5），其他部位也可发生，以穗部为害严重，使小麦不能结实，对产量影响严重，一般可减产10% ～ 20%，大发生的时候可减产50% ～ 60%，甚至绝收。小麦赤霉病以菌丝体在田间麦秆上，稻茬等残体上越冬、越夏。当外界温湿度适宜时，菌丝体上会产生子囊壳，里面的孢子成熟后会喷射出来，随风雨进行传播，侵染小麦发生赤霉病，尤其是在扬花期侵染为害严重。不同品种的小麦对赤霉病的抗性表现差异较大，小麦穗形细长，小穗排列稀疏，扬花期比较集中，花期短的品种比较抗病。田间多年连作，菌源数量多的地块发病重。小麦扬花期如果遇到连续阴雨天气，有利于赤霉病的侵染，小麦发病重。

图 9-4　小麦赤霉病为害状

图 9-5　小麦赤霉病田间为害状

◎ **213. 如何防治小麦赤霉病?**

防治小麦赤霉病最简单有效的方法就是选用抗病品种，做好栽培和田间管理措施，关键时使用化学药剂进行防治，从而取得较好的防治效果。

（1）选用抗病品种　这是最简单、最有效、最经济的防治方法。可以选用穗形细长，小穗排列疏松，小麦扬花期集中，花期短，残留花药少，耐湿性强的品种，对小麦赤霉病的抗性较强。

（2）农业防治　根据当地的气候环境，选择适宜的播种时期，使小麦扬花期避开雨水量多的时期，降低小麦赤霉病扬花期对小麦的侵染。合理实施轮作，降低田间小麦赤霉病的菌源基数。在小麦收获后，要做好田间卫生，将田间病残体及杂草都清理出去，使环境不利于小麦赤霉病的发生。合理密植，降低田间湿度，遇到田间积水要及时排涝。增施磷钾肥和微量元素，提高植株的抗病性。

（3）化学防治　小麦赤霉病的防治适期为小麦扬花期，当10%小麦到抽穗期至扬花期时第一次施药，发病严重时可在7d后再施用一次。可以选用20%氰烯·己唑醇悬浮剂 110 ～ 140mL/ 亩，或 70% 甲基硫菌灵可湿性粉 85 ～ 100g/ 亩，或 28% 井冈·多菌灵悬浮剂 150 ～ 200g/ 亩，兑水 40kg 进行喷雾，对小麦穗部要着重喷雾，喷雾要均匀，避免重喷和漏喷，如果施药后下雨，要及时进行补喷。

◎ 214. 小麦白粉病的发病特点是什么?

小麦白粉病在我国各个麦区都有发生，其在小麦的各个生育期都可以为害，典型症状为发病部位可以观察到白色粉状霉层（图 9-6，图 9-7），后期霉层会变为灰褐色，上面有许多黑色小颗粒，小麦发病后叶片枯萎，分蘖减少，千粒重下降，有很多瘪粒，产量降低 10% 左右，严重的时候可以达到 50% 以上。

小麦白粉病以分生孢子在自生麦苗上越夏，以菌丝体或分生孢子在秋苗上越冬。小麦白粉病通过分生孢子或子囊孢子借助气流进行传播，在温湿度条件适宜的时候，会在小麦叶片上长出芽管，侵入小麦细胞进行繁殖，菌丝再产生分生孢子进行再侵染。

图 9-6 小麦白粉病为害状

图 9-7 小麦白粉病田间为害状

◎ 215. 如何防治小麦白粉病?

（1）农业防治 小麦收获后，要及时深翻整地，清除田间的自生麦苗，恶化小麦白粉病越夏条件，使其没有越夏寄主而降低菌量。合理密植，增施有机肥，科学合理平衡施肥，培育壮苗，提高小麦植株的抗病性。

（2）化学防治 在孕穗期至抽穗期病株率达到 20% 时，施用药剂防治比较适宜。可以选用 25% 烯唑醇乳油 20 ～ 30mL/ 亩，或 25% 三唑酮可湿性粉剂 50 ～ 80g/ 亩，或 80% 戊唑醇可湿性粉剂 8 ～ 10g/ 亩进行喷雾。

◎ 216. 小麦纹枯病的发生特点是什么?

小麦纹枯病在我国各个麦区都有发生，主要为害小麦的茎秆和叶鞘。幼苗发病的典型症状为在病部产生黄褐色梭形病斑，后期植株茎基部腐烂，幼苗死亡。

小麦纹枯病为一种土传病害，从下部开始侵染，逐渐向上发展。小麦成株期会在病部形成云纹状病斑，病斑扩大后融合成云纹花秆状；发病严重时病菌会侵入茎壁内，使其失水死亡（图 9–8）。植株下部病斑湿度大时，会产生白色霉状物，上面有许多褐色的菌核。

小麦纹枯病以菌核在土壤中或田间病株残体上越夏或是越冬，成为主要的侵染来源。温度大于 20 ～ 25℃时，病情发展较快，当温度大于 30℃的时候病害会停止发展；冬小麦播种早、密度大、使用氮肥过多或是田间菌源基数较大时，小麦纹枯病发生较重；春季温度较低，秋冬温度较高时也有利于小麦纹枯病的发生。

图 9–8　小麦纹枯病为害状

◎ 217. 防治小麦纹枯病有哪些措施？

小麦纹枯病为土传病害，应该通过种子处理进行预防，还要加强田间管理，培育壮苗，在小麦拔节期等关键时期进行药剂防治。

（1）农业防治　农业防治主要是预防小麦纹枯病的发生，主要包括适当晚播、合理密植、科学施肥、合理浇水等方面。

①适当晚播　小麦播种较早，温度较高，有利于小麦纹枯病的发生和侵染，因此，适时晚播可以一定程度地减轻小麦纹枯病的发生。

②合理密植　适当密植不但可以获得理想的产量，还能增强田间的通风透光程度，降低田间湿度，避免小麦倒伏，可以明显减轻小麦纹枯病。

③科学施肥　建议采用测土配方施肥技术，根据地力情况，优先施用充分腐熟的有机肥，避免偏施、晚施氮肥，避免小麦生长过旺，还要注意磷钾肥和微量元素的使用，可以提高小麦的抗病力。

④合理浇水　浇返青水的时候要早浇、少浇，切忌大水漫灌，避免田间积水或湿度过大，如遇田间积水要及时开沟排水，降低田间湿度。

（2）化学防治　化学防治一是用药剂对种子进行处理，二是在小麦纹枯病发生初期进行药剂喷雾。

①种子处理　用0.2%戊唑醇悬浮种衣剂1∶（50～70）的药种比进行种子包衣，5%苯甲·戊唑醇种子处理悬浮剂55～70mL/100kg种子进行拌种，30g/L苯醚甲环唑悬浮种衣剂1∶333～1∶400（药种比）进行种子包衣，9%氟环·咯·苯甲种子处理悬浮剂100～200mL/100kg种子进行拌种。需要注意的是种子处理用量要严格按照说明书使用，不得加大药量，否则容易影响种子发芽。

②药剂喷雾　当病株率达到10%～15%的时候进行药剂防治。28%井冈·三唑酮可湿性粉剂1 000～1 500倍液进行喷雾，30%肟菌·戊唑醇悬浮剂36～45mL/亩进行喷雾，40%丁香·戊唑醇悬浮剂25～30mL/亩进行喷雾，240g/L噻呋酰胺悬浮剂18～23mL/亩进行喷雾。施药时要注意兑水量要足，每亩地用水量需要达到50kg，尤其是植株的中下部要喷施到位，确保防治效果。

◎ 218. 小麦根腐病的为害症状是什么？

（1）幼苗　发病严重的种子不能发芽，或发芽后尚未出土时芽鞘即变褐、腐烂。轻者虽可出土，但茎基部、叶鞘以及根部产生褐色病斑、幼苗瘦弱、叶色黄绿，生长不良（图9–9）。

（2）叶片　田间干旱或发病初期幼嫩叶片会产生外缘黑褐色、中部色浅的梭形小斑；田间湿度大以及发病后期，老熟叶片病斑常呈长纺锤形或不规则形黄褐色大斑，上生黑色霉状物。

（3）穗部　小穗梗和颖片变褐色，严重时小穗枯死，病穗上结的种子胚部变褐色。

（4）籽粒　籽粒在种皮上形成不定形病斑，以边缘黑褐色、中部浅褐色的长条形或梭形病斑较多。

图9–9　小麦根腐病

◎ 219. 小麦根腐病的发病特点是什么?

小麦根腐病的病原菌为小麦离蠕孢菌，主要以菌丝体或分生孢子在土壤中的病残体或带病种子中越冬，小麦播种后，病原菌可以侵染幼芽和幼苗，产生分生孢子，借助气流或雨水传播，侵染叶片、穗部和种子。种植方式单一，连续多年种植小麦会导致病原菌大量积累，基数较大；播种晚、播种深、整地质量差导致幼苗出苗慢，增加侵染机会。

◎ 220. 如何有效防治小麦根腐病?

(1)农业防治　不可以连作，注意轮作，与玉米或地黄等进行轮作，可以降低病原菌的基数，切断病原菌的传播途径，降低小麦根腐病的发病。注意进行精细整地，可以进行深翻来灭菌除草，减少病残体上的越冬菌量。要施足底肥，最好是充分腐熟的农家肥，注意均衡施肥，采用测土配方施肥，增加磷、钾肥的施用量，减少氮肥的施用，还要注意锌肥、硼肥、钙肥等的施用。种子要进行晒种 2 ～ 3d，可以施用药剂进行拌种，防止种子带菌。播种时要注意精量播种，提高播种质量，密度要合理，避免种植过密，导致植株生长不良，抗病性、抗逆性差，生长后期通风透光性差，容易倒伏，降水量多的时候发病更重。还要注意播种时间和播种深度，否则容易使种子抗逆性下降，染病严重。注意使用磷酸二氢钾等叶面肥，促进麦苗提早生新根、长新叶，提早返青起身。

(2)化学防治　种子消毒处理。播种前可用种子重量 0.3%的 50%福美双，或 15%三唑酮按种子量的 0.2%用拌种器拌种。注意用三唑酮拌种要干拌不能湿拌，否则造成药害，充分拌匀，能有效地减轻苗期根腐病的发生。用 2.5%适乐时悬浮种衣剂按 1∶500 比例进行包衣，对苗期小麦根腐病防效较好。

应根据病情预测预报，在发病初期及时喷药进行防治。可以选用 50%异菌脲 0.75 ～ 1.5kg/hm^2 喷雾，或 25%三唑酮 0.45 ～ 0.525kg/hm^2 喷雾。可控制叶部病害发展，防病增产效果较好。

◎ 221. 小麦细菌性条斑病的为害特征和发病规律是什么?

(1)为害特征　小麦细菌性条斑病主要为害叶片，初期出现暗绿色水渍状小斑，其后受叶脉限制，病斑纵向扩展形成油浸状褐色条斑，并有黄色颗粒状细菌溢液。叶鞘感病同样形成黄褐色条斑。若侵染颖壳时，也表现为黄色至黄褐色条斑，但不形成黑颖。早期受害的植株多形成枯心苗，有部分病株还可产生不孕穗(图 9–10，图 9–11)。

(2)发病规律　小麦细菌性条斑病为土传病害，病原菌随病残体在土壤中或种子上越冬，种传是远距离传播的主要途径。病原菌主要通过自然孔口或伤口侵入寄主，潜育期为 3 ～ 4d，在田间主要借风雨传播蔓延。土壤肥沃、土壤湿度大、播种量大、施氮肥较多，且植株密集、枝叶繁茂、通风透光不良、地势低洼处发病重。

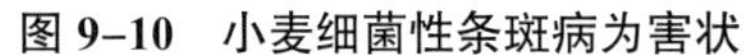

图 9-10 小麦细菌性条斑病为害状

图 9-11 小麦细菌性条斑病田间为害状

◎ 222. 小麦细菌性条斑病有哪些防治措施?

（1）*农业防治* 要注意选用抗病品种，是一种简单有效的防治方法；严格实行 3 年以上的轮作，收获后及时翻耕灭茬，增加有机肥的施用，采用测土配方施肥，不要偏施氮肥，增加土壤有机质，提高土壤的熟化过程；要适时播种，选择生长期符合当地有效积温的品种，合理密植，提高灌水质量，切忌大水漫灌。

（2）*化学防治* 在发病前或发病初期及时防治，每亩用氢氧化铜 50 ～ 100g，或 70% 敌磺钠可湿性粉剂 600 ～ 800 倍液，或 20% 噻森铜乳油 500 倍液，间隔 5 ～ 7d 喷 1 次，连喷 2 ～ 3 次。每亩用水量至少在 45kg 以上，做到均匀喷雾。建议在 10：00 时前或 18：00 时后施药。喷药同时配施植物生长调节剂，如 98% 磷酸二氢钾等，以增强小麦植株抗性，防治效果更佳。

◎ 223. 小麦吸浆虫有哪些为害特点?

小麦吸浆虫属双翅目瘿蚊科，是小麦生产上的一种毁灭性害虫。以幼虫潜伏在麦粒吸食汁液为害，造成麦粒干瘪、空壳，影响产量（图 9-12）。由于其隐蔽性强、难防治，所以为害严重，若防治不及时，一般可造成小麦减产 10% ～ 30%，严重的可达 70% 以上，甚至绝收，大大降低了小麦的商品价值，带来巨大的经济损失。

◎ 224. 小麦吸浆虫的形态特征是怎样的?

（1）*成虫* 小麦吸浆虫雌成虫体长 2 ～ 2.5mm，翅展 5mm 左右，体橘红色。前翅透明，有 4 条发达翅脉，后翅退化为平衡棍。触角细长，14 节，雄虫每节中部收缩使各节呈葫芦结状，膨大部分各生一圈长环状毛。雌虫触角呈念珠状，上生一圈短环状毛。雄虫体长 2mm 左右（图 9-13）。

（2）*卵* 卵为水桶形，竖直，长约 1mm，宽 0.9 ～ 1.0mm，初期为乳白色，后变为浅黄褐色，卵壳上密布白色的短绒毛。

（3）幼虫　幼虫体色橙黄，老熟时体长 2.5 ～ 3.0mm，纺锤形，蛆状，1 龄虫体透明，2 龄虫体橙黄。幼虫黄褐色，直径 0.5mm 左右。

（4）蛹　蛹长 2mm 左右，头前部有呼吸管 1 对。蛹色因发育阶段不同而不同，初化蛹时与幼虫体色相同，临羽化前复眼呈黑褐色，翅芽深褐色，腹部浅褐色，据此可预报成虫羽化出土期。

图 9–12　小麦吸浆虫为害状

图 9–13　小麦吸浆虫

◎ 225. 小麦吸浆虫的发生特点是什么？

小麦吸浆虫在遇到外界不良环境时，会以幼虫的形式在土壤中结成圆茧，当外界温湿度适宜的时候，幼虫就会在土中破茧，然后从土里钻出来化蛹，大约 1 个月的时间就会出现羽化高峰，成虫在小麦的未扬花麦穗中进行产卵，经过约 5d 的时间，卵孵化出来钻到麦粒当中，吸食浆液，约 20d 后幼虫随雨水或露水回到土中，再次结茧。自然界的温湿度对于小麦吸浆虫的发生十分重要，温度在 20 ～ 24℃，湿度比较大的时候，适宜小麦吸浆虫的生存，条件适宜时可以迅速蔓延，始终保持着较高的繁殖能力。小麦吸浆虫的个体比较小，具有很强的隐蔽性，而且耐湿性、耐寒性、耐干性都比较强。在小麦连作、旱作、大豆与麦田轮作的区域内发生较为严重，在水旱轮作的区域内发生较轻，撒播田内农作物受灾较重，壤土比砂土、黏土等为害更重，在阴坡、坡地等区域内虫害较为严重。

◎ 226. 如何有效防治小麦吸浆虫？

（1）农业防治　选用抗虫品种。小麦吸浆虫发生的轻重与小麦品种有一定的关系，一般麦穗口紧、小穗密集、芒长多刺、扬花期短而整齐、种皮厚的品种，不利于吸浆虫成虫的产卵和幼虫侵入。因此要选用芒长多刺、穗形紧密、麦粒皮厚的小麦品种。发生小麦吸浆虫的麦田耕种时要连年深翻，破坏吸浆虫越冬、越夏环境，可以降低吸浆虫的虫源基数；还可以与非寄主农作物如棉花、油菜、薯类、豆类等轮作 1 年，翌年再种小麦，对小麦吸浆虫为害有明显的抑制作用。科学灌溉，合理密植。灌溉以冬灌为主，减少春灌面积，通过降低土壤和田间湿度，减少幼虫上升活动和成虫产卵羽化。

（2）生物防治　初孵幼虫期用浓度天然除虫菊素 2 000 倍液、0.3% 苦参碱植物杀虫剂 500 ～ 1 000 倍液、1.8% 阿维菌素乳油 2 000 倍液喷雾防治。

（3）化学防治　选择化学防治时，要注意防治关键期，第一个关键期为小麦吸浆虫蛹期，在小麦孕穗期，也就是抽穗前 3 ～ 5d，此时小麦吸浆虫幼虫在地表爬行，蛹在地表不吃不动，是最佳防治时期。一般可选用 5% 毒死蜱颗粒剂 9 ～ 13.5kg/hm²，配制成毒土 375 ～ 450kg/hm² 撒施。撒施毒土要注意不要带露水撒施，撒毒土后用树枝、扫帚等及时将落在叶片上的药土弹落到地面，撒毒土后及时浇水可提高药效。第二个关键期为成虫羽化初期，在小麦扬花期前 3 ～ 5d，小麦扬花期是吸浆成虫羽化期，立即选用 50% 辛硫磷乳油，或用 20% 杀虫菊酯乳油 2 000 倍液喷雾防治。防治时间要选择在黄昏时无风天气，吸浆虫成虫活动盛期时效果最好。

◎ 227. 小麦蚜虫有哪些为害?

小麦蚜虫个体小、繁殖快，在小麦整个生育期都可发生，为害叶片、茎秆和嫩穗。尤其是小麦抽穗后，温度升高，蚜虫繁殖速度加快，如果防治不及时，造成千粒重严重下降，一般减产 10% ～ 30%。蚜虫不仅直接为害植株，还传播小麦病毒病，如小麦黄矮病等。为害小麦的麦蚜种类有麦长管蚜、禾谷缢管蚜和麦二叉蚜，其中以麦长管蚜为害最重。小麦蚜虫主要以成若虫吸食小麦叶、茎、嫩穗的汁液，被害处呈浅黄斑点，严重时叶片发黄。小麦从出苗到成熟，均有小麦蚜虫为害，在小麦苗期，多集中在叶片背面、叶鞘及心叶处；小麦拔节期、抽穗期后，多集中在茎、叶和穗部为害，并排泄蜜露；小麦灌浆期和乳熟期是小麦蚜虫为害的高峰期，造成籽粒干秕、千粒重下降，引起严重的减产（图 9–14，图 9–15）。

图 9–14　小麦蚜虫为害叶片

图 9–15　小麦蚜虫为害穗部

◎ **228. 小麦蚜虫的发生规律是什么？**

小麦蚜虫属于寡食性害虫，寄主植物主要局限于禾本科植物，除麦类农作物外，还为害玉米、高粱等农作物以及雀麦、马唐、看麦娘等禾本科杂草。越冬的场所是麦株基部叶丛或土缝内越冬，北部较寒冷的麦区，多以卵在麦苗枯叶上、杂草上、茬管中、土缝内越冬，而且越向北，以卵越冬率越高。蚜虫耐寒力强，在冬季如遇天气转暖，仍可爬到麦苗上为害。温度在 15 ～ 20℃、相对湿度在 40% ～ 70%、年降水量 500mm 以下有利于小麦蚜虫的发生，麦二叉蚜耐寒力强，潜伏于麦根部 –13℃低温下都不会冻死。在 26℃条件下 6d 完成一代。通常暖冬早春有利于小麦蚜虫猖獗发生，风雨的冲击常使蚜量显著下降。一般早播麦田，蚜虫迁入早，繁殖快，为害重；夏秋农作物的种类和面积直接关系小麦蚜虫的越夏和繁殖。例如，小麦生长前期多雨气温低，后期一旦气温升高，常会造成小麦蚜虫的大暴发。

◎ **229. 如何有效防治小麦蚜虫？**

（1）农业防治　农作物合理布局，冬、春麦混种区尽量使品种单一化，秋季农作物尽可能为玉米和谷子等。选择抗虫耐病的小麦品种，造成不利于蚜虫的食物条件。冬麦适当晚播，实行冬灌，早春耙磨镇压。农作物生长期间，要根据农作物需求施肥、灌水，保证氮磷钾肥和墒情匹配合理，以促进植株健壮生长。雨后应及时排水，防止湿气滞留。

（2）物理防治　在有翅蚜迁飞期间，提早在田间放置黄板，以减少蚜虫在田间的扩散，减轻为害。每亩挂 20 片黄板，周边麦地可适当加大密度，黄板应高出麦苗顶部 20cm 为宜。

（3）生物防治　防治小麦蚜虫要了解其发生规律、天敌数量。小麦蚜虫天敌很多，主要有瓢虫类、蚜茧蜂、草蛉、食蚜蝇等。当天敌与蚜虫比例大于 1∶150 时，可有效控制蚜虫。必要时须选用不伤天敌的农药，从而保护好麦田各种天敌，充分发挥天敌在控制蚜虫方面的作用。

（4）化学防治　化学防治应注意抓住防治适期和保护天敌。当抽穗期百株平均蚜量 500 ～ 800 头时应立即进行防治，麦二叉蚜要抓好秋苗期、返青期和拔节期的防治，麦长管蚜以扬花末期防治最佳。黄矮病流行区药剂拌种可做到防病治虫，用 40% 乐果乳油 2 000 ～ 3 000 倍液，或 50% 辛硫磷乳油 2 000 倍液，兑水喷施。每亩用 50% 抗蚜威可湿性粉剂 10g，兑水 50 ～ 60kg 喷施。抗蚜威防效好，且不杀伤天敌，可优先选用。

◎ **230. 麦蜘蛛有着怎样的发生规律？**

麦蜘蛛又叫做红蜘蛛，主要有麦圆蜘蛛和麦长腿蜘蛛，对小麦的危害很大，主要发生在山东、山西、河南、四川和江苏等地。麦蜘蛛为害后，植株表现为发育不良，可以观察到叶片上有麦蜘蛛为害留下的黄白色小点，严重的可以导致植株死亡（图 9–16）。

麦圆蜘蛛一年发生 2 ～ 3 代，各个虫态都能在小麦植株和杂草上越冬，春季发生量大，为害重，秋季在 10 月开始为害。麦圆蜘蛛多在早晚进行活动，适宜生存的温度为 8 ～ 15℃，适宜生存在湿度较大的环境下，不适宜干旱条件下生存。麦圆蜘蛛进行孤雌生殖，一头雌虫可产卵 20 多粒。

麦长腿蜘蛛一年发生 3 ～ 4 代，以卵和成虫越冬，春季为繁殖和为害高峰期，秋季为害时间和麦圆蜘蛛相似。麦长腿蜘蛛适宜生存的温度为 15 ～ 20℃，喜欢干旱的条件，环境湿度不超过 50% 为宜。也进行孤雌生殖，在大风天气时，多躲在麦丛下部。

图 9–16　麦蜘蛛

◎ 231. 如何防治麦蜘蛛？

（1）农业防治　通过农事操作的措施来预防麦蜘蛛。

①合理轮作　最好是进行水旱轮作，或是通过小麦和非寄主农作物进行轮作，降低麦蜘蛛的虫源基数。

②加强田间管理　在小麦收获之后，要及时灭茬，深翻整地。及时清除杂草，恶化麦蜘蛛的越冬环境。冬春季通过灌溉，可以破坏麦蜘蛛的生存环境，同时可以振动小麦植株，消灭麦蜘蛛，减轻其为害。

（2）化学防治　对麦蜘蛛进行田间调查和监测，当上部叶片有 20% 产生白色斑点时，需要进行药剂防治。可以使用 1.8% 阿维菌素乳油 30 ～ 40mL/ 亩进行喷雾。

◎ 232. 麦秆蝇的发生特点是怎样的？

麦秆蝇又称为麦钻心虫（图 9–17），属于双翅目秆蝇科，主要分布在内蒙古、华北和西北等地。麦秆蝇幼虫钻蛀到小麦茎秆中蛀食为害，在分蘖拔节期会使小麦无效分蘖增加而形成丛生；在孕穗期会为害小麦嫩穗形成烂穗；孕穗末期会形成坏穗；抽穗初期会形成白穗。

麦秆蝇在春麦区一年可以发生 2 代，以幼虫在杂草和土缝当中越冬，越冬代成虫产卵后，一般 6 月中下旬幼虫开始为害，可以为害 20d 左右。在冬麦区一年可以发生 3 ～ 4 代，以老熟幼虫在野生寄主上越冬。麦秆蝇成虫趋光性较强，还会被糖蜜所吸引，成虫白天进行活动，羽化当天就会交尾，喜欢在柔软、少毛的小麦茎秆上产卵，卵散产，一生产卵量可达 20 ～ 80 粒。湿度大的时候有利于成虫产卵和幼虫孵化，但雨量过大不利于其生存。

图 9–17　麦秆蝇

◎ 233. 防治麦秆蝇有哪些方法？

（1）选用抗虫品种　根据当地的实际情况，包括气候条件、土壤类型、耕作制度等选择适宜的抗虫品种，最好是种植早熟品种。

（2）农业防治　根据天气情况，适时早播，合理密植，合理使用肥料，最好使用充分腐熟的农家肥，或均衡施肥，增施微量元素，加快小麦早期的生长发育进度，使小麦生长整齐。

（3）化学防治　做好田间麦秆蝇的调查和监测工作，当越冬代成虫到达羽化盛期的时候，就是施药最佳时期；冬麦区的防治指标为百网虫量 25 头，此时可以施用 2.5% 敌百虫粉剂，或 1.5% 乐果粉剂 1.5kg/ 亩，喷洒防治麦秆蝇成虫。在麦秆蝇产卵盛期，可以施用 36% 克螨蝇乳油 1 000 ～ 1 500 倍液，或 25% 速灭威可湿性粉剂 600 倍液，喷施防治麦秆蝇的卵。

◎ 234. 麦田杂草有哪些？分布和发生规律如何？

我国麦田的杂草主要有单子叶植物和双子叶植物，以一年生杂草为主，还有一些多年生杂草。可为害麦田的杂草达 200 多种，主要为害麦田的也有 20 多种，其中还有一些恶性杂草，如野燕麦、猪殃殃等，其他主要为看麦娘、藜、田旋花、萹蓄、毒麦和芦苇等，具体种类和发生特点见表 9–1。我国麦田杂草的发生面积可以达到 30% 以上，产量损失会达到 15% 以上。

东北、西北、华北北部等春小麦区，造成损失最大的是野燕麦，其他有藜、萹蓄、猪殃殃、田旋花和芦苇等。

黄海平原、淮海平原等地作为小麦的主产区，前茬为旱地，主要的杂草有播娘蒿、麦仁珠、荠菜、小刺儿菜和黑麦草等。

长江中下游和南方冬麦区，前茬为水稻，主要发生的杂草有看麦娘、牛繁缕、春蓼和雀舌草等。

春小麦田一般从天气回暖到小麦播种后 30d 期间会出现杂草高峰期；冬小麦田杂草在小麦播种后 15 ～ 20d 出现高峰期，还有一些杂草到翌年 3 月还会出现在杂草集中发生的时候。

表 9–1　小麦田主要杂草的种类和发生特点

杂草	科	分布	发生特点	其他有害生物的寄主
野燕麦	禾本科	甘肃、宁夏、青海、新疆、内蒙古和黑龙江等	繁殖能力强、难以防除	麦类赤霉病、黑粉病的寄主
看麦娘	禾本科	长江流域、黄河流域、西南、中南等地	繁殖力强、在水稻小麦轮作地区发生严重	稻飞虱、叶蝉、红蜘蛛等的越冬寄主
日本看麦娘	禾本科	长江中下游、两广、贵州、河南等地	湿润的环境发生严重	——
节节麦	禾本科	陕西、河南、山东、江苏等地	干旱田块发生严重，为恶性杂草	——
蜡烛草	禾本科	长江流域、陕西、甘肃、河南等地	湿度低和灌溉的麦田发生严重	——
多花黑麦草	禾本科	辽宁、陕西、江苏、河南等地	麦田恶性杂草	赤霉病的寄主
雀麦	禾本科	长江流域、黄河流域等地	近地边、滩地麦田发生严重	——
茵草	禾本科	各地都有分布	湿度高的地区、地势低洼、黏土地发生严重	飞虱、叶蝉、红蜘蛛的越冬寄主
早熟禾	禾本科	各地都有分布	水稻小麦轮作的地区发生严重	飞虱、叶蝉、蚜虫的越冬寄主

续表

杂草	科	分布	发生特点	其他有害生物的寄主
荠	十字花科	各地都有分布	潮湿、肥沃的田块发生严重	蚜虫、白锈病、霜霉病的寄主，也是小地老虎的传播媒介
猪殃殃	茜草科	华东、华北、中南和西北地区	夏收小麦的恶性杂草	红蜘蛛的越冬场所
藜	藜科	各地都有分布	旱地发生严重，适应性强、繁殖能力强，难以防除	红蜘蛛、棉铃虫的越冬寄主
阿拉伯婆婆纳	玄参科	华东、华北、西北、西南等地	夏季旱作小麦田发生严重	红蜘蛛的越冬寄主
刺儿菜	菊科	各地都有分布	再生能力强，土壤疏松的旱田发生严重	麦圆蜘蛛、棉蚜、地老虎虫和向日葵菌核病的寄主
牛繁缕	石竹科	多数地区都有分布	水稻小麦轮作地区发生严重，影响小麦收获	
打碗花	旋花科	各地都有分布	温暖湿润的环境、土壤肥沃发生严重，导致小麦倒伏，为恶性杂草	小地老虎的寄主
米瓦罐	石竹科	华北、西北、云南、西藏等地	低洼山区发生严重，种子容易混在小麦中影响面粉的质量	
王不留行	石竹科	北方、西南、华东、华中等地	植株与小麦同高，整个生育期都可以为害	
大巢菜	豆科	各地都有分布	冬麦区发生严重	蚜虫、红蜘蛛的越冬场所

◎ 235. 如何防除麦田杂草？

不同麦区具有不同的气候条件、土壤类型和种植模式，因而，其中的杂草也不完全相同，尤其是优势杂草和生态群落差异较大，在进行除草之前，要先调查清楚当地主要的杂草类群和优势种类，根据小麦和杂草的大小，科学选用除草剂品种。在施药适期中施药时间要尽量早，最晚不能到小麦拔节的时候，这时杂草抗药性差，沾药量多，防除效果比较好；同时，杂草较小，对小麦的为害较小，有利于小麦的生长。可以通过两种或两种以上药剂进行混配，可以通过一次施药，防治禾本科和阔叶类杂草等，注意要轮换使用不同作用机制的药剂，从而延缓抗药性的产生。

（1）小麦播种期杂草防除技术　小麦播种期是一个重要的防治时期，尤其是前茬为水稻的麦区防治看麦娘等主要禾本科杂草及北方麦区防治野燕麦时，施药能取得较好的效果。

①前茬为水稻的麦区　前茬为水稻的麦区看麦娘等杂草发生比较早，一般在水稻收获后就会出现杂草高峰期，因此，要在小麦播种后、出苗前进行药剂除草，会取得较好的防治效果。可以选择25%的绿麦隆可湿性粉剂200～300g/亩，兑水20kg，均匀喷施到土壤的表面，对大多数杂草都有效果，对小麦安全。用25%克草胺乳油150～300mL/亩，兑水喷雾对防治猪殃殃和大巢菜具有一定作用。每亩地用50%乙草胺乳油50mL和10%苯磺隆可湿性粉剂8g，兑水后在小麦出苗前使用，可以兼治禾本科杂草和阔叶杂草都发生较重的地块。除此之外，还可以用异丙隆、利谷隆、克草胺、禾草丹和扑草净等（表9–2）。

表9–2　水稻—小麦轮作地区小麦杂草的药剂使用

药剂名称	防治对象	使用时间	使用方法	药剂特点
25%绿麦隆可湿性粉剂	大多数杂草	播后苗前	200～300g/亩+20kg水土壤喷雾	可以控制整个生育期的杂草，安全性高
25%异丙隆可湿性粉剂	看麦娘、野燕麦、早熟禾、萹蓄、藜等禾本科和阔叶类杂草	播后苗前	200～400g/亩+水20kg土壤喷雾	灭草性能稳定
50%利谷隆可湿性粉剂	稗草、狗尾草、野燕麦、藜、蓼、苍耳、猪殃殃等	播后3～5d	100～130g/亩+水20kg土壤喷雾	
25%克草胺乳油	禾本科杂草	播后苗前	150～300mL/亩+水20kg土壤喷雾	对猪殃殃、大巢菜也有抑制作用
25%绿麦隆可湿性粉剂+50%禾草丹	禾本科、阔叶类杂草	播后苗前	150g绿麦隆+100～150mL杀草丹+水25kg土壤喷雾	
25%绿麦隆可湿性粉剂+50%扑草净	野燕麦等禾本科和婆婆纳等阔叶类杂草	播后苗前	110g绿麦隆+50g扑草净+水25kg土壤喷雾	

②北方麦区　在播后出苗前要注意防除野燕麦和阔叶类杂草，每亩使用40%野燕枯水剂110g和50%扑草净可湿性粉剂50g，兑水喷洒土壤，可以有效防除野燕麦和阔叶杂草。

（2）小麦出苗到越冬期杂草的防除　这个时期最适宜防除小麦杂草，一般在11月使用除草剂，根据当地杂草情况、土壤含水量和温度选择施药时间。使用药剂如表9–3所示。

表 9–3　小麦出苗到越冬期杂草的药剂使用

药剂名称	防治对象	防治适期	药剂用量	注意事项
36% 禾草灵乳油	野燕麦、看麦娘、毒麦等一年生禾本科杂草	野燕麦 3 ~ 4 叶期，稗草、毒麦等 2 ~ 4 叶期，看麦娘 1 ~ 2 叶期	野燕麦 130 ~ 180mL/ 亩，毒麦 170 ~ 200mL/ 亩，看麦娘 200mL/ 亩	施药后 24h 遇降雨，需及时补喷，不能与 2 甲 4 氯等混用
40% 野燕枯乳油	野燕麦	野燕麦 3 ~ 4 叶期	230mL/ 亩 + 水 20kg	气温 15℃以上施药，土壤含水量高的时候药效好，施药后 4h 内降雨需补喷
双氟・唑嘧胺	猪殃殃、牛繁缕、大巢草等阔叶杂草	冬天杂草较小，气温较高的时候	7.5 ~ 12.5mL/ 亩 + 水 30kg 茎叶处理	土壤残效期短、对小麦和下茬农作物安全
20% 2 甲 4 氯钠盐水剂	藜、猪毛菜、苍耳、马齿苋等	冬小麦分蘖期	200 ~ 250mL/ 亩	加入一些化学肥料，效果更好
480g/L 灭草松水剂	苍耳、刺儿菜、猪殃殃、龙葵等	小麦 2 ~ 5 叶期	135 ~ 180mL/ 亩	干旱地区先灌水再施药，施药后 8h 内降雨需及时补喷
75% 苯磺隆干悬浮剂	荠菜、蓼、猪殃殃等	小麦 3 ~ 4 叶期，杂草不超过 10cm	0.9 ~ 1.89g/ 亩	施药时要均匀，用量要准确

（3）小麦返青期杂草防除　这个时期是最后的施药时期，主要在前面杂草防效不好的时候进行补充。可以选用和冬前苗期一样的药剂（表 9–4）。

表 9–4　小麦返青期杂草的药剂防治

优势杂草	药剂名称	使用剂量
播娘蒿、荠菜等	75% 苯磺隆干悬浮剂	1.33g/ 亩
猪殃殃、播娘蒿、荠菜等	48% 麦草畏乳油	20mL/ 亩
猪殃殃、婆婆纳、荠菜、繁缕等	20% 2 甲 4 氯钠盐水剂 20% 使它隆乳油	150mL+30mL/ 亩
硬草、看麦娘禾本科和阔叶类混合	36% 禾草灵乳油 20% 溴苯腈乳油	150mL+100mL/ 亩

第十章 棉花病虫草害

◎ 236. 我国棉田有害生物发生情况如何?

棉花的整个生育期都要遭到各种有害生物的为害，一般情况下我国每年因各种有害生物造成的为害减少可达到 20% ～ 25%，严重的情况下甚至造成绝收。有害生物的为害一直都是影响我国棉花产业绿色可持续发展的重要因素，因此了解有害生物发生情况对于防治有着重要的作用。

（1）棉花病害　病害可以分为生理性病害和侵染性病害，我国目前的棉花病害可达 80 多种，常年对棉花造成损失的有 20 多种。由于我国地理面积较大，病原菌的种类多，由于不同地区的种植方式、气候条件、种植水平、土壤条件不同，因此棉花病害的传播方式、发生时期、为害部位、为害程度都不尽相同。综上，棉花病害是影响棉花产业发展的最重要因素。

（2）棉花虫害　我国棉花上发生的虫害高达 300 多种，常发性的害虫也有 30 多种，它们可以为害棉花的幼苗、花蕾和花铃，不但能为害地上部分，还能为害棉花的地下部分。由于不同棉区相距较远，各项影响因素都不太相同，因此为害程度和为害特点也不相同。随着抗虫棉的应用，原来棉田的主要害虫得到了有效的控制，有些次生害虫上升为主要害虫，因此害虫的为害情况比较复杂。

（3）棉田杂草　杂草和棉花都是植物，杂草会和棉花争夺空间、光照、水分和养分等，如果置之不理，会给棉花造成大量的产量损失。我国棉田杂草约有 25 科 64 种，其中禾本科有 11 种、莎草科 4 种。每年全国发生杂草造成棉花减产达 25 万 t，严重的情况下棉花减产可达 60% 以上。

◎ 237. 棉花角斑病的发生症状是怎样的?

棉花角斑病不仅为害棉苗，也为害成株期的茎叶及发育中的棉铃。子叶受害呈水渍状，有黑褐色病斑，严重者子叶枯死脱落。叶背先产生深绿色小点，后扩展成油渍状，叶片正面病斑受叶脉限制呈多角形，致叶片枯黄脱落。茎受害现水渍状病斑，后扩大变黑或腐烂，病部凹陷，病苗弯向一边（图 10–1）。棉铃受害初呈油浸状深绿色小斑点，后扩展为近圆形或多个病斑融合成不规则形，褐色至红褐色，病部凹陷，幼铃脱落，成铃部分心室腐烂。

图 10–1　棉花角斑病

◎ **238. 棉花角斑病的发生条件是什么？**

棉花角斑病的发生与气候条件、栽培管理和品种抗性有关。土壤温度 10 ～ 15℃时发病少，16 ～ 20℃时发病明显增多，21 ～ 28℃时发病率最高，超过 30℃发病又减少。在棉花生育期，旬平均气温高于 26℃，空气相对湿度 85% 以上，有利于病害流行。其中高湿是病菌繁殖和入侵的必要条件，故棉花现蕾以后，降雨会造成大量伤口，有利于病菌侵入，病情发展则快而重。在栽培管理中喷灌有利于病菌的传播，且比滴灌和沟灌严重。连作发病重，轮作较轻。

◎ **239. 防治棉花角斑病可以施用哪些药剂？**

对于发病田块可用 2% 春雷霉素水剂 400 ～ 500 倍液，并选择加配 50% 多菌灵 2g/L，或 70% 甲基硫菌灵 1.25g/L，或 25% 络氨铜 2g/L，或 65% 代森锌 1.75g/L 药液喷雾防治。为促进植株健壮生长，可同时加配质量好的叶面肥、植物生长促进剂，间隔 5d 左右喷 1 次，连续喷 2 ～ 3 次。

◎ **240. 棉花黄萎病的田间症状表现是什么？**

棉花现蕾前后出现症状，棉株中下部叶片的边缘和叶脉间产生淡黄色不规则斑块，后变成瓜皮状，严重时全株枯死，叶片一般不脱落，落叶性棉花黄萎病除外。棉花黄萎病病株维管束呈浅褐色（图 10–2，图 10–3）。

图 10–2　棉花黄萎病为害状

图 10–3　棉花黄萎病田间为害状

◎ 241. 棉花黄萎病的发病规律是什么?

黄萎病异地远距离传播的重要媒介是带菌种子。尤其是原为无病区而逐渐变成病地，都源于病种的串换。黄萎病病菌在土壤中能形成休眠器官微菌核以抵抗不良环境进而长期存活。微菌核主要存活在土壤的耕作层。当土温高于或低于适温，pH 值为 4.2 ～ 9.2，土壤含水量为 20% 时，微菌核的正常增殖受到抑制，密度下降。夏季高温季节，微菌核数量急剧下降。残留在棉田内的枯枝落叶可以向土壤内释放大量的微菌核，就构成土壤内的高菌量接菌土。

◎ 242. 如何做好棉花黄萎病的防治工作?

（1）植物检疫　科学的检疫制度是做好黄萎病防治的重要基础。对于发生病情的棉区，要严禁外调棉种，禁止从病区调入带菌棉种、棉籽饼和棉籽壳，做好无病区的保护，做好病菌传播的控制工作。在条件允许的情况下，可以建立留种地以及供种基地，保证棉种的自选、自留、自用，避免因渠道过多传入病菌。

（2）农业防治　选择抗病品种，科学选择棉花品种才是防治黄萎病，提高棉花产量最有效措施；对于连续种植 3 ～ 5 年的棉花田或者患病株较多棉花田应该制定科学的轮作制度，和小麦、玉米、大豆等农作物进行轮作倒茬；及时清理棉田，播种前做好翻耕整地工作，消灭田间致病菌数量，及时清理排水沟，降低棉田湿度。还要科学施肥，平衡氮肥施入，增施磷肥和钾肥，确保化肥科学施用，重施有机肥，确保有机肥完全腐熟，促进棉株生长，增强对病菌的抵御能力。

（3）生物防治　放线菌对黄萎病病菌有较强的抑制作用。细菌中的铜绿假单胞菌能有效抑制菌丝的分布。木霉对大理蜜环菌有较强的拮抗作用，可改变土壤微生物区系，减轻病害的发生。

（4）化学防治　种子带菌是造成棉花黄萎病扩展的最主要、最直接原因。因此，建立无病留种田，实施种子包衣是限制该病迅速扩展的一项重要措施。棉花种子生产过程中用浓硫酸脱绒和进行种子包衣，可让病菌无生存环境，有效杀死病原菌，预防病菌蔓延。每平方米用 50% 福美双可湿性粉剂 10 ～ 15g 与土充分拌匀制成药土，将药土制成苗钵备用；另按 10kg 土与 10g 50% 福美双可湿性粉剂的比例拌制盖种用土，播种时做到用药土对种子下垫上盖。黄萎病的高发期是在棉花花铃期，就应该用药防治。用 50% 多菌灵可湿性粉剂 800 倍液，或用 70% 甲基硫菌灵可湿性粉剂 1 500 ～ 2 000 倍液，或用 14% 百枯净 2 000 ～ 3 000 倍液，或将以上其中一种药剂配合加营养调节剂，如磷酸二氢钾、硼肥、硼加硒、锌肥、锌加硒等，每隔 5 ～ 7d 防治 1 次，连续防治 2 ～ 3 次，可有效预防该病害的发生与流行。

◎ 243. 棉花枯萎病的为害是什么?

棉花枯萎病是为害最严重的病害之一，曾被称为棉花的“癌症”之一。枯萎病对棉株生育影响很大，在苗期即可发生，严重时大量死苗，造成缺株断垄。发病轻的棉株生长受阻，导致过早落叶，蕾铃脱落增加，现蕾及结铃数显著减少，籽指变小、铃重减轻，影响种子的成熟度和发芽率，纤维长度和强度也受影响。特别是在定苗以后，大量棉株发病，叶片变黄、干枯脱落，直至萎蔫枯死，导致结铃稀少，铃重减轻，造成棉花减产，纤维品质降低（图 10-4，图 10-5）。

图 10-4　棉花枯萎病为害状　　图 10-5　棉花枯萎病田间为害状

◎ 244. 棉花枯萎病的发病规律是什么？

棉花枯萎病病菌主要以菌丝、大分生孢子、小分生孢子、厚垣孢子在病田土壤、病残体、棉籽、棉籽壳、棉籽饼、土杂肥以及其他寄主植物上越冬，越冬后，成为翌年病害的初侵染源，其中带菌棉籽的调运是新病区最主要的初侵染源。在温度、水分等条件适宜时，病菌的分生孢子、厚垣孢子萌发，产生菌丝，菌丝从棉根梢的表皮、根毛、或伤口侵入根内，侵入后，菌丝先在表皮组织和内皮层里生长、扩展，然后进入维管束内，最后侵入导管组织。土温 20℃左右开始侵染棉苗，随着地温上升，田间枯萎病苗率显著增加，地温达到 25 ～ 30℃，枯萎病也达到发生高峰。夏季土温≥ 33℃时，病势暂停发展，进入潜伏期。秋季时土温下降后，北方棉区发病有所回升，但不会出现明显的发病高峰。当土温适宜时，雨水大和分布均匀，则发病严重；雨量小或降雨集中，则发病较轻。虽然棉花在苗期就可感病死亡，但棉花枯萎病在棉花现蕾前后达到发病高峰。

◎ 245. 如何防治棉花枯萎病？

（1）*植物检疫*　严格执行植物检疫制度。病区棉种严禁外调，禁止由病区调入带菌棉种、棉籽饼和棉籽壳，坚决保护无病区。建立无病留种田和保种基地，生产无病棉种。

（2）*农业防治*　选择对枯萎病抗病或高抗的品种，由于土壤中的病菌在不断的发生变异，品种需要不断地提升抗病性，但任何品种都不能保证绝对的不发病，切忌种植不明棉种。重病田实行水旱轮作 2 ～ 3 年，或与小麦、油菜等轮作 3 ～ 4 年。适期播种，合理密植，及时进行定苗，发现病株及时拔除，带出田外集中烧毁；中耕松土，提高地温和透气性，增强根系活力。增施底肥和磷钾肥，每亩添加 25 ～ 50kg 氨基酸颗粒肥；喷施生长调节剂，提高棉株抗病性。

（3）化学防治　定植缓苗前或发病初用噁霉灵 1 200 ～ 1 500 倍液，不仅能够土壤消毒，而且还能促进植物生长，并能直接被植物根部吸收，进入植物体内，移动极为迅速。在根系内仅 3h 便移动到茎部，24h 移动至植物全身。具有促进农作物根系生长发育、生根壮苗、提高成活率的作用。甲霜噁霉灵叶面喷施稀释 1 500 ～ 2 000 倍液，药效被土壤吸收，通过根系吸收，可移到叶缘，并发挥作用，且药效持久。促进农作物生长，健苗壮苗增强发根能力，提高农产品的产量和品质。

◎ 246. 什么情况下容易发生棉花红蜘蛛？

棉花红蜘蛛成螨在田间，而幼螨则是在杂草及其根系、土壤的缝系、春花农作物以及大树皮的缝理越冬，并且棉叶螨虫都具有较强的抗寒能力。棉花的长势及质量的好坏决定灾害的大小，多个棉种混杂种植的棉田里棉花红蜘蛛为害就会比较严重，而单独种植一种棉花的田地受损害就会比较小（图 10–6，图 10–7）。越是干燥的棉田地区，对棉花红蜘蛛的生长就越是有利。大多数抗虫棉红蜘蛛生长的最佳温度为 25 ～ 35℃，在 26 ～ 30℃的时候生长发育的速度最快，繁殖力最强。特别是在连续 5d 保持平均气温在 22 ～ 27℃时，对红蜘蛛繁殖最为有利。当棉田处于一个高湿的环境下（湿度大于 70%），对螨虫的生长及发生极为不利。

图 10–6　棉花红蜘蛛

图 10–7　棉花红蜘蛛为害状

◎ 247. 如何防治棉花红蜘蛛？

（1）农业防治　农作物收获后，及时将枯枝落叶集中烧毁。晚秋及早春清除田埂、沟边、路旁的杂草以及靠近棉田村边的杂草。避免棉田间作或套作大豆、瓜类等农作物，棉花、玉米间作田应及时摘除玉米下部老叶并带出田外。重视秋冬深翻地，并进行冬灌。加强棉田水、肥管理，保证棉花长势良好，减少棉花红蜘蛛为害。并及早巡回检查被害棉株，发现棉叶上出现黄白斑时立即用手抹去叶背的虫体，下部叶片虫体较多时应及时摘掉并带出田外集中烧毁或深埋。

（2）生物防治　尽量避免使用广谱性杀虫剂，保护利用棉田内的草蛉、深点食螨瓢虫、天点蓟马、三突花珠和食卵赤螨天敌。充分发挥天敌对棉花红蜘蛛的控制作用。特别是麦收前后，有效地保护、人工助迁小麦上的大量天敌安全地向棉苗上转移，对控制苗期棉叶螨的为害，减少后期虫源具有很大的作用。

（3）*化学防治*　当棉田少量发生时，要点、片防治。发现1株喷一圈，发现1点喷一片，以防止蔓延为害。当红叶株率达到20%～30%时，应进行药剂防治。可用阿维菌素或乙酰甲胺磷2 000～3 000倍液进行喷施，最好在8:00—11:00进行防治。或在叶螨发生为害期喷施以下药剂：1.8%阿维菌素乳油3 000～4 000倍液，73%克螨特乳油3 000倍液，或1.8%阿维·啶乳油1 500～2 000倍液，或6%阿维高氯剂型2 000～3 000倍液，喷在叶片的背面。

◎ **248. 什么情况下棉花蚜虫发生较重？**

棉蚜属多食性害虫，越冬场所为居室、温室及塑料大棚内的花卉和蔬菜等（图10-8，图10-9）。棉蚜主要以孤雌胎生蚜进行同寄主和异寄主不全周期型生活史。尚可在冬季冷藏的花椒、菊花等寄主产卵越冬进行异寄主全周期型生活史。棉蚜可分为苗蚜和伏蚜。苗蚜适应偏低的温度，气温高于27℃繁殖受抑制，虫口迅速降低。伏蚜在日均温27～28℃时大量繁殖，当日均温高于30℃时，虫口数量才减退。大雨对苗蚜有明显的抑制作用，多雨年份或多雨季节不利其发生，但时晴时雨的天气有利于伏蚜迅速增殖，田间世代重叠。一熟棉田、播种早的棉蚜迁入早，为害重，棉花与小麦、油菜、蚕豆等套种时，棉蚜发生迟且轻。施用杀虫剂不当，杀死天敌过多，会导致伏蚜猖獗为害。

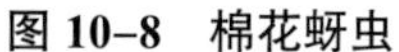

图10-8　棉花蚜虫

图10-9　棉花蚜虫为害状

◎ **249. 如何防治棉花蚜虫？**

（1）*农业防治*　优化农作物布局，实行棉麦邻作，小麦黄熟后麦田天敌将大量转入棉田，有利于棉花蚜虫的控制。选用耐（抗）蚜棉花品种。加强棉花田间管理，使棉花群体均匀、长势健壮，可增强对蚜虫发生的抵抗能力。

（2）*物理防治*　黄色粘虫板对蚜虫成虫防控和诱杀效果较显著。黄色粘虫板对蚜虫有良好的诱杀效果，将黄色粘虫板置于高出植株30cm处。

（3）*生物防治*　蚜虫的天敌种类很多，主要分为捕食性和寄生性两类。捕食性的天敌主要有瓢虫、食蚜蝇、草蛉、小花蝽等；寄生性的天敌有蚜茧蜂、蚜小蜂等，还有蚜霉菌等微生物。在生产中对它们应注意保护并加以利用，使蚜虫的种群控制在不足以造成为害的数量之内；在蚜虫暴发期可释放人工饲养的瓢虫、蚜茧蜂等。

（4）化学防治 优良药剂或种衣剂能使棉花苗期带毒50d左右，最长的能使药效坚持70d。防蚜种衣剂有：60%高巧拌种悬浮剂，用量为500～800mL/100kg种子；70%锐胜可分散性种子处理剂，用量为100～200g/kg种子；70%灭蚜松可湿性粉剂1kg，加水1.5kg，调成糊状，拌种100kg。

涂茎治蚜有利于保护天敌，效果较好。40%氧化乐果乳油加聚乙烯醇及水，苗期浓度可小些，成株期浓度可大些，配成涂茎液后用毛笔或棉签涂在棉茎的红绿交界处。当3叶前期卷叶株率达10%，3叶后期卷叶株率达20%以上时，选用1.5%除虫菊水乳剂120～160mL/亩，或3%啶虫脒乳油2 000倍液，或4.5%高效氯氰菊酯乳油22～45mL/亩，或70%吡虫啉水分散粒剂45.0～67.5g/hm^2，加农药增效剂喷雾。喷药时不同药剂交替使用、喷药均匀、细致、周到，喷头朝上，使叶背完全着药。

◎ 250. 棉红铃虫的形态特征是怎样的？

（1）成虫 长6.5mm左右，翅展12mm左右，棕黑色。下唇须棕红色，向上弯曲如镰刀状。触角棕色，除基节外各节端部黑褐色，基节有5～6根栉毛。前翅尖叶形，暗褐色，从翅基到翅外缘有4条不规则的黑褐色纵带。后翅菜刀形，银灰色，外缘略凹入，缘毛较长。雄蛾翅缰1根，雌蛾3根（图10-10）。

（2）卵 大米粒形，长0.4～0.6mm，表面如花生壳状。初产乳白色，孵化前带红色，有闪光。

（3）幼虫 初孵乳白色，略带淡红色，3龄后出现红斑，4龄老熟幼虫，长11～13mm，各节背面有淡黑色斑4个，两侧各有1黑斑，斑周围红色（图10-11）。

（4）蛹 长6～9mm，红褐色，有金属光泽，羽化前为黑褐色。尾端尖，末端臀棘短，向上弯曲呈钩状，周围有8根钩状细刺。茧灰白色，椭圆形，柔软。

图10-10 棉红铃虫成虫

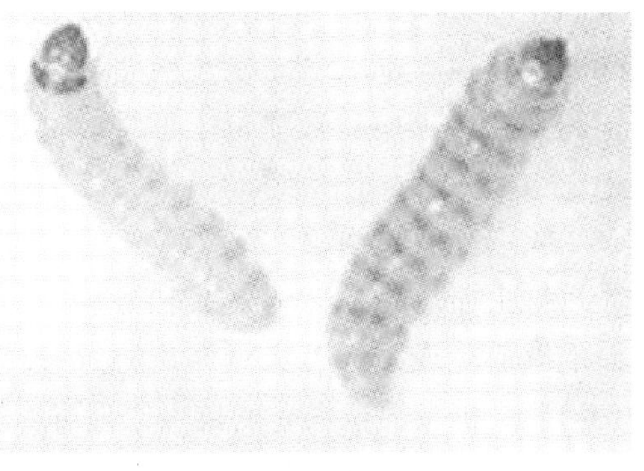

图10-11 棉红铃虫幼虫

◎ **251. 棉红铃虫的为害特点是什么?**

幼虫为害棉花蕾、花、铃、棉籽，引起落花、落蕾、落铃或烂铃、僵瓣。红铃虫为害蕾，蕾的上部有蛀孔，蛀孔很小，似针尖状黑褐色，蕾外无虫粪，蕾内有绿色细屑状粪便，小蕾花芯吃光后不能开放而脱落，大蕾一般不脱落，花开放不正常，发育不良，花冠短小。红铃虫为害铃，在铃下部或铃室联缝处或在铃的顶部有蛀孔，蛀孔似受害蕾，羽化孔约 2.5mm，铃内、外无虫粪，在铃壳内壁上有芝麻大小的虫瘤。为害棉籽，蛀食虫粪在棉籽内，小铃脱落。

◎ **252. 棉红铃虫的发生规律是什么?**

棉红铃虫在仓库内以幼虫越冬。初孵幼虫必须在 24h 内钻入蕾或铃中，否则会死亡。幼虫化蛹前，在铃壁上咬一个羽化孔，有的直接出铃在土缝等处化蛹。成虫在白天羽化，产卵期能延续 15d。成虫飞翔力强，趋弱光。棉红铃虫对温湿度都有一定的要求，当气温为 25 ～ 30℃，相对湿度 80% ～ 100% 时，对成虫羽化最为有利；气候干旱，对成虫产卵和卵的孵化均有一定的抑制作用。幼虫喜食青铃，田间青铃出现早、伏桃或秋桃多，有利于其繁殖。

◎ **253. 如何防治棉红铃虫?**

（1）农业防治　种植抗棉红铃虫的品种；及时集中处理僵瓣，枯铃，晒花时放鸡啄食或人工扫除帘架下的幼虫等。调节播期，控制棉花生长发育进度，可以有效地控制红铃虫为害。一是促使棉花早熟，使棉花在第 3 代红铃虫发生时已处于老熟阶段，不利于红铃虫的取食；二是延迟播期，推迟棉花现蕾的时间，使棉株上无足够适合红铃虫的食物，从而大幅度地抑制第 1 代红铃虫的虫口密度。开花时上面覆盖物用麻袋，幼虫多爬至覆盖物下面，第 2 天晒花前扫杀。

（2）化学防治　药剂防治可喷施 1% 甲维盐乳油 1 500 倍液，或 5% 氯氟氰菊酯 1 000 倍液，或 10% 灭多威可湿性粉剂 800 倍液，或 15% 甲维·毒死蜱乳油 1 500 倍液喷雾进行防治。在成虫产卵盛期喷洒 4.5% 高效氯氰菊酯乳油 22 ～ 45mL/ 亩、20% 氰戊菊酯乳油 25 ～ 50mL/ 亩、25% 甲萘威可湿性粉剂 200 ～ 300g/ 亩，或 10% 氯菊酯乳油 1 000 ～ 4 000 倍液、50g/L 氟啶脲乳油 60 ～ 140mL/ 亩、2.5% 溴氰菊酪乳油 3 000 倍液每亩用兑好的药液 50 ～ 70L。棉花封垄后可用敌敌畏毒土杀蛾，每亩用 80% 敌敌畏乳油 150mL 兑水 20kg 拌细土 20 ～ 25kg 于傍晚撒在行间，2、3 代发蛾盛期隔 3 ～ 4d 撒一次。

◎ **254. 什么是抗虫棉?**

抗虫棉是指棉花本身具有趋避害虫、抵御害虫和对害虫有毒作用的物质，从而能够避免或减轻害虫对棉花的为害，具有这些特点的棉花统称为抗虫棉（图 10–12）。抗虫棉根据它的抗虫原理可以细分为非转基因抗虫棉和转基因抗虫棉，下面具体介绍一下它们的抗虫机制和在防治中的应用。

（1）非转基因抗虫棉　非转基因抗虫棉主要是一些原有的棉花品种，因具有一些形态特征或是含有某些物质而具有抗虫作用。这类抗虫棉又可以分为形态抗虫棉和生理生化抗虫棉。

①形态抗虫棉　形态抗虫棉是指棉花本身具有某些形态特性，如多毛、没有蜜腺、叶片呈鸡脚状，这些不便于害虫取食或是不喜在上面产卵，再经过人工培育成为抗虫棉，这类抗虫棉的防治害虫的能力有限，一般在害虫发生比较轻的时候能够起到一定的作用，在发生较重的时候只能作为辅助手段。

②生理生化抗虫棉　这类抗虫棉是指棉花含有一些对害虫有危害的物质，能够抑制害虫的为害或能杀伤害虫，经过人工培育成为抗虫棉。

目前我国选育的非转基因抗虫棉有川简 1 号、华东 2 号、中棉所 21、华东 6 号和中棉所 33 等。

（2）转基因抗虫棉　转基因抗虫棉是指利用现代生物技术手段，将发现的抗虫基因，经过实验室研究进行复制、转录、测序和人工组织培养等导入到棉花中，能够在棉花中稳定表现出抗虫性能的棉花品种。目前我们最为熟知的转基因抗虫棉就是转 Bt 基因抗虫棉，转基因抗虫棉也是目前抗虫棉中最主要的抗虫棉。

图 10–12　抗虫棉

◎ 255. 环境条件如何影响抗虫棉的抗虫性？

抗虫棉之所以具有抗虫性是由于转入了 Bt 抗虫基因，从而表达出杀虫蛋白，杀虫蛋白能够破坏棉铃虫的取食消化，从而对棉铃虫有抗性。而环境条件可以影响杀虫蛋白的表达和杀虫蛋白的活性，也有可能使棉铃虫对抗虫棉的抗性增强。

（1）土壤含水量　据报道，土壤含水量比较高的时候抗虫棉的抗虫性会明显降低，当土壤干旱的时候没有什么影响。

（2）温度　当温度低于 18℃的时候，抗虫棉的抗虫性会降低，当温度高于

38℃的时候也会影响杀虫蛋白的表达活性。但是当高温干旱的时候则对杀虫蛋白的表达活性没有太大的影响。

（3）土壤肥力　当土壤中肥力不足的时候会降低抗虫棉的抗性，加强水肥管理，可以明显地提高杀虫蛋白的表达。

（4）暴雨　暴雨天气当降水量大于 50mL 的时候，抗虫性会降低 40% ～ 50%，但是暴雨天气也会直接杀死棉铃虫，棉铃虫的数量也会下降。

（5）棉铃虫对抗虫棉的抗性　随着转 Bt 基因抗虫棉种植面积的扩大，棉铃虫对其抗性也逐渐增强。我们会发现棉铃虫对抗虫棉的抗性明显高于对 Bt 杀虫剂的抗性，这是由于在转基因的时候只转入了 1 种抗虫基因，就容易产生抗性，如果转入 2 种抗虫基因，抗性产生就会减慢。需要注意的是不要大量连片种植抗虫棉，会降低抗虫性能，也不要使用 Bt 杀虫剂，否则也会加速棉铃虫抗性的发展。

◎ 256. 抗虫棉是否需要治虫？

抗虫棉需要防治虫害。抗虫棉只是对一些虫害具有的一定抵抗能力，并不能百分百地防治害虫，因此要根据田间害虫的发生情况，及时采取相应的防治措施。棉花受病虫害的为害一般可减产 20% 左右，其品质也会降低，影响经济效益。因此，做好抗虫棉的防治工作具有重要的意义。

我们生产当中常用的抗虫棉种类为转基因抗虫棉，需要注意的是抗虫棉只是对棉铃虫等鳞翅目害虫具有抗性，也并不能使棉铃虫等对棉花没有为害，并且抗虫棉对棉蚜、红蜘蛛等没有抗性。因此我们要和普通棉花一样及时防治棉蚜和红蜘蛛等害虫，对于棉铃虫等要做好监测工作，如果达到防治指标，就要及时进行药剂防治。当 2 代棉铃虫百株幼虫达到 2 头的时候，需要在卵孵化高峰期施药 1 ～ 2 次，3、4 代时，如果 3 龄以上幼虫且百株幼虫达 10 头的时候，要施药 1 ～ 3 次。

◎ 257. 棉籽如何进行药剂处理？

对棉籽进行药剂处理，播种之后，可以在种子周围形成一层保护层，可以抵御病原菌的侵染，还能够抵御苗期虫害，有助于实现苗齐苗壮。在棉籽中加入的药剂可以有各类杀虫剂、杀菌剂、植物生长调节剂，还可以加入肥料等，在处理时可以采用拌种、闷种、浸种和包衣等。

（1）拌种　拌种时用干燥的药粉和干燥的种子进行混合，一般是将一定量的种子和药粉分为 3 ～ 4 次进行搅拌，能够种子的表面均匀的覆盖上一层药粉。这种方式的优点是由于种子和药粉都是干燥的，所以可以在播种前较长时间就进行，可以使药剂较长时间的渗透到种子里，因此也可以使用低浓度的药剂，可以减少农药的使用量。需要注意的是，如果农药的剂型为可湿性粉剂，具有吸湿作用，能够使药粉结块，因此，需要现用现拌，不能进行贮藏。

（2）闷种　闷种是将较高浓度的药液在种子上均匀分布，然后将种子堆放在一起，并用塑料膜等包裹起来，放置一段时间，从而使药液闷进种子里。这种方式的优点是操作简单，不需要特别的设备，需要注意的是如果贮藏较长时间，种子会发热，播种后会大大影响发芽率。

（3）浸种　浸种是将种子浸泡在一定浓度的药液当中，放置一段时间，药液会进入到种子中。这种方式的优点是操作简单，不需要特别的设备，药液进入种子内部，使防治效果比较好。需要注意的是浸种时要详细阅读使用说明书，根据种子的用量来确定药剂的使用量和浸种时间，浸泡时药液要没过种子，一定时间后将种子取出，药液可重复使用，节省药剂用量。

（4）包衣　包衣是将农药原药、生长调节剂和肥料混合在一起，还要加入助剂，制成种衣剂，然后放在对应的包衣机器中，将种衣剂均匀地包裹在种子表面。这种方式的优点是药剂能够随着种子生长而进入种子内部，并且有效成分能够缓慢释放，从而预防苗期病虫害，还能提高产量。

◎ 258. 棉田主要杂草有哪些？有什么发生规律？

我国的棉田杂草主要种类为禾本科和莎草科，约占 78.1%，其次为阔叶杂草，约占 21.9%。主要发生种类有马唐、稗草、千金子、狗尾草、蓼科、藜科、铁苋菜等，这些杂草为害比较严重。

因我国幅员辽阔，棉田的分布广泛，因不同棉区的地理位置、生态环境、种植水平等都有所不同，所以发生规律也并不相同。一般情况下有 2 ～ 3 次高峰，主要发生在棉花的苗期和蕾铃期。

（1）长江流域棉区　此区域的杂草主要有千金子、空心莲子草、牛繁缕等，因为长江流域的气候特点为高温高湿，一年有 3 个发生高峰期，分别在 5 月中旬、6 月中下旬和 7 月下旬至 8 月初。

（2）黄河流域棉区　此区域的气候特点为凉爽干旱，主要发生的杂草也具有喜凉耐寒的特点，一年主要有 5 月中下旬和 7 月 2 个发生高峰期。

（3）西北内陆棉区　此区域的气候条件较为干旱，土壤为盐碱地，主要发生的杂草为芦苇、黑绿藜、田旋花等，一年有 2 个高峰期，分别为棉花播种至 5 月下旬和 7 月下旬至 8 月初。

◎ 259. 棉田杂草如何防治？

棉田的杂草种类繁多，在进行防治的时候要根据当地的发生情况，科学运用农业防治、物理防治、化学防治等措施进行综合防治。

（1）化学防治　目前化学防治仍然是防除棉田杂草的主要措施，以下介绍几种不同棉田的杂草化学防治方法。

①苗床除草　棉花苗床的杂草是防治的重点，此时的杂草种类比较多，发生时间一致，危害相对较大。此时防治较为有效的方法为土壤封闭处理，在棉花播种后立即使用除草剂。需要注意的是尽量使用选择性高、较为安全的除草剂品种，如精异丙甲草胺、氟乐灵等，在使用的时候要仔细阅读产品的说明书，按要求使用，避免加大用量，从而产生药害。

②地膜覆盖区除草　有地膜覆盖的棉区由于地膜的作用，温度和湿度相对较高，因此有利于杂草的萌发，而且发生的时间也比没有地膜覆盖的棉区早 10d 左右，如果不及时除草，杂草将难以控制。地膜内的条件有利于除草剂的挥发，因此在除草剂的选择上注意是否适合地膜棉区除草，一般可以选用扑草净、伏草隆等，在使用的时候要仔细阅读说明书，注意使用时应比说明书推荐用量减少 30%。

③露地棉田除草　露地棉田可以在播种之前还没有出苗的时候进行一次土壤封闭处理，如果当地杂草主要为禾本科的时候可以选择乙草胺、甲草胺等；如果主要是禾本科和阔叶类的可以用绿麦隆、伏草隆等；如果主要是莎草科为主可以用精喹禾灵。如果后期出现草荒现象，可以在 6 月中旬至 7 月初进行茎叶处理，禾本科杂草用高效氟吡甲禾灵、精吡氟禾草灵等，阔叶杂草用乳氟禾草灵等，混合发生的时候可以选用草甘膦等，茎叶除草的时候注意要进行定向除草。

④小麦—棉花套种田除草　小麦和棉花套种的田地杂草防治和普通露地棉田除草稍有不同。土壤封闭处理和陆地棉田除草相同，茎叶处理的时候要注意在小麦收获、灭茬翻地之后进行。

（2）其他防治方法　在化学除草的时候要配合使用其他防治方法，可以通过改变耕作制度、深翻地、中耕除草，加强田间管理，保持田间卫生，还可以用防草布除草、机械除草。在小麦棉花套种的田块，可以在小麦收获的时候留高茬，然后将高茬顺着同一个方向压倒，也能够起到抑制杂草的作用。通过这些方法可以减少化学除草剂的使用，从而减缓杂草对除草剂的抗性。

◎ 260. 棉田主要天敌有哪些？如何科学利用？

据报道，普通棉田的天敌约有 18 种，抗虫棉田的天敌约有 23 种。棉田中的天敌包括捕食性天敌和寄生性天敌，捕食性天敌包括瓢虫、蜘蛛、草蛉和捕食蝽类，寄生性天敌有寄生蜂、病原真菌、细菌和病毒，具体种类见表 10–1。

在棉田利用天敌来防治有害生物可以减少农药的使用，起到良好的控制作用。建议推广小麦—棉花套作、棉花—油菜间作，这样可以使捕食棉蚜的天敌一直有食物，不会因食物短缺而外迁。可以对棉花种子进行处理，如包衣、拌种等，可以减少有害生物的发生，减少农药的使用，进而减少对天敌的伤害。在使用农药的时候也要注意选用杀伤性小、选择性强的药剂，也能起到保护天敌的作用。小麦和棉花套作的田块，在小麦收割时尽量留高茬或将小麦在田间放置一段时间，可以帮助麦田的天敌转移到棉田，从而增加棉田的天敌数量，加强对棉田害虫的有效控制。

表 10–1　棉田中的主要天敌种类

天敌类型	天敌种类	天敌名称	防治对象
捕食性天敌	瓢虫类	七星瓢虫	棉蚜
		龟纹瓢虫	
		异色瓢虫	
	蜘蛛类	草间小黑蛛	棉蚜、棉铃虫、红铃虫等
		三突花蟹蛛	棉铃虫、小造桥虫等
	草蛉类	中华草蛉	棉蚜、棉铃虫和小造桥虫的卵
		大草蛉	
	捕食蝽类	小花蝽	棉蚜、棉叶螨、棉铃虫、红铃虫等
		华姬猎蝽	棉蚜、棉铃虫等
寄生性天敌	真菌	蚜霉菌	棉蚜
		白僵菌	
		绿僵菌	
	细菌	苏云金杆菌	鳞翅目幼虫
	病毒	核多角体病毒	

第十一章 大豆病虫草害

◎ 261. 大豆病毒病的症状和为害如何?

在我国各个大豆产区都会发生大豆花叶病毒病，越往南发生越重，对大豆的影响非常大，可以使大豆减产 5% ～ 15%，严重时可以达到 60% 以上，严重影响了大豆的产量和品质，制约了大豆产业的发展。大豆病毒病的病原有大豆花叶病毒、烟草条斑病毒等多达 70 多种。大豆染病之后会出现多种症状，包括矮化型、花叶型、顶枯型、黄斑型、褐斑型等，表现为植株矮化、叶片卷曲、叶片黄化、根系发育不良、结荚少，籽粒出现褐色斑纹。发生大豆病毒病后，叶片皱缩变黄，降低了叶片的光合作用，豆荚数量少，千粒重降低，使大豆减产严重，籽粒上的褐斑会影响大豆的品质，影响种植人员的收入（图 11–1，图 11–2）。

图 11–1　大豆病毒病为害状（一）

图 11–2　大豆病毒病为害状（二）

◎ 262. 如何防治大豆病毒病?

（1）选用抗性品种　大豆病毒病是靠种子进行传播的，不同品种的大豆对于大豆病毒病的抗性差异较大，而不同地区存在的生理小种不同，因此，要根据当地的优势生理小种来选择具有抗性的大豆品种，能够起到较好的预防大豆病毒病的作用，这也是一种最简单、最经济有效的防治方法。

（2）农业防治 建立无病留种田，选用无病种子，选种的时候要剔除褐斑粒。选用早熟品种，使蚜虫的高峰期和大豆的开花期错过。加强田间管理，使植株生长健壮，有利于增强抗病性。做好田间的卫生清洁，及时清除田间杂草，发病病株要及时拔除带出田外集中销毁。

（3）化学防治 蚜虫是大豆病毒病的传播介体，大豆病毒病的发生程度和蚜虫的发生关系密切，因此，要及时防治蚜虫，减少大豆病毒病的传播。可以选用70% 吡虫啉可湿性粉剂 2 ～ 3g/ 亩进行喷雾，或 5% 啶虫脒乳油 2 500 ～ 3 000 倍液进行喷雾，能够有效地防治蚜虫，抑制大豆病毒病的发生。

◎ 263. 大豆灰斑病对大豆有什么为害?

大豆灰斑病是一种真菌性病害，主要为害大豆的叶片，也会为害幼苗、茎和种子等部位。幼苗期发病的时候，子叶上面会产生深褐色的病斑，严重时顶芽变褐枯死。病菌在大豆叶片上先产生褪绿状病斑，逐渐扩大为褐色病斑，中间为灰色，形状和颜色看起来很像蛙眼，这是大豆灰斑病的典型症状，成株期叶片上的斑点会发展成为不规则形，边界非常清晰，可以此症状和其他叶斑病区分，空气湿度比较大的时候，会在叶片的背面观察到灰色霉层（图 11–3）。灰斑病还会造成叶片发黄、脱落，影响大豆的光合作用，进而影响大豆产量。在大豆的茎秆和籽粒上发病时，也会产生褐色的病斑，中央为灰白色，发展到后期的时候也会变为不规则的形状。

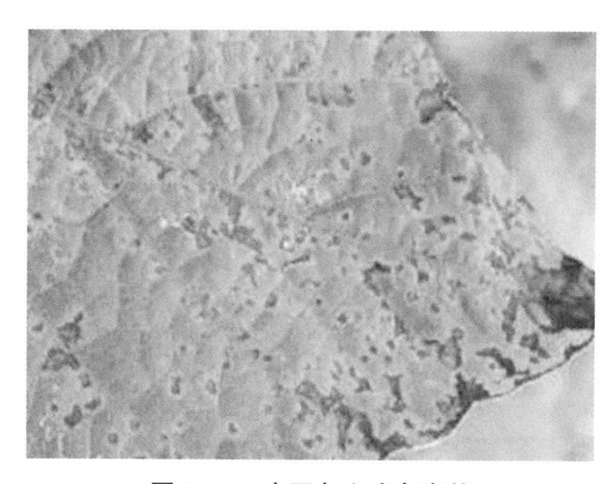

图 11–3 大豆灰斑病危害状

◎ 264. 如何防治大豆灰斑病?

根据大豆灰斑病的发生特点，需要采用多种防治措施进行综合防治，主要有以下几个方面。

（1）选用抗病品种 种植抗病品种是防治大豆灰斑病最经济、最有效的防治方法，可以有效降低大豆灰斑病的发生，减少化学农药的用量，如黑农 37、合丰 29、合丰 34 等。需要注意的是大豆灰斑病生理小种变化比较快，容易使大豆丧失原有的抗性，需要进行监测，及时发现抗病性的变化。

（2）农业防治　避免大豆重茬，最好进行 2 年以上的轮作；加强田间管理，及时清除杂草，发现发病植株，要及时拔除，增加田间的通风透光性、降低田间湿度；大豆收获之后，要及时清洁田园，将病株残体及时带出田外进行集中处理，之后进行深翻，减少病原菌的越冬数量。

（3）化学防治　可以施用化学药剂来防治大豆灰斑病，在大豆进入盛花期的时候开始喷施 25% 多菌灵可湿性粉剂 300 ～ 400g/ 亩，或 70% 甲基硫菌灵可湿性粉剂 1 000 ～ 1 500 倍液，一般 7 ～ 10d 喷施 1 次，整个生育期施药 2 次。

◎ 265. 大豆孢囊线虫对大豆有什么为害？

大豆孢囊线虫病又称为火龙秧子，是一种土传病害，其病原物为大豆孢囊线虫，是一种毁灭性的病害，在我国东北、黄淮大豆主产区发生非常严重，一般情况下减产可以达到 10% ～ 20%，严重时可达到 30% ～ 50%，甚至颗粒无收。

大豆孢囊线虫主要为害大豆的根部，大豆苗期感病会使幼苗死亡。植株染病后，植株明显矮化，叶片变为黄色，看上去有缺水和缺氮的症状，叶片长势较差，生长发育缓慢；根系不发达，只有少量根瘤菌，根系上可以看见白色或是黄白色的小颗粒，这就是大豆孢囊线虫的孢囊，雌虫死后可以观察到孢囊脱落（图 11–4）。大豆开花前后染病会降低开花量和结实率，造成大豆瘪粒，降低大豆的产量和品质。感染大豆孢囊线虫病后，大豆生长减弱，抵抗力降低，容易感染其他病害，如根腐病，使大豆受害更加严重。

图 11–4　大豆孢囊线虫病

◎ 266. 如何防治大豆孢囊线虫病？

大豆孢囊线虫病为害严重，而且与耕作制度、温湿度、土壤类型、土壤肥力等有着密切的关系，因此，要防治大豆孢囊线虫病需要采用综合防治措施。

（1）加强植物检疫 大豆孢囊线虫病在我国的分布为局部性的，有些大豆产区还没有发生为害，不同地区的生理小种也并不相同，加强植物检疫，可以预防大豆孢囊线虫病进入未发生地区，也可以避免不同生理小种互相传播。

（2）选择抗病品种 选用抗大豆孢囊线虫病的大豆品种是预防大豆孢囊线虫最经济、最有效的一种防治措施，大豆孢囊线虫具有不同的生理小种，选择抗病品种的时候要针对当地具有的生理小种，还要监测当地生理小种的变化，避免由此造成抗病品种失去抗病性而造成严重的损失。

（3）农业防治 可以通过改变耕作制度，提高田间湿度，加强田间管理等方式使环境不利于大豆孢囊线虫的生存，从而减少其发生数量。

①合理轮作 大豆孢囊线虫主要为害豆科植物，可以将大豆和禾本科农作物进行轮作，如玉米、小麦、棉花等，或者进行水旱轮作，都可以有效的降低土壤中大豆孢囊线虫的数量，尤其是水旱轮作效果更好。大豆和禾本科农作物轮作 3 年以上，可以降低大豆孢囊线虫基数 85% 以上，水旱轮作可以达到更高。

②科学施肥 大豆孢囊线虫在保水保肥差的地块发生严重，因此要选择保水保肥好的地块种植大豆，种植时要施足基肥，也要及时进行追肥，保证大豆的生长所需，提高大豆的抗病性。基肥最好使用充分腐熟的有机肥，可以增加土壤中的有益微生物，有利于抑制大豆孢囊线虫的发生。还要注意微量元素的施用，如硼肥、钼肥等。

③合理灌溉 大豆孢囊线虫生存需要氧气，当田间土壤湿度较大的时候，会造成氧气不足，使线虫容易死亡。在大豆进入苗期之后如果气候比较干旱可以进行喷灌，增加田间湿度，抑制大豆孢囊线虫的发生。

④加强田间管理 秋季要对土壤进行深翻至少 20cm，之后进行起垄，高约 18cm，宽为 60 ～ 65cm，可以提高土壤温度，并起到保水的作用，使环境不利于大豆孢囊线虫的发生。当发现田间出现病株的时候，要及时拔除，带出田外集中销毁，降低病原基数，减轻大豆孢囊线虫的发生。

（4）生物防治 利用大豆孢囊线虫的天敌来防治大豆孢囊线虫可以有效地降低其基数，降低发生程度，起到很好的控制作用。目前使用较多的为大豆保根菌剂，其主要成分为茄病镰刀菌、草酸青霉菌等，防治效果较好，还能兼治大豆根腐病。可以用大豆保根菌剂 100 ～ 150mL/ 亩拌种使用。此外，有研究表明弹尾目昆虫可以取食大豆孢囊线虫，嗜雌线生菌、链壶菌等捕食性真菌可以取食运动中的大豆孢囊线虫，还可以结合寄生性真菌一起使用，达到更好的效果。

（5）化学防治 因为大豆孢囊线虫为一种土传病害，因此，要对种子和土壤进行处理，来防治大豆孢囊线虫。

①进行拌种　常用的拌种剂有8%甲多种衣剂，以1∶75的药种比进行包衣，防治效果可以达到约70%，采用5%甲基异硫琳磷进行拌种，也可以起到较好的防治效果。

②土壤处理　在大豆播种之前10d左右，可以用15%涕灭威颗粒剂70～100g/亩对土壤进行消毒，将药剂和细土拌匀后均匀撒到土壤当中，注意严格按照说明书使用，避免产生药害。

◎ 267. 什么是大豆菟丝子?

大豆菟丝子又叫做黄丝藤、金钱草和无根，是一种为害大豆的一年生寄生性植物，对大豆的为害很严重，除了大豆之外，还能为害胡麻、亚麻、蓼科和藜科等，被我们国家列为了检疫对象。大豆菟丝子的茎为黄色，比较纤细，表面光滑没有茸毛；菟丝子没有根，叶片为鳞片状，呈膜质；其花为黄白色，呈绣球状，花梗短而粗，花萼和花冠都呈现为5裂，基部相连呈杯状，花药是卵形；种子为近圆形，长约1.3mm，宽约1.1mm，黄褐色至黑褐色，表面较为粗糙（图11–5）。

图11–5　大豆菟丝子

◎ 268. 大豆菟丝子为害的症状有哪些?

菟丝子将自己的幼茎缠绕在大豆的茎上，将吸器伸入大豆中，吸收大豆的营养和水分，使大豆生长停滞，生育受阻，植株变得矮小，生长不良，颜色变黄，容易枯死。当田间一旦发生后，会形成从中心向四周扩展的形势，导致大豆成片的枯黄死亡，甚至绝收。

◎ 269. 大豆菟丝子如何进行侵染循环?

大豆菟丝子侵染大豆的循环途径为：菟丝子种子在土壤、肥料及混在大豆种子中越冬，种子萌发后长成菟丝子幼苗，幼苗寄生大豆，藤茎不断引起再侵染，之后又形成菟丝子种子，完成一次循环。其循环途径如图 11-6 所示。

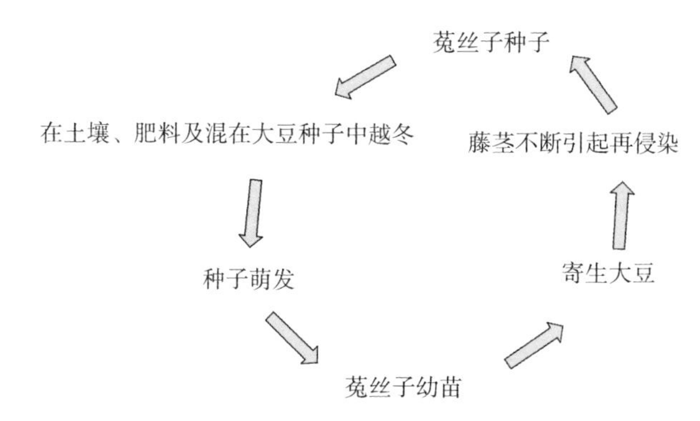

图 11-6 大豆菟丝子侵染大豆循环途径

◎ 270. 大豆菟丝子的发生规律是什么？

当温度在 20 ～ 30℃时，比较适合大豆菟丝子的发芽，如果温度低于 10℃或是高于 40℃的时候大豆菟丝子很难发芽；大豆菟丝子发芽还需要一定的湿度，土壤含水量在 15% ～ 20% 的时候，容易发芽，土壤过于干旱或是积水则不容易发芽；大豆菟丝子在土壤中的位置也是影响大豆菟丝子发芽的因素，在土壤中 1 ～ 5cm 可以发芽，其中处于 2cm 位置的菟丝子最容易发芽，在土中 7cm 以下的位置就不能发芽了。大豆菟丝子发芽之后 3 ～ 4d 就可以缠绕大豆的茎，缠绕 1 ～ 2 圈之后，大豆根部死亡，再过 2 ～ 3d 就会产生锯齿状的吸器，以此来吸收大豆的营养为生，建立起了寄生关系。菟丝子发芽之后，一般只有 5 ～ 8cm 长，如果周围没有可以寄生的植物，那么 7d 之后菟丝子就会死亡，当周围有可以寄生的杂草时，菟丝子可以先寄生杂草，当后期有大豆的时候，再转移危害大豆。大豆菟丝子的寄生能力很强，嫩茎割、拉成碎断仍然可以继续生长危害，扩散危害很快。一颗实生苗可以危害多株大豆，造成大豆大片死亡。菟丝子的种子不用进行休眠，在土壤中可以存活 3 年以上，种子比较小，可以随着大豆种子传播，还可以随堆肥、厩肥等扩大蔓延。

◎ 271. 如何防除大豆菟丝子？

（1）植物检疫　加强植物检疫，精选豆种，在调运大豆种子的时候要进行严格的检疫，防止大豆菟丝子通过调运大豆种子而进行传播，这是无病田新发生的主要原因，所以调种时要进行严格检查。

（2）农业防治　合理进行轮作，尽量不要重茬，能够有效减轻大豆菟丝子对大豆的危害，大豆、小麦、玉米进行轮作，可以明显减少大豆菟丝子的发生。不要用带有菟丝子的大豆或其他寄主植物来喂牲畜，防止通过牲畜的粪便传播菟丝子，对于带有菟丝子的植株应该进行集中处理。在大豆田及时进行中耕，防除土壤中的菟丝子种子和其他杂草种子，并定期进行检查，当发现大豆菟丝子的时候要注意及时进行摘除，并集中烧毁，防止蔓延危害。

（3）生物防治　可以施用微生物除草剂进行防治，主要是盘长孢菌，每克含有活性孢子 50 亿以上，喷洒在大豆菟丝子上，可使其感病而枯萎死亡。还可把菌粉放在布袋里面，扎好口，放在水中浸泡 15 ～ 30min，用手轻轻揉搓，直至水变清为止，将菌液过滤之后，补足水量，在晴天的早晚进行喷施，喷施之前将大豆菟丝子打断，形成伤口之后，便于菌丝的侵入，在大豆菟丝子缠绕 3 ～ 5 株大豆的时候进行施药。

（4）化学防治　可以施用 48% 仲丁灵乳油 198 ～ 250mL/ 亩进行茎叶喷雾，或 48% 甲草胺乳油 200mL 兑水 30kg，在大豆出苗、菟丝子缠绕初期进行均匀喷雾。可以在大豆种植之前进行土壤封闭，用 86% 乙草胺乳油 100 ～ 170mL 兑水 50kg 均匀对土壤喷雾。在大豆的始花期，用 48% 地乐酚铵盐 100 ～ 200 倍液进行喷雾，对大豆菟丝子和一些杂草都有较好的防治效果。

◎ 272. 大豆蚜有哪些为害?

大豆蚜属于半翅目蚜科，在我国各地豆区均有发生，尤其是东北、内蒙古等地发生较重，是大豆上一种常发性害虫，大发生的时候可以造成减产 20% ～ 30%，严重的时候可以达到 50% 以上。大豆蚜主要靠刺吸式口器吸食大豆汁液，同时会分泌蜜露，污染大豆叶片，引发多种病害，严重影响大豆的光合作用，造成产量损失。大豆蚜还是大豆花叶病毒的传播媒介，使大豆发育不良，结荚减少，瘪粒增多，造成更大的损失（图 11–7，图 11–8）。

图 11–7　大豆蚜

图 11-8　大豆蚜分泌蜜露

◎ **273. 大豆蚜发生规律是什么?**

大豆蚜一年可以发生多代，气候越温暖，发生代数越多。大豆蚜以受精卵在鼠李上越冬，春季气候适宜时，卵孵化为干母，取食鼠李，进行孤雌生殖，在大豆出苗以后，变为有翅蚜，迁飞到大豆幼苗上取食，秋季又飞回到鼠李上，交配产卵，准备越冬。

大豆蚜为单食性害虫，只为害大豆，具有趋嫩性，喜好取食幼嫩的叶片，常常会破坏生长点后，转移到叶片背面为害，喜欢躲避在背风环境下。大豆蚜喜欢在鼠李的下部枝条活动，鼠李多的地区，有利于大豆蚜越冬，越冬基数大，翌年发生严重。春季温暖多雨，鼠李生长茂盛，大豆蚜易成活，产生后代多；其他发生时期，大豆蚜适宜凉爽干燥的气候，高温高湿会造成大豆蚜大量死亡，种群数量减少，为害减轻。自然界中大豆蚜的天敌很多，包括瓢虫、食蚜蝇、草蛉和寄生蜂等，都会对大豆蚜起到一定的控制作用。

◎ **274. 如何防治大豆蚜?**

在防治大豆蚜的时候要注意保护和利用天敌，做好调查和预测工作，通过农业、生物、物理、化学等方式进行综合防治。

（1）农业防治　据报道，进行玉米和大豆间作，可以有效防治大豆蚜，或是在大豆田周围种植高粱等高秆农作物，可以防止大豆蚜传播病毒病。

（2）物理防治　可以使用黄色粘虫板来诱杀蚜虫，减少蚜虫的数量；可以利用蚜虫对灰色的趋避性，采用灰色地膜覆盖田间，使大豆蚜远离。

（3）生物防治　自然界中有许多大豆蚜的天敌，可以保护和利用这些自然天敌控制大豆蚜的数量。还可以释放异色瓢虫等天敌来防控大豆蚜，减少其为害。

（4）化学防治　根据大豆蚜为害特性和刺吸式口器，可以选用一些内吸性杀虫剂防治大豆蚜，当调查发现 5% ～ 10% 的植株卷叶的时候就需要进行化学防治。可以选用 5% 吡虫啉乳油 1 000 ～ 1 500 倍液，或 3% 啶虫脒乳油 1 000 ～ 1 500 倍液进行喷雾。

◎ 275. 大豆食心虫有什么为害特点？

大豆食心虫为鳞翅目细小卷叶蛾科，主要在我国长江以北大豆产区发生。大豆食心虫为单食性害虫，主要为害大豆和野生大豆，以幼虫蛀入豆粒中，初孵幼虫为害只有细小的孔洞，3 龄之后取食豆粒会造成一条缝甚至缺刻，一般情况豆粒可被取食 5% ～ 10%，严重的可达 50% 以上。降低籽粒饱满度，瘪粒增多，对产量和品质都有严重的影响（图 11–9，图 11–10）。

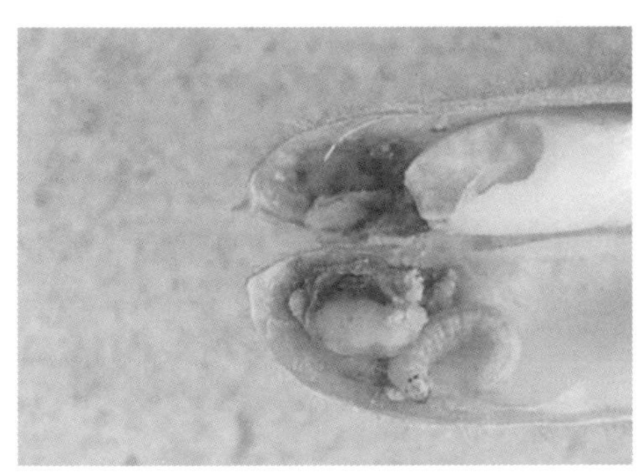

图 11–9　大豆食心虫幼虫

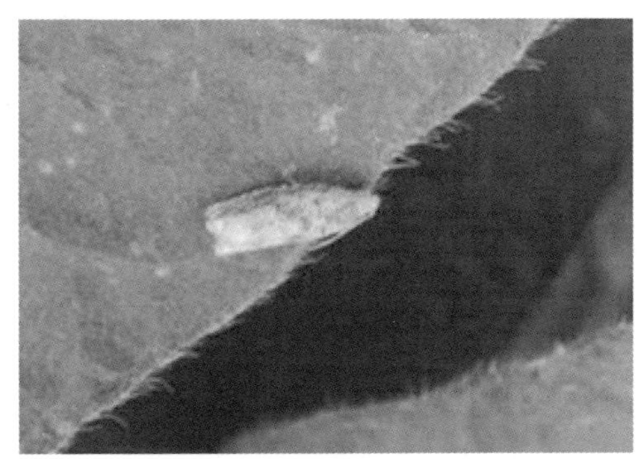

图 11–10　大豆食心虫成虫

◎ 276. 大豆食心虫有什么发生规律？

大豆食心虫每年只发生 1 代，以老熟幼虫在土层 3 ～ 8cm 处越冬。在东北地区 7 月下旬成虫出现，8 月中旬为发生高峰，成虫将卵产在豆荚上，幼虫会蛀入豆荚内为害豆粒，8 月下旬为入荚盛期，而在其他更南的发生区，大豆食心虫各虫期都要比东北地区晚，这是一种北早南晚的情况比较特殊。

成虫适宜发生在 20℃，相对湿度 100% 的条件下，成虫寿命不到 10d，一般在中午之前羽化，之后迁飞到大豆田，成虫有弱趋光性，傍晚活动旺盛，盛发期会出现蛾团，此时雌雄比为 1∶1，雌蛾喜欢将卵产在幼嫩、多毛、毛直的大豆上。

高温干燥和低温多雨的气候都不利于大豆食心虫存活，幼虫期如果温度偏低，幼虫发育缓慢，降低田间为害。化蛹期雨水丰富，土壤含水量适宜，则发生较重，在化蛹羽化过程中进行中耕有利于降低蛹的数量。在自然界中大豆食心虫的天敌种类比较多，有赤眼蜂、姬蜂、茧蜂和白僵菌等，它们对大豆食心虫都有比较好的控制作用，可以加以保护和利用。

◎ 277. 如何防治大豆食心虫？

（1）农业防治　可以通过轮作、整地、调整大豆的播种时期和及时收获等方式进行农业防治。

①选用抗虫品种　在当地的主推品种中选择抗大豆食心虫的品种，可以简单有效地降低大豆食心虫的为害。

②合理进行轮作　可以将大豆和玉米等禾本科农作物进行3年轮作，不但可以有效减少大豆食心虫的为害，还能提高玉米和大豆的产量。

③整地翻耕　在大豆收获之后，需要及时进行整地翻耕，这样可以有效减少土壤中的越冬虫源，降低越冬基数。

④调整大豆播种时期　可以根据当地的气候和有效积温情况，适当调整大豆的播种时期，避免大豆结荚期遇到大豆食心虫产卵期，降低着卵量，减轻其为害。

⑤及时收获　大豆成熟后，要及时收获并及时运走，能够有效减少幼虫脱荚数量。

（2）生物防治　可以利用大豆食心虫的寄生天敌、病原微生物和昆虫性信息素等来防治大豆食心虫。

①释放赤眼蜂　可以利用赤眼蜂寄生大豆食心虫的卵来进行防治，降低虫口密度。在大豆食心虫产卵初期，每亩释放2万～3万头，每隔5～7d释放1次，释放3次。

②性信息素诱杀　利用大豆食心虫雌蛾的性信息素制成诱芯诱集，配合诱捕器捕获，每亩地放置4套，降低雌雄比率，减少后代数量。

③使用白僵菌　使用白僵菌粉1.5kg/亩加上13.5kg细土混合，在幼虫脱荚前撒施在田间，杀灭幼虫。

（3）化学防治　当达到大豆食心虫的防治指标时，可以使用化学防治方式，化学防治仍然是主要的防治方法。

①药剂熏蒸　可以用敌敌畏熏蒸防治大豆食心虫成虫，在成虫高发期，用80%敌敌畏乳油0.1～0.15kg/亩，用玉米秸秆沾取药剂插在田间。

②药剂喷雾　可以用2.5%溴氰菊酯乳油30mL/亩加水喷雾，可以用于防治成虫和刚孵化的幼虫。

◎ 278. 双斑萤叶甲有什么发生规律？

双斑萤叶甲属于鞘翅目叶甲科，在大豆上常发性的食叶害虫（图 11–11）。我国东北地区发生较重，其他豆区也都有发生。双斑萤叶甲以成虫为害大豆的叶片和花丝，使叶片形成孔洞或缺刻，还会形成枯斑，影响叶片的光合作用，降低产量。

双斑萤叶甲一般一年发生 1 代，以卵在土壤表层越冬，条件适宜的时候孵化为幼虫在土壤中取食根部，一般 7 月初成虫出现，成虫寿命较长，刚羽化的成虫先是在田间附近的杂草上取食活动，半个月之后才开始迁飞到豆田中为害。成虫将卵产在杂草下面的土壤中，比较耐旱。成虫有弱趋光性和聚集性，喜欢在较为温暖而隐蔽的环境下活动，如果阳光过强会躲在叶子背面，气温较低或是气候异常也会躲避起来。成虫具有趋嫩性，喜欢取食幼嫩的幼苗，先从上部幼嫩部位为害，再为害中下部，由于中下部受害时间长，所以为害重，一般田边的大豆为害重。

春季温暖湿润，夏季高温干旱都有利于该虫的发生；如果土壤类型为黏土则发生重，沙壤土则发生轻；自然界的天敌主要有瓢虫和蜘蛛。

图 11–11　双斑萤叶甲

◎ 279. 如何防治双斑萤叶甲？

（1）农业防治　农业防治是防治双斑萤叶甲的基础，通过农业操作可以有效地降低虫源基数，还能够提高大豆的抗虫性。

①深翻整地　在大豆收获之后，及时进行深翻整地，可以有效杀灭土壤表层越冬卵，减少越冬基数，有效减少翌年的发生和为害。

②加强田间管理　双斑萤叶甲羽化以后会现在杂草上取食为害，因此，在春季就及时清除田间的杂草，尤其是黏土地，让双斑萤叶甲失去早期寄主，减少其

发生，降低后期为害大豆的程度。

③加强水肥管理　培育壮苗，提高大豆的抗虫能力，减轻双斑萤叶甲的为害程度。

（2）物理防治　双斑萤叶甲具有群集性，当发生量减少的时候，可以利用捕虫网来捕捉，可以有效降低虫口密度。

（3）化学防治　在成虫发生期，可以选用25%高效氯氟氰菊酯乳油9g/亩，兑水50kg在9:00前或17:00后进行喷雾防治。需要注意的是双斑萤叶甲有聚集性和趋嫩性，要进行集中连片统防统治，施药1～2次可以起到很好的防治作用。

◎ 280. 豆天蛾有什么发生规律？

豆天蛾属于鳞翅目天蛾科，是大豆上发生的主要害虫，在大部分大豆产区都有分布，以长江、黄河流域发生较重。主要以幼虫为害大豆叶片，造成孔洞和缺刻，发生严重时会将叶片吃成光秆，使大豆不能结荚，造成严重的产量损失（图11–12）。

豆天蛾以老熟幼虫在土壤中10cm左右的深度越冬，当春季温度达到24℃时，会转移到土表化蛹，10～15d后羽化，成虫（图11–13）夜间活动，白天躲在隐蔽的地方，飞翔能力强，有强趋光性，喜欢在茂密的大豆上产卵，多产在叶片背面，一头雌虫一生可以产卵约350粒。幼虫共5龄，从3龄开始转株为害，5龄幼虫的取食量是一生取食量的90%。

高温高湿适宜豆天蛾的生长发育，雨水适宜，发生为害重，干旱气候豆天蛾的为害减轻。大豆生长旺盛，低洼肥沃湿度大的地块发生重。叶片柔软，有机物含量多的早熟大豆品种，发生豆天蛾较重。自然界中豆天蛾的天敌有赤眼蜂、草蛉、瓢虫等，对豆天蛾的发生能够起到很好的控制作用。

图11–12　豆天蛾幼虫

图11–13　豆天蛾成虫

◎ **281. 如何防治豆天蛾？**

（1）农业防治　可以通过进行轮作和整地深翻等方式减少豆天蛾的发生数量，降低其为害程度，还可以通过选用适合的品种来减少豆天蛾的为害。

①合理进行轮作　将大豆和其他非寄主农作物进行轮作，最好进行水旱轮作，也可以将大豆和其他农作物进行间作或套种，可以有效降低豆天蛾的种群数量，还能够增加天敌的数量，起到很好的控制作用。

②秋耕冬灌　在大豆收获之后及时进行深翻整地，可以将土壤中的老熟幼虫杀死或是翻到地下，使其不能上移化蛹，降低越冬幼虫的数量。冬季进行灌水也可以杀灭大量的越冬幼虫，降低来年的虫口密度。

③选用适宜的品种　可以选用叶片又厚又硬的、比较耐涝的晚熟品种，可以降低豆天蛾对大豆的为害。

（2）物理防治　可以利用成虫的趋光性来进行防治，也可以进行人工捕捉。

①黑光灯诱杀　豆天蛾成虫具有较强的趋光性，可以在田间设置黑光灯来诱杀其成虫，一般 30 亩设置 1 台就可以起到很好的控制作用。

②人工捕捉　当豆天蛾的幼虫达到 4 龄之后，可以通过人工捕捉的方式来消灭田间幼虫。

（3）生物防治　可以保护和利用自然界的天敌。例如，赤眼蜂对豆天蛾卵的寄生，可以起到很好的防治效果，或是使用杀螟杆菌和青虫菌来防治豆天蛾。

（4）化学防治　当豆天蛾的发生达到防治指标的时候可以使用 30% 敌百虫乳油 100 ～ 150mL/ 亩进行喷雾，2.5% 溴氰菊酯乳油 20 ～ 40mL/ 亩进行喷雾、2.5% 高效氯氟氰菊酯水乳剂 20 ～ 30mL/ 亩进行喷雾防治。

◎ **282. 大豆田常见的杂草种类有哪些？**

我们国家地域宽广，种植大豆地区多、面积大，种植方式多样，因此，大豆田发生的杂草种类也比较多，常发性的杂草种类可达 20 种以上。

（1）一年生禾本科杂草　稗草、狗尾草、马唐、野燕麦、牛筋草等。

（2）一年生阔叶杂草　苍耳、龙葵、铁苋菜、酸模叶蓼、猪毛菜、马齿苋、藜等。

（3）多年生杂草　问荆、刺儿菜、芦苇等。

◎ **283. 大豆田杂草发生具有什么特点？**

由于大豆的种植地域不同、土壤类型不同、气候的差异、环境条件不同，其杂草的发生条件也不相同。

（1）北方种植区　北方种植大豆实行垄作，春季温度相对不高，生长较慢，到生长后期才会封垄，在封垄之前都会有杂草为害。早期主要发生一年生杂草，往往采用除草剂进行土壤封闭处理，由于气候条件的影响，如果遇到低温，干旱等，除草剂效果不好，还会发生草荒。到6月上旬以后，温度升高，降水量增加，此时杂草生长速度加快，此时的稗草、苍耳、藜、蓼、龙葵、芦苇等如果不及时进行防治，株高会超过大豆，给大豆带来巨大的危害。

（2）黄淮海地区　此地区杂草可以分为集中型和分散型。按大豆适宜的时期播种的地块杂草的发生较为集中，在播种后5～25d会有90%的杂草出苗，到大豆封垄之后，很少再有杂草出土，这时杂草的为害就比较轻。如果过了最佳播种时期才进行播种的田块，播种10d后杂草开始出苗，一直到播后40d才能出来大部分，整个杂草出土持续时间长、密度大，给大豆带来为害大于集中型，防治起来也比较困难。

（3）南方区　该地区由于气候温暖湿润，一年四季都可种植大豆，同样也适合杂草的发生，因此整个生长季都有杂草发生和为害，而且发生和为害都较为严重。

◎ 284. 大豆田化学除草有哪几种方法？

（1）春季播种前除草　播种前施药主要方法是将除草剂喷施在土壤当中，在土壤表面形成一层药土层。施药的时候要注意，土地要整地精细，不要有大的土块和杂质，提高整地质量。要检查好喷施除草剂的药械，不要有跑冒滴漏的现象出现，有故障的要及时修复，确保施药均匀，不要出现漏喷或重喷的现象，严格按照除草剂说明书的要求进行使用。喷施除草剂后要及时混土，耙深10～15cm，根据施用的除草剂的种类不同，要及时将除草剂和土壤混匀，尤其是一些易挥发，易光解的除草剂。这种方法对于平作和起垄种植的大豆效果较好。

（2）播后苗前施药　这种方法主要是在土壤表面形成一层药膜，当杂草萌发出土的时候接触药剂而死，使用后也应该进行混土，垄作大豆可以覆土2cm，可以起到保墒的作用，还能避免风蚀带走除草剂，影响除草效果。需要注意的是土壤含水量对于这种方法的影响比较大，在土壤比较干旱的时候除草效果比较差，甚至无效；温度也会影响除草效果，温度过低时，大豆容易产生药害。

（3）苗后施药　这种方法要适时施药，要在大豆2～4片复叶期，阔叶类杂草2～6叶期，禾本科杂草3～5叶期，这个时候施药效果最好，大豆对于药剂抗性比较强，不容易产生药害。近年来随着气候的变暖，北方豆区的杂草出苗较之前明显较早，因此，现在大豆第一片复叶展开之后就进行苗后除草，从而保证对阔叶类杂草的防除效果。苗后除草是一种辅助除草的方法，主要是根据前期除草效果的好坏，如果播种前后土壤墒情较好，封闭效果好，后期不需要苗后除草，如果后期出现草荒的现象，就要进行苗后施药。施用药剂的时候最好选择早、晚空气湿度比较大，风力最好小于2级，温度较为适宜的时候进行。如果气候长期干旱则除草效果较差，不宜施药。

（4）苗带施药　垄作大豆可以利用中耕除草去除垄沟中的杂草，因此可以只在垄台上喷施除草剂，可以减少除草剂的用量。

（5）定向除草　可以在喷施除草剂的时候安装防护罩，对杂草进行定向施药，施药时要特别注意，不要将药剂沾到大豆上，避免产生药害。这种方法适合于间作套种的种植方式，同时要结合中耕除草。这种方法可以使用灭生性除草剂，还可以减少除草剂的用量。

（6）秋季除草　这种方法适用于东北地区翌年春季大豆的杂草，安全性高，还能够提高防治效果，尤其对野燕麦和鸭跖草防治效果较好。可以结合秋整地、秋施肥一起进行。秋季施药要在 0 ～ 10℃进行，除草剂用量要比春季播前施药用量增加 10% ～ 20%，其他同春季播前施药要求一致。

◎ 285. 如何用化学调控技术调控大豆生长发育？

化学调控技术是利用人工合成的植物生长调节剂来调节大豆的生长发育，能够使大豆株型改变，提高品质，增加产量。我们调控大豆生育的常用植物生长调节剂有亚硫酸氢钠、三碘苯甲酸和多效唑等。实际应用的时候要根据大豆的生长发育时期，种植品种，环境条件合理使用，从而达到目的。

（1）亚硫酸氢钠　这是一种光呼吸抑制剂，通过抑制大豆的光呼吸，提高 CO_2 的利用率，促进大豆生长，植株比不使用的要高，有利于生殖生长，增加大豆籽粒的饱满度，产量明显增加。除此之外，还能提高大豆的品质，增加蛋白质的含量以及蛋白质中赖氨酸的比例。

亚硫酸氢钠要使用在早熟品种上，肥水条件好的时候可以充分发挥其效果，遇到干旱天气时，要降低浓度或不使用。使用时间一般在盛花期，如果植株生长瘦弱，可以提前到花期，施药后要注意观察大豆是否有倒伏的倾向，可以配合使用矮壮素。

（2）三碘苯甲酸　这是一种大豆激素运转抑制剂，能使大豆植株矮化，茎秆变粗，节间缩短，使大豆不易倒伏，提高光合作用，还能够提高大豆对磷钾肥的利用率，能增加产量 10% ～ 20%。三碘苯甲酸适合用于中晚熟品种，水肥条件好，生长健壮的大豆效果好。

使用最佳时期为始花期到盛花期，始花期用药量减少，盛花期使用时需要适量增加药量。

（3）多效唑　这是一种植物生长延缓剂，施用后叶片变厚，植株矮化，不容易倒伏；增加叶绿素含量，提高光合作用；抑制营养生长，促进生殖生长，增加大豆粒数和粒重，提高大豆的产量。

最佳施用时期为盛花期，适合用于无限结荚大豆品种和亚有限结荚大豆品种。

◎ 286. 大豆瘪粒形成的原因和预防措施有哪些?

大豆受精以后，由于水分和养分不足，造成种子发育不良，籽粒发育不饱满，比正常的籽粒要小，通常比较瘪，严重的只有一个小薄片，这样的就被称为瘪粒。瘪粒的形成严重影响大豆的产量和品质。

（1）形成的原因　大豆瘪粒的根本原因是大豆鼓粒期养分和水分供应不足，导致籽粒发育不良。养分和水分供应不足的原因主要有以下2点：一是鼓粒期功能叶退化，如果遇到其他不良因素，功能叶片会早衰，这样，衰退叶片附近的籽粒就会产生瘪粒；二是养分运输不畅，养分的运输受光照、温度、水分和栽培管理等影响，温度高的时候运输畅通，土壤水分低的时候，养分运输受阻，容易产生瘪粒。瘪粒的产生还和以下因素有关。

①大豆品种　大粒品种和每荚粒数少的品种比小粒品种和每荚粒数多的品种不易产生瘪粒。

②分枝着生位置　分枝在上部的比中下部的瘪粒多。

③大豆种植密度　大豆种植密度大的地块比大豆种植密度小的地块瘪粒多。

④大豆结荚习性　无限结荚习性的大豆比有限结荚习性的大豆瘪粒多。

⑤开花时间和着生位置　开花晚的比开花早的瘪粒多。同一个豆荚内，顶部产生瘪粒少，中、基部产生瘪粒多。

（2）预防瘪粒的措施　预防大豆产生瘪粒主要是给大豆供应足够的养分和水分。

①注意浇水　如果大豆鼓粒期发生干旱，一定要及时进行浇水，保持土壤湿度，一旦后期缺水，籽粒重量会降低10%以上。需要注意的是浇水要适量，不要过多，浇水过多会造成大豆贪青晚熟。

②适时追肥　在大豆鼓粒期要适当追施磷钾肥，预防叶片早衰，保证叶片的功能，后期根系吸收能力下降，要采用叶面追施的方式，提高大豆籽粒的饱满度。

③使用生长调节剂　对于无限结荚和徒长的大豆，可以使用植物生长调节剂。例如，三碘苯甲酸，预防大豆倒伏，也能起到增加籽粒重量的作用。

④防治病虫草害　防治病虫草害能够减少其对大豆造成的危害，避免影响大豆的正常生长和养分的运输。

第十二章 其他农作物病虫草害

◎ 287. 马铃薯晚疫病的发生特点是什么？

马铃薯晚疫病是马铃薯上最主要的病害，我国各个产区都有发生，气候湿润的年份发生严重，一般年份可造成减产 8% ～ 30%，严重的时候可减产 30% ～ 50%。马铃薯晚疫病既可以为害地上部分，又可以为害地下部分，产生的病斑具有水渍状，周围有晕圈，湿度大的时候可以观察到白色霉状物，发生严重的时候整个田块的植株都会枯萎，还有腐败气味（图 12–1，图 12–2）。气候干旱时，病斑停止发展，不产生白色霉状物。在储藏期间，温度高时病薯会被杂菌侵染，会变为湿腐。

带病种薯是初侵染来源，可以产生孢子囊，经过雨水传染到其他健康植株。病菌主要从气孔、皮孔、伤口等侵入，在适宜的温湿度条件下，病害很容易大流行，中心病株出现后，10 ～ 14d 就可蔓延到整个田间。该病主要在马铃薯开花后感病，感病品种发病早、蔓延快、发病重。

图 12–1　马铃薯晚疫病为害状

图 12–2　马铃薯晚疫病田间为害状

◎ 288. 马铃薯晚疫病如何进行防治？

（1）种植脱毒种薯　种植脱毒种薯可以有效的防治病毒病，还能增强马铃薯的抗病性，可以一定程度抑制马铃薯晚疫病。

（2）整薯坑种　要选择薯皮光滑，没有病斑的健康种薯，按照种植密度播种。

（3）农业防治　在田间开始封垄的时候，在容易感病的区域进行调查，发现发病植株，全部拔除，带出田外集中销毁，并在周围喷施药剂。还要使用多效唑控制植株生长，防止植株生长过密，造成田间郁闭，湿度增大，使晚疫病加重。

（4）化学防治　用35%甲霜灵拌种剂50g加水3kg，喷施到150kg种薯上再进行播种。切刀要放在0.1%高锰酸钾中进行消毒，发现有可疑病薯及时更换切刀。发现发病中心后，建议使用72%霜脲·锰锌可湿性粉剂107～150g/亩，或40%烯酰·嘧菌酯悬浮剂375～450mL/亩，或40%百菌清悬浮剂125～175mL/亩进行喷雾。可以隔7～10d喷施1次，喷药1～3次，注意轮换用药，避免产生抗药性。

◎ 289. 马铃薯早疫病的发生规律是什么？

马铃薯早疫病是我国马铃薯上发生的一种常见的真菌性病害，会为害马铃薯的叶片和块茎，表现为黑色圆形病斑，湿度大的时候会产生黑色霉层，降低马铃薯的产量（图12-3，图12-4）。病菌以菌丝体和分生孢子在病薯和田间病残体上越冬，成为翌年的初侵染来源。病菌可以通过风雨进行传播，病菌通过表皮、气孔或伤口侵入叶片，条件适宜的情况下，几天就可以造成一次循环。高温高湿有利于早疫病的发生，一般7—8月容易发病。马铃薯盛花期之后抗性减弱，一般早熟品种容易感病，沙壤土、肥力不足，或施肥不平衡的地块发病重。

图12-3　马铃薯早疫病（一）

图12-4　马铃薯早疫病（二）

◎ 290. 马铃薯早疫病和晚疫病有哪些相同点和不同点？

（1）相同点　马铃薯早疫病和晚疫病都是真菌性病害，在高温高湿的条件下容易发病，一般潜育期短、侵染速度快，都是多循环病害，一年可以循环多次。条件适宜时，可以出现大流行，导致减产 50% 以上。

（2）不同点　早疫病和晚疫病的病原菌、发生时期和发生症状都不相同。

①病原菌不同　早疫病的病原菌为茄链格孢菌，属于半知菌亚门，是一种兼性腐生菌。晚疫病的病原菌为致病疫霉菌，属于鞭毛菌亚门，是一种专性寄生菌，自然条件下不能进行腐生，寄主除了马铃薯，还有番茄。

②发病时期不同　马铃薯早疫病发生比较晚，一般在结薯期容易发病；晚疫病发生比较早，一般开花后容易发病。

③症状不同　早疫病为害叶片和薯块，晚疫病还可以为害茎。叶片上早疫病为圆形黑褐色同心轮纹，湿度大时有黑色霉层，严重时叶片干枯脱落；晚疫病为水浸状绿色斑点，有晕圈，湿度大时有很薄的白色霉层，干旱时病斑干枯。块茎上早疫病为褐色圆形病斑，晚疫病为紫褐色大块病斑，严重时块茎腐烂。茎上早疫病无病斑，晚疫病有褐色条斑，严重时全部腐烂，有腐败气味（图 12–5，图 12–6）。

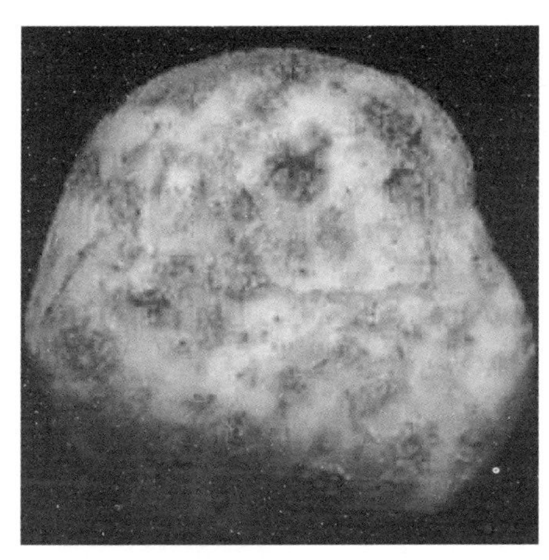

图 12–5　马铃薯早疫病

图 12–6　马铃薯晚疫病

◎ 291. 马铃薯环腐病有哪些为害？

马铃薯环腐病是一种细菌性病害，各个部位均可发病，在贮藏期也能发病。环腐病发生普遍，一般可减产 20%，严重时可减产 30%，甚至 60%。这是一种维管束病害，会使地上部分发生枯斑或萎蔫，严重时都可以导致植株枯死。块茎发病，可见环形坏死部，所以称为环腐。维管部变为褐色，有时会出现白色菌脓（图 12–7，图 12–8）。病菌在种薯中越冬，成为翌年的初侵染来源，适宜温度为 20 ～ 30℃，主要通过切刀带菌传播。

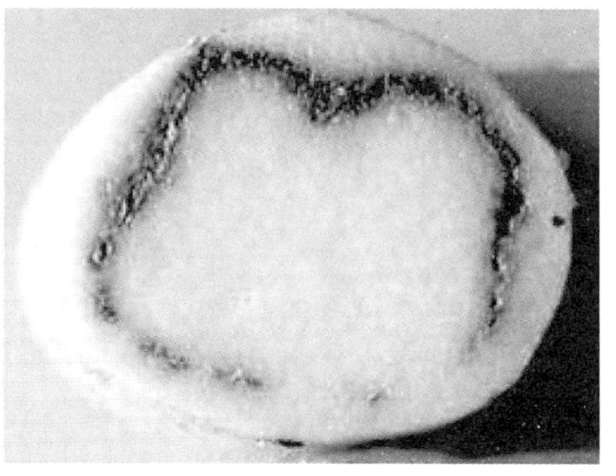

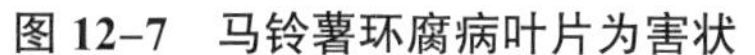

图 12-7　马铃薯环腐病叶片为害状

图 12-8　马铃薯环腐病块茎为害状

◎ 292. 如何防治马铃薯环腐病?

（1）严格检疫　在种薯等调运时要实行严格的检疫，进行无病田留种，发现病株及时销毁。

（2）选用抗病品种　根据当地的情况，选择合适的抗病品种，能降低环腐病的为害。

（3）农业防治　增施有机肥，注意磷钾肥和微量元素的施用。注意防除杂草，保持田间卫生。

（4）化学防治　在切薯时，用甲基硫菌灵等药剂处理种薯和切刀，预防环腐病的传播。

◎ 293. 马铃薯病毒病有哪些为害?

马铃薯病毒病在我国普遍发生，会使种薯退化，产量降低。其病原有 5 种病毒，产生的发病症状也有所不同，主要有花叶型、卷叶型和坏死型（图 12-9，图 12-10），还会发生复合侵染，造成马铃薯条斑坏死。马铃薯病毒病主要是由蚜虫传播的，其发生程度和蚜虫的发生数量有关，温度高时有利于蚜虫的发生，还会降低马铃薯的抗病性而发生严重，冷凉山区发病轻。

图 12-9　马铃薯病毒病花叶

图 12-10　马铃薯病毒病卷叶

◎ 294. 如何防治马铃薯病毒病?

（1）选用抗病品种　在病毒病发生严重的地区要结合实际，采用适宜的抗病品种，可以有效的预防病毒病。

（2）农业防治　要采用无毒种薯；注意均衡施肥，增施微量元素；要加强田间管理，及时培土；注意防除杂草，保持田间卫生；最好采用滴灌，切忌大水漫灌；当田间发现病株时，要整株拔除，带出田外集中销毁。

（3）化学防治　出苗前后要及时防治蚜虫，可以使用 50% 吡蚜酮水分散粒剂 20 ～ 30g/ 亩，或 30% 吡虫啉微乳剂 10 ～ 20mL/ 亩，或 17% 氟吡呋喃酮可溶液剂 30 ～ 50mL/ 亩，或 2.5% 高效氯氟氰菊酯水乳剂 12 ～ 17mL/ 亩。还可以使用 1% 氨基寡糖素水剂 400 ～ 500mL/ 亩，或 6% 寡糖 · 链蛋白可湿性粉剂 60 ～ 90g/ 亩，或 20% 毒氟磷悬浮剂 80 ～ 100mL/ 亩，进行喷雾防治马铃薯病毒病。

◎ 295. 马铃薯瓢虫的发生特点是什么?

马铃薯瓢虫在我国不同地区发生的代数不同，一般可发生 2 ～ 3 代，该虫以成虫在马铃薯田附近的缝隙中或是较为隐蔽的地方聚集在一起进行越冬。幼虫一共分为 4 龄，老熟幼虫（图 12–11）会在马铃薯叶片背面、田间杂草上化蛹。当外界温度达到 16℃时，越冬成虫开始活动，先在越冬场所附近取食杂草，几天后才飞到马铃薯上，当温度达到 20℃后，成虫活动增强。成虫（图 12–12）具有假死性，受惊的时候会假死落到地上，还会分泌具有特殊臭味的黄色液体。成虫将卵产在叶片背面，而且成虫必须取食马铃薯，否则的话不能进行正常的生长发育和繁殖。

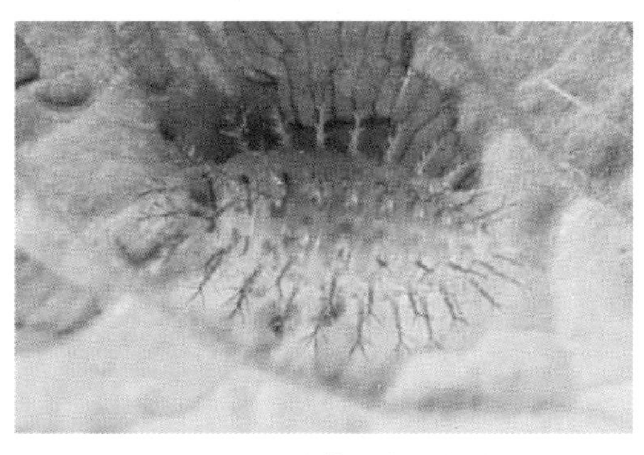

图 12–11　马铃薯瓢虫老熟幼虫

图 12–12　马铃薯瓢虫成虫

◎ 296. 马铃薯瓢虫的防治方法有哪些?

（1）农业防治　及时将马铃薯瓢虫为害的植株带出田外集中销毁，减少害虫的基数。保持田间卫生，及时清除杂草，减少害虫的中间寄主和越冬场所。

（2）物理防治　根据马铃薯瓢虫的假死性，可以通过拍打植株使马铃薯瓢虫受惊落地，集中捕捉成虫，降低虫口密度。还可以摘除叶片背面上的卵块和植株上的蛹。

（3）化学防治　要在马铃薯瓢虫幼虫分散之前进行施药，效果较好。可以使用32 000IU/mg苏云金杆菌G033A可湿性粉剂75～100g/亩，或100亿孢子/mL球孢白僵菌可分散油悬浮剂200～300mL/亩进行喷雾；4.5%高效氯氰菊酯乳油22～44mL/亩进行喷雾，或20%呋虫胺悬浮剂15～20mL/亩进行喷雾。

◎ 297. 马铃薯块茎蛾的发生特点是什么？

马铃薯块茎蛾由于不用地区的气候条件、有效积温、地形地貌、种植方式的不同，其发生代数也有所不同，西南等地区每年发生约8代。马铃薯块茎蛾以幼虫在仓储薯块或田间残留薯块中越冬，其耐寒力有限，如果冬季较为寒冷，在室外越冬的幼虫大部分会被冻死，翌年的虫口基数降低，发生程度明显减少。马铃薯块茎蛾的成虫具有趋光性，昼伏夜出，但其飞翔能力不强。成虫（图12–13）将卵产在薯块的芽眼、裂缝或有泥土的叶脉和茎基部，叶片上的初孵幼虫会钻到叶片中取食叶肉，只留下上下表皮，并在叶片上形成弯弯曲曲的孔道（图12–14）；薯块上的初孵幼虫会钻到薯块里，在薯块中为害，还能随着马铃薯收获而随薯块进入仓库中。

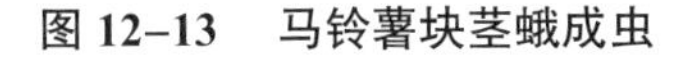

图12–13　马铃薯块茎蛾成虫

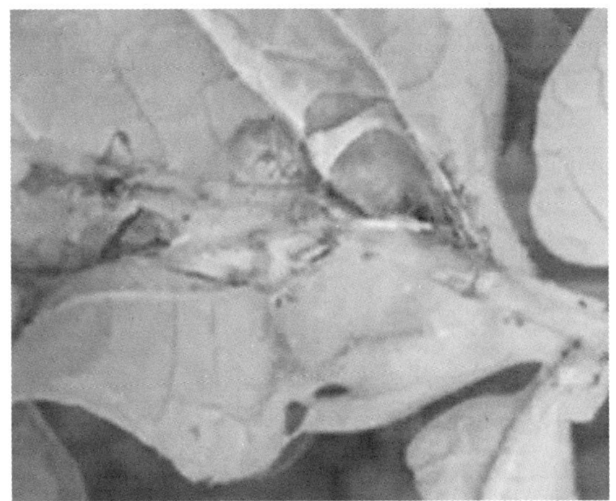

图12–14　马铃薯块茎蛾田间为害状

◎ 298. 如何防治马铃薯块茎蛾？

（1）严格进行植物检疫　在疫区调运的种薯，需要进行熏蒸处理，可以杀死种薯中的马铃薯块茎蛾而不影响种薯的发育。

（2）农业防治　建立无虫留种田，选用无虫种薯；用马铃薯和非寄主农作物进行轮作；注意保持田间卫生，发现有虫植株及时清除并带出田外集中销毁；进行中耕培土，可以防除田间杂草，还可以把薯块盖住，防治马铃薯块茎蛾产卵。

（3）做好储藏工作　在储藏期间，要将仓库彻底清洁干净，并将门窗都安装纱窗，防治成虫进入仓库内。

（4）化学防治　可以使用50g/L虱螨脲乳油40～60mL/亩进行喷雾，或2.5%高效氯氟氰菊酯水乳剂30～40mL/亩进行喷雾防治。

◎ 299. 马铃薯甲虫的发生特点是什么？

马铃薯甲虫属于外来入侵生物，其在美国一年发生2代，在欧洲一年发生1～3代。该虫以成虫在土表以下约10cm处越冬，当外界温度达到15℃时，成虫开始出土活动。最适合其发育的温度为25～33℃，成虫会在田间交尾，将卵产在叶片背面，卵为块状，每块卵上有20～60粒卵，成虫寿命比较长，可以产卵2个月，一头雌虫一共可以产卵400粒左右。卵期约为6d，初孵幼虫取食叶片，幼虫期约20d。幼虫在土中化蛹，蛹期7～10d，羽化后出土继续交配产卵。多雨年份不适合马铃薯甲虫的生长发育，马铃薯甲虫发生量减少。

◎ 300. 马铃薯甲虫的防治方法是什么？

（1）做好检疫工作　做好马铃薯种薯及相关制品的调运检疫工作，减少人为传播，发现马铃薯甲虫要尽早消灭。

（2）农业防治　可以采用非寄主农作物和马铃薯实行轮作，可以有效降低马铃薯甲虫的种群密度。种植早熟品种，可以使马铃薯甲虫发生高峰期和马铃薯易受害时期不在一起，减轻对马铃薯的为害。

（3）物理防治　真空吸虫器和丙烷火焰器进行防治。丙烷火焰器防治成虫苗期越冬效果达80%以上。

（4）化学防治　可以使用32 000IU/mg苏云金杆菌G033A可湿性粉剂75～100g/亩，或100亿孢子/mL球孢白僵菌可分散油悬浮剂200～300mL/亩进行喷雾；4.5%高效氯氰菊酯乳油22～44mL/亩进行喷雾，或20%呋虫胺悬浮剂15～20mL/亩进行喷雾。

◎ 301. 马铃薯田主要有哪些杂草？有什么发生规律？

马铃薯田中的杂草会和马铃薯争夺阳光、水分、营养物质和空间等，降低马铃薯田的通风透光性，而且杂草的繁殖能力强、根系发达、适应性强、抗逆性强，马铃薯竞争不过杂草，光合作用降低，生长发育缓慢，有机物合成减少，如果不及时防除会使马铃薯严重减产，降低马铃薯的品质，再加上杂草能作为病虫害的中间寄主或越冬场所，传播病虫害，使马铃薯病虫害发生严重，给马铃薯造成更大的损失。

马铃薯田的杂草主要有藜、萹蓄、稗草、苍耳、狗尾草和猪毛菜等，既有禾本科杂草，也有阔叶类杂草，不同地区，不同杂草受当地气候条件、管理水平等方面的影响，其发生和为害程度也不同。其中萹蓄的为害一般比较大，可以引发金龟子和蚜虫等害虫；其次是藜，生长迅速，危害大，草地螟等喜欢在前面产卵；稗草发生量大的时候，会严重抑制马铃薯的生长。

我国不同马铃薯产区杂草受地理条件等限制，会有不同的发生规律。

（1）发生较早，耐寒力强　在这些杂草中，有一些耐寒能力比较强，在温度较低时就能出土，一般为以种子繁殖的一年生杂草，如蓼、萹蓄、猪毛菜等，在 5 ～ 10℃时就能够发生；一些多年生杂草以块根或块茎进行繁殖，如苣荬菜、田旋花等，大部分产区在 5 月初前后就会出现第一次高峰期。

（2）生长迅速、生育期短　一年生的杂草生长的很快，生育期比马铃薯短，如稗草、苍耳、马齿苋等，最适合发生的温度为 20 ～ 25℃，8 月中旬左右就可进入成熟期；多年生杂草，如田旋花，2 个多月就能够成熟，和马铃薯相比，具有很强的优势。

（3）繁殖能力强　一年生杂草，以种子进行繁殖，一株杂草就有很大数量的种子，种子掉落在地上的时间不同、时间段长，从 6 月开始成熟就可撒落种子，一直持续 3 个月左右。这样种子休眠期和发芽期都不同，给杂草防除带来了难题。

◎ 302. 马铃薯田杂草如何防除？

马铃薯田杂草可以采用综合防治的方法进行防除，防除效果好，还可以降低除草剂的用量，主要包括农业防除、物理防除、化学防除等方法。

（1）农业防除　农业防除主要是通过马铃薯和其他农作物轮作、深翻整地、中耕培土和人工除草来防除杂草。

①进行轮作　通过马铃薯和不同农作物的轮作，可以明显减少伴生性杂草的发生，改变马铃薯田原有的杂草群落，对于降低杂草种群数量起到很大的作用。

②深翻整地　通过深翻整地可以将地表的种子深翻到地下，使种子不能发芽，多年生杂草的块根或块茎会被机械切割之后翻入底下，这样可以大大降低杂草的数量，减少杂草的危害。

③中耕培土　中耕可以防除马铃薯间的杂草，还能够起到松土保水的作用，可以在整个生育期中进行 2 次，第一次在马铃薯长到 10cm 左右时，第二次在马铃薯封垄之前进行，可以有效的防除杂草。

④人工除草　如果马铃薯种植的面积或杂草发生的面积比较小，可以进行人工除草；发生的杂草比较大的时候也可以进行人工除草。

（2）物理防除　可以通过有色地膜覆盖或是防草布铺在马铃薯田间，可以有效地抑制杂草的发生，有色地膜可以选择黑色或绿色等。

（3）化学防除　利用除草剂防除杂草，是一种省工省时、效果好的防除方式，可以进行土壤处理和茎叶处理，在使用除草剂时，注意要在大面积使用前，先选择一小地块试验田，防止产生大面积药害。喷施的时候要选择扇形喷头，雾滴要小而均匀，按照说明书用量严格使用。在进行土壤喷雾的时候最好有一定的土壤含水量，这样除草效果较好。在试验的时候要做好个人防护，穿防护服，戴手套，不要抽烟、饮水和进食，避免人员中毒。

①苗前土壤封闭除草　马铃薯防除杂草主要以苗前土壤封闭为主，主要使用的药剂有乙草胺、异噁草酮和嗪草酮，其中乙草胺和异噁草酮主要用于防除禾本科杂草和一些双子叶杂草；嗪草酮主要用于防除藜、蓼、萹蓄、马齿苋、苍耳和龙葵等阔叶类杂草。这两类药剂可以单独使用，也可以一起使用，在马铃薯播种后、出苗前使用。用 70% 嗪草酮可湿性粉剂 35 ～ 40g/ 亩，兑水 350 ～ 400kg 用于土壤喷雾；或 70% 嗪草酮可湿性粉剂 15 ～ 40g/ 亩和 90% 乙草胺乳油 115 ～ 130kg/ 亩，兑水 350 ～ 400kg 用于土壤喷雾；70% 嗪草酮可湿性粉剂 15 ～ 40g/ 亩和 48% 的异噁草酮乳油 20 ～ 30g/ 亩，兑水 350 ～ 400kg 用于土壤喷雾，这个组合杀草谱广，安全性高，就是成本比较高。

②苗后茎叶除草　马铃薯田苗后主要需要防除禾本科杂草，施用时间为禾本科杂草 3 ～ 5 叶期，可以使用 5% 的精喹禾灵乳油 60 ～ 80g/ 亩，或 12% 烯草酮乳油 35 ～ 40g/ 亩，或 12.5% 烯禾啶乳剂 80 ～ 100g/ 亩，兑水 350 ～ 400kg 进行喷雾。

◎ 303. 向日葵菌核病的发病症状是什么？

在整个生育期，向日葵菌核病都可以发生，主要为害向日葵的茎秆和花盘，受害植株会逐渐枯萎，花盘腐烂（图 12-15，图 12-16）。

菌核病苗期侵染，后期形成了花盘和花朵后，植株也会枯死。如果在后期侵染，植株不会死亡，但是会大量减产，可以减产 50% 以上，千粒重和含油量都会明显降低，会形成很多瘪粒。

向日葵茎秆染病时，茎秆由于受害破损，导致植株折断而死亡；如果侵染茎基部，植株会因破损而折断，或因水分和养分的运输受阻，而使植株枯萎。如果空气湿度大，病部会产生白色茸毛，就是病原的菌丝体；如果比较干旱，会观察到病部褪色，形成灰白色的同心轮纹，茎内会产生黑色菌核。

向日葵花盘染病时，花盘组织会腐烂，底部和表面会产生白色绒毛状的菌丝体，内部产生黑色菌核，会连接成网状。花盘里种子也会受到破坏而腐烂，里面也会产生菌核。

图 12–15　向日葵菌核病花盘背面　　图 12–16　向日葵菌核病花盘正面

◎ 304. 向日葵菌核病的发生特点是什么?

向日葵菌核病以菌核在田间病残体或种子中越冬，翌年气候回暖，土壤含水量适宜的时候，菌核通过长时间产生孢子进行侵染。向日葵发病产生的菌丝在干旱的情况下，会失水变成粉末，可以随风飘散而进行传播。该病可以进行多次侵染，从而感染向日葵的不同部位，多雨年份，田间湿度大的时候，有利于该病的发生流行。

◎ 305. 向日葵菌核病的防治方法有哪些?

防治向日葵菌核病要以预防为主，主要防止菌核进入土壤中。

（1）农业防治　可以通过轮作、选用抗病品种、深翻整地、调整播种时期和加强田间管理等进行防治。

①进行轮作　向日葵菌核病菌核在土壤中能够存活 3 年以上，有的甚至能够达到 7 年，这些菌核会在土壤逐年积累，导致菌核病越来越严重，因此不能进行连作，要与禾本科作物进行轮作，不要与豆科和茄科作物轮作，至少要进行 3 ～ 5 年的轮作。如果与禾本科作物轮作存在困难，建议用油葵和食葵进行轮作。

②选用抗病品种　种植抗病品种是防治向日葵菌核病最经济、最有效的方法，另外种植 40% ～ 50% 的早熟杂交葵可以对菌核病起到一定的抑制作用。

③进行无病留种　向日葵的种子也可以带菌，为了避免种子带菌使向日葵发生菌核病，有条件的可以建立无病留种田，采用无病种子，可以明显减轻菌核病的发生。

④进行深翻　将向日葵的根茬刨出，带出田外集中销毁，减少田间的初侵染源，在播种之前进行深翻，深度最好在 20cm 以上，因为菌核主要存在土壤

10cm 以下很难萌发，而且土壤深处缺氧，会加速菌核腐烂。

⑤调整播种时期　向日葵最容易在开花期被侵染，可以适当提前或错后播种，从而避开最容易侵染时期，减轻菌核病的发生。

⑥加强田间管理　要根据地力科学施肥，注意磷钾肥和微量元素的施用，培育壮苗，提高植株的抗病能力。浇水的时候避免打过水，防止菌核漂移扩散。发病初期，及时清除病残体，将发病植株整个挖出，带出田外销毁，避免病原体继续传播侵染健壮植株。农作物收获后，要及时将植株残体及杂草清理，减少病原体越冬场所，降低菌源基数。

（2）化学防治　25g/L 咯菌腈悬浮种衣剂 1 050 ～ 1 200mL/100kg 进行种子包衣。还可以使用 40% 异菌・腐霉利悬浮剂 60 ～ 70mL/ 亩，或 48% 肟菌・戊唑醇悬浮剂 20 ～ 25mL/ 亩进行喷雾。

◎ 306. 向日葵锈病为害特点是什么？

向日葵锈病主要为害向日葵的叶片和萼片，叶片发病会在叶面和叶背产生黄褐色斑点，斑点内有褐色小点，叶背面病斑会产生黄色小点。随着病情的发展，叶背面会产生圆形或椭圆形的褐色斑点，里面有褐色的粉末状物体。植株快要收获的时候，会形成黑色斑点，露出大量黑褐色粉末。发病严重时，整个叶片布满病斑，引起叶片枯死（图 12–17，图 12–18）。

图 12–17　向日葵锈病叶片为害状

图 12–18　向日葵锈病田间为害状

◎ 307. 向日葵锈病的发病规律是什么？

向日葵锈病主要以冬孢子在病残体和杂草上越冬，翌年春季当气候条件适宜时，冬孢子会产生担孢子，成为初侵染源，开始侵染田间的向日葵自生苗，之后产生锈孢子，继续传播侵染其他向日葵。夏季时，通过产生夏孢子随风雨进行传播，进行反复侵染。

向日葵锈病的发生程度和气候条件、菌源数量、品种抗性密切相关。农作物的抗病性对于锈病的流行起到关键作用。该病喜欢温暖湿润的气候，7 月中旬至 8 月中旬是该病的高发期，降雨多的时候，发生更重，相对于温度，湿度对其的影响更大，锈孢子的产生需要有足够的水分。因此，高温高湿发病重、低温干旱发病轻；连作重茬发病重，轮作倒茬发病轻；春季种植发病重，夏季种植发病轻。

◎ 308. 向日葵锈病如何进行防治?

向日葵锈病一旦发病就会对向日葵产生严重的影响，因此，要做好监测和预防工作，通过多种措施进行综合防治。

（1）做好病情监测　该病是一种流行性病害，要做好病害调查工作，根据种植品种的抗性、菌源数量和气候条件来判断锈病的发生时间和发生程度，做好预防工作。

（2）选用抗病品种　选用抗病品种是一种最有效、最轻简、最经济的防治措施，要根据当地具体的气候、积温等条件选择适宜当地种植的抗性品种。还要注意采用无病种子，避免由于种子带菌而增加病菌数量，而使病情加重。

（3）农业防治　可以通过轮作、深翻整地和加强田间管理进行。

①进行轮作　向日葵锈病的病原菌能够寄居在土里，但是土里存活时间较短，一般在 1 年左右，因此，通过向日葵和禾本科农作物轮作 1 年，就可以起到很好的作用，明显减少病原菌的数量。

②深翻整地　在整地时要进行深翻，将病原菌翻到地下，使病原菌不能侵染向日葵。

③加强田间管理　保持田间卫生，发现病株时要及时拔除，带到田外集中销毁。及时防除田间杂草，减少锈病的中间寄主。在向日葵收获后，也要将田间的病残体及杂草处理干净，带出田外，减少越冬菌源。要注意科学施肥，培育壮苗，提高农作物的抗病性。还要注意种植密度不要过大，否则会影响田间通风透光，增加田间湿度，使锈病发生严重。

（4）化学防治　可以使用 70% 代森锰锌可湿性粉剂进行土壤处理，或可以在发病初期使用 25% 三唑酮可湿性粉剂 50 ～ 80g/ 亩进行喷雾，或 80% 戊唑醇可湿性粉剂 8 ～ 10g/ 亩，或 25% 氟环唑悬浮剂 24 ～ 30mL/ 亩进行喷雾防治。

◎ 309. 向日葵霜霉病的为害症状是什么?

向日葵霜霉病是一种为害严重的检疫性病害，是一种土传病害，种子带菌和病残体也是一种传播途径。

向日葵霜霉病可以为害向日葵的幼苗期和成株期，会使植株矮化，不能结盘，甚至死亡。

苗期染病一般在 2 ～ 3 叶期发病，叶片正面会沿着叶脉出现褪绿色病斑，在叶片背面能观察到白色绒毛状霉层。

成株期染病，向日葵会生长非常缓慢，发病初期，离叶柄较近的叶片会有褪绿色的病斑，沿着叶脉向外扩展，以后病斑变为黄色，到达叶尖，为褪绿黄斑，湿度大的时候，整个叶片背面都会出现白色的霉层。到了发病后期，叶片会表现为褐色的焦枯状，病株节间缩短，茎秆变粗，整个植株变矮，严重时花盘畸形，失去向阳功能，开花时间变长，籽粒不饱满或多为瘪粒（图 12–19，图 12–20）。

图 12–19　向日葵霜霉病叶片为害状

图 12–20　向日葵霜霉病田间为害状

◎ 310. 向日葵霜霉病的发病特点是什么？

向日葵霜霉病主要以带菌的种子进行传播，病原物以菌丝体及卵孢子的形式存在于果皮和种皮中，病残体也会带菌。春季气候条件适合时，会产生游动孢子侵入向日葵中，使全株表现出症状。向日葵霜霉病侵染后具有潜伏现象，如果播种了带菌的种子，长出的幼苗多数不展现出症状，只有一小部分会表现出系统侵染的症状，如果进行连续种植要注意进行检查。16 ～ 26℃适宜该病的发生，如果播种之后遇到了低温，高湿的天气，幼苗容易发病。春季如果降雨多，土壤含水量高，地下水位高，播种过深和连续种植都会发病重。

向日葵不同的品种其抗性有一定的差异，发病程度还与播种及出苗时的温湿度密切相关，早播种的比晚播种的发病轻，干旱地区比多雨地区发病轻。向日葵进入成株期后抗病性也会明显增强。

◎ 311. 如何防治向日葵霜霉病？

（1）农业防治　可以用向日葵和禾本科农作物进行 3 ～ 5 年轮作；选用抗病品种并建立无病留种田，不能使用带病的种子；要适期播种，不要过迟；合理密植；当发现有发病植株的时候要及时拔除，并进行喷药。

（2）化学防治　可以进行种子处理，350g/L 精甲霜灵种子处理乳剂药种比 1:（333 ～ 1 000）进行拌种，晾干后播种；35g/L 咯菌・精甲霜种子处理悬浮剂

580 ～ 660mL/100kg 种子进行种子包衣。

◎ **312. 如何防治向日葵螟？**

向日葵螟主要有桃蛀螟（图 12–21）和向日葵斑螟（图 12–22），是向日葵上发生的重要害虫，以幼虫蛀食种子，还会将部分或全部种仁吃掉，在花盘上留下很多隧道，花盘被害率可达 6% ～ 30%，严重时可达 100%。

（1）农业防治　要选用抗病品种，硬壳层形成快的品种受害轻，小粒种子相对大粒种子受害轻。秋季深翻，冬季灌水可以降低越冬虫口数量，要及时清除杂草。

（2）生物防治　可以使用苏云金杆菌或青虫菌在低龄幼虫时期喷雾进行防治。

（3）物理防治　可以对向日葵套袋，来防治向日葵螟的为害。向日葵螟成虫具有趋光性和趋化性，因此，可以使用黑光灯或性信息素配合诱捕器来诱杀成虫；还可以在糖醋液中加一点农药来诱杀向日葵螟。

（4）化学防治　可在成虫产卵高峰期，使用杀螟松或敌百虫喷雾防治成虫和初孵幼虫。

图 12–21　桃蛀螟成虫

图 12–22　向日葵斑螟

◎ **313. 向日葵列当有哪些危害?**

向日葵列当属于列当科列当属，为一年生寄生性种子植物，没有叶绿素，没有真正的根，只有吸盘，通过吸盘吸收寄主中的营养（图 12–23）。被寄生的向日葵生长发育受到影响，发育缓慢，植株矮小瘦弱，不能形成花盘或是花盘较小，有很多瘪粒，含油量也会降低，发生严重的地块，向日葵可被多株列当寄生，减产可达 20%（图 12–24）。

图 12–23　向日葵列当

图 12–24　向日葵列当危害状

◎ **314. 向日葵列当的发生规律是什么?**

列当种子在土壤中需要接触到向日葵或是其他寄主的根系，这些寄主的根系分泌物会诱导列当发芽，还有一些农作物能够诱使列当发芽，却不被列当寄生，如辣椒。在没有诱导植物的情况下，土壤 pH 值＜ 6.5 时，种子不能萌发，不萌发的列当种子可以在土壤中存活 5 ～ 10 年。如果条件适宜，列当全年都可以发生，向日葵开花时，列当出土进行危害。列当喜欢碱性土壤，阴凉潮湿的地方发生较重。列当以种子在土壤中或和向日葵的种子一起越冬，列当发育不整齐，在土壤 5 ～ 10cm 深处最多，向日葵根系分布在此处的受害重。

◎ **315. 如何防治向日葵列当?**

（1）做好检疫工作　向日葵列当只发生在部分地区，要严格执行检疫政策，防止向日葵列当传播蔓延。当调运向日葵种子时，要进行调运检疫，发现列当种子，不能再播种，而是应该加工后将其销毁。

（2）农业防治　列当是一种寄生性种子植物，离开寄主就不能生存，因此，将向日葵和非寄主农作物进行 6 ～ 7 年的轮作，可以有效防除列当。在列当发生严重的地方，可以先种植向日葵，促进列当萌发，之后将其铲除，然后进行深翻，将列当和寄主的根茎一并挖出，防止列当再生。发生减轻的地区可以在向日葵开花的时候除草 1 ～ 2 次，将列当的幼苗除去，使其不再形成花茎，将去除的部分带出田外集中销毁，防止列当成熟，形成种子继续危害。

（3）化学防治　可以用 48% 甲草胺乳油处理土壤，全田进行喷施，可以根据土壤有机质的含量来选择用量。还可以使用 48% 地乐胺乳油混合细土进行防治，混在 5 ～ 7cm 的土中。

◎ 316. 谷子白发病的症状有哪些？

谷子白发病在东北地区发生比较普遍，一般情况下导致减产 5% ～ 10%，严重的时候可达 50% 以上，谷子白发病为幼苗侵染的系统性病害，其表现症状有不同的特点（图 12–25）。

（1）苗期受害　谷子苗期发病会为害幼芽，使幼苗不能出土，造成缺苗断垄。抵抗力较强的幼苗能够出土，在叶片上表现症状，直到抽穗期，会有不同的症状表现。

（2）叶片受害　叶片被害后变为黄绿色，还有与叶脉平行的黄白色条纹，空气湿度比较大的时候会在叶背面产生白色霉状物，后病叶枯死，新叶长出也会发生同样的症状。

（3）心叶受害　心叶受害不能展开，逐渐从黄白色变为黄褐色，形成直立状，后慢慢破裂散出黄褐色粉末，叶脉灰白卷曲，状如白发，成为白发病。

（4）穗部受害　被为害的谷子一般不能抽穗，少部分能够抽穗，病穗会从红色变为褐色，会散出许多卵孢子。有的病穗变得畸形，其他部分正常。

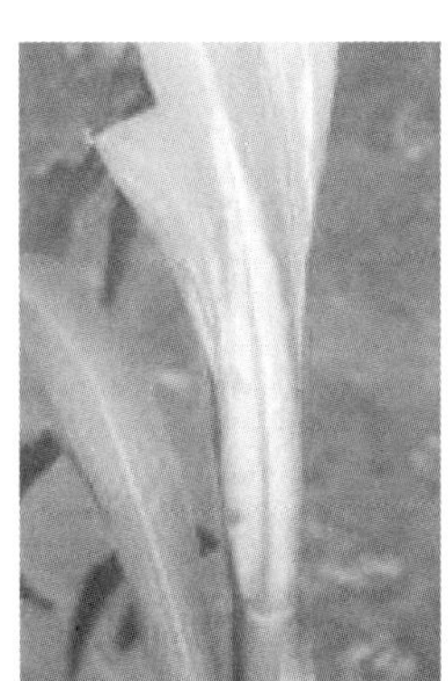

图 12–25　谷子白发病为害状

◎ 317. 谷子白发病的发生规律是什么？

谷子白发病的病原属于鞭毛菌亚门霜霉属。适宜发生的温度为 15 ～ 20℃，卵孢子对环境的适应能力比较强，可以在土壤中存活至少 2 年，经过牲畜取食排泄仍然具有活力。主要以卵孢子在土壤中越冬，这也是翌年的初侵染来源。不同的品种对于谷子白发病的抗性表现具有明显差异。播种的时间、深度都会影响病害发生的轻重，如果播种过深，种子出苗比较慢，导致病害侵染的时间长，谷子容易被侵染。土壤的温度和湿度会影响病原菌的活性，还会影响谷子的生长发育，在土壤温度为 20℃，湿度为 60% 的时候，最有利于病菌的侵染。如果一块地连续多年种植谷子，会使土壤中的病原菌逐年积累，导致病害发生越来越重。

◎ 318. 如何防治谷子白发病？

谷子白发病为幼苗侵染的系统病害，要选用抗病品种，进行种子处理，田间发现病株要及时处理。

（1）选用抗病品种　选用抗病品种可以有效的预防谷子白发病，这也是最简单、最有效、最经济的防治方法。

（2）种子处理　可以用种子包衣剂进行包衣，也可以使用药剂进行拌种，用清水淘洗种子 5 次也可以起到很好的效果。

（3）合理轮作　可以用谷子和小麦、豆类等农作物进行轮作，病害较轻的地区轮作 2 年就可以达到很好的效果，严重的地区需要进行 3 年以上轮作。

（4）适时播种　要根据土壤湿度和气温适时进行播种，播种时注意不要过深，影响种子出苗，保证谷子快速出苗，减轻发病。

（5）腐熟肥料　最好不用病株喂牲畜，也不能用来沤肥，如果使用要进行高温灭菌，并且不能施用到谷地里面。

（6）拔除病株　如果田间发现病株，要及时拔除，将整株拔除，并连续进行拔除，可以防止病原菌落入土壤当中，减少土壤中的菌量，还能有效减少当年的为害，减轻发病。拔除的病株要带出田外集中销毁，不用以喂牲畜和沤肥。

◎ 319. 谷子红叶病有哪些发生症状？

谷子红叶病是谷子上常发的一种病害，导致叶片畸形、植株发育不良、矮小瘦弱、不能抽穗或穗部畸形，可以造成谷子减产 20% ～ 30%，严重的可达 50%。不同品种的谷子发病症状也不相同，在紫秆品种上先从叶尖处变红，逐渐整个叶片都会变红，先从叶片正面变红，之后叶片背面变红，最后整个植株都会变红，只有籽粒不变红。有的时候会在叶片中间形成红色条纹而整个叶片不变红，后期叶片逐渐枯萎，叶鞘也会变色干枯（图 12–26）。青秆品种与紫秆品种过程差不多，只是叶片不变为红色而是变为黄色，最后干枯。

图 12–26　谷子红叶病为害状

◎ 320. 谷子红叶病的发生规律是怎样的？

谷子红叶病是一种病毒病，主要是通过蚜虫传播，尤其是玉米蚜传播能力较强。一般早播品种发病重，冬季和春季气候高温干旱，这种气候有利于蚜虫的发生和繁殖，传毒昆虫多，红叶病发生就严重，相反，红叶病发生就轻。如果田间杂草较多，有利于蚜虫和病毒的生存，也会使红叶病发生较重。

◎ 321. 如何防治谷子红叶病？

以选用抗病品种为基础，结合农业防治，关键的时候采用化学方法进行综合防治。

（1）选用抗病品种　不同的谷子品种对于红叶病的抗性存在明显的差异，要因地制宜地选择适合当地种植的抗病品种。

（2）农业防治　最好使用充分腐熟的有机肥作为底肥，增强植株的抗病性；适当晚播，可以减轻红叶病的发生，还能够增加谷子产量；合理灌溉，轻灌勤灌，有积水的时候及时排出，培育壮苗；及时清除田间杂草，减少蚜虫的田间寄主，可降低传播介体蚜虫的数量，进而减轻红叶病的发生。

（3）化学防治　要及早喷药防治蚜虫，最好在带毒蚜虫进入谷子田之前进行防治，可以使用吡虫啉、啶虫脒等药剂防治田外杂草上的蚜虫，防止蚜虫传播病毒。

◎ 322. 栗灰螟有哪些为害？

栗灰螟（图 12–27，图 12–28）属于鳞翅目螟蛾科，在我国大部分地区均有发生，主要为害谷子，幼虫多在狗尾草等杂草上产卵，之后幼虫转移到谷子上为害。栗灰螟以幼虫钻蛀茎秆，苗期受害形成枯心苗，后期形成白穗和虫伤株，谷子茎部受害，影响营养成分的运输，还会使谷子倒伏或折断，籽粒不饱满，瘪粒增多，可以造成谷子减产 10% ～ 15%。

图 12–27　栗灰螟幼虫

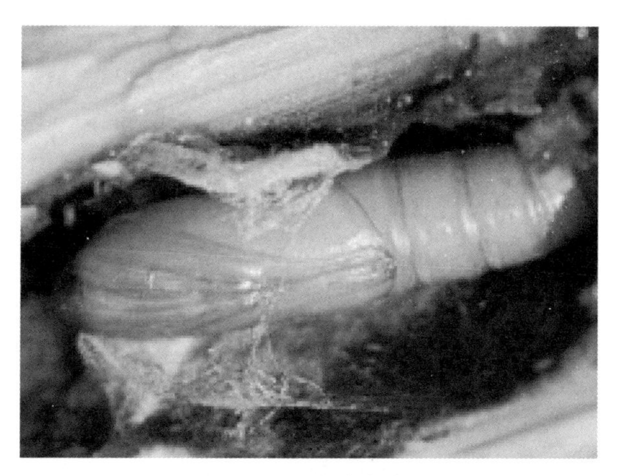

图 12–28　粟灰螟蛹

◎ **323. 粟灰螟的发生特点是什么?**

栗灰螟成虫昼伏夜出，具有趋光性，成虫羽化后就可以交配，翌日产卵，主要在生长旺盛的谷子上或是田边狗尾草上产卵。初孵幼虫活跃，行动迅速，钻蛀到茎秆中为害，3 龄之后可以转株为害。在寒冷地区，以老熟幼虫在谷茬中越冬。

◎ **324. 粟灰螟如何进行防治?**

防治栗灰螟主要以农业防治为基础，优先使用生物防治，必要时使用化学防治来控制栗灰螟的为害。

（1）农业防治　可以通过合理轮作，降低虫口基数，加强田间管理等方式来减轻栗灰螟的为害。

①选用抗虫品种　因地制宜的选用抗虫品种，做好种子的筛选工作，避免通过人为传播栗灰螟。

②合理轮作　栗灰螟为单食性害虫，可以将谷子和非寄主农作物进行轮作，并扩大夏谷的种植面积，可以有效减轻栗灰螟的为害。

③降低虫口基数　在谷子收获之后，及时处理谷草和谷茬，降低栗灰螟在田间的越冬基数，减轻翌年的为害。

④适当调整播期　可以根据当地的气候条件和种植品种，适当晚播几天，可以有效避开第 1 代为害盛期，减轻为害。

⑤加强田间管理　及时去除田间的杂草，减少栗灰螟的中间寄主。当田间发现栗灰螟幼虫时要及时处理，防止幼虫转株为害。

（2）生物防治　可以提前半个月种植一块谷地，用来诱集成虫产卵，幼虫孵化时进行集中防治，降低栗灰螟的虫口密度，减轻为害。

（3）化学防治　当田间谷子枯心苗达到 0.1% 时，需要进行化学防治。可以使用 26% 甲维・杀虫双微乳剂 100 ～ 150mL/ 亩进行喷雾防治，也可以采用与防治玉米螟的方法进行防治。

◎ 325. 栗茎跳甲的为害是什么?

栗茎跳甲（图 12–29）属于鞘翅目叶甲科，是我国北方地区谷子上重要的一种苗期害虫。主要以幼虫钻蛀到刚出土幼苗中取食为害，使谷子枯心；成虫为害谷子叶片，为害状为条纹状，严重时造成叶片枯萎。栗茎跳甲会和栗灰螟、玉米螟等一起发生。

图 12–29　栗茎跳甲成虫

◎ 326. 栗茎跳甲的发生规律是什么?

栗茎跳甲在不同的地区发生代数有所不同，但都是以成虫在土缝中、杂草根部等地进行越冬，当气候适宜的时候，成虫恢复活动，主要在白天活动，成虫寿命较长，可以达到 1 年之久，分次产卵，卵散产，1 头雌虫可以产卵 100 ～ 200 头。幼虫孵化后，蛀入谷子当中为害，3d 左右可以观察到枯心，第 1 代幼虫的为害最重。栗茎跳甲在干旱地区或是干旱年份发生较重，但是过度干旱也会影响其生长发育；播种早的谷地相对于播种晚的地块发生较重；杂草丛生，管理粗放的地块发生重；多年连续种植谷子的地块发生比较重。

◎ 327. 如何防治栗茎跳甲?

进行合理轮作，将谷子和非寄主农作物轮作，可以有效减轻栗茎跳甲的为害。根据气候条件，适当晚播种，及时清除田间杂草，发现田间被害苗时要及时拔除，带出田外销毁。

参考文献

农业部种植业管理司，全国农业技术服务推广中心，2011. 农作物病虫害专业化统防统治手册 [M]. 北京：中国农业出版社 .

秦萌，郭永旺，任永杰，2022. 图解农药科学使用 100 问 [M]. 北京：中国农业出版社 .

全国农业技术服务推广中心，2006. 农作物有害生物测报技术手册 [M]. 北京：中国农业出版社 .

全国农业技术服务推广中心，2017. 农业鼠害防控技术及杀鼠剂科学使用指南 [M]. 北京：中国农业出版社 .

谢联辉，2013. 普通植物病理学 [M]. 北京：科学出版社 .

徐汉虹，2007. 植物化学保护学 [M]. 北京：中国农业出版社 .

许再福，2011. 普通昆虫学 [M]. 北京：科学出版社 .

赵华，王淑美，2013. 农作物病虫草害防治技术 [M]. 北京：中国农业科学技术出版社 .